힉스 입자
그리고 그 너머

힉스 입자
그리고 그 너머

ⓒ 리언 M. 레더먼 · 크리스토퍼 T. 힐, 2014

초 판 1쇄 발행일 2014년 12월 24일
개정판 1쇄 발행일 2018년 3월 27일

지은이 리언 M. 레더먼 · 크리스토퍼 T. 힐
옮긴이 곽영직
펴낸이 김지영   펴낸곳 지브레인Gbrain
편집 김현주
마케팅 조명구   제작 · 관리 김동영

출판등록 2001년 7월 3일 제2005-000022호
주소 04021 서울시 마포구 월드컵로 7길 88 2층
전화 (02)2648-7224   팩스 (02)2654-7696

ISBN 978-89-5979-554-3 (03420)

• 책값은 뒤표지에 있습니다.
• 잘못된 책은 교환해 드립니다.

힉스 입자

그리고 그 너머

리언 M. 레더먼 · 크리스토퍼 T. 힐 공저   곽영직 옮김

Gbrain
지브레인

우리는 자신들의 세금이
기초과학 연구에 지원되는 것을
기쁘게 생각하는 모든 사람들에게 이 책을 바친다.

　자연과학의 영원한 주제는 물질, 우주 그리고 생명이다. 2500년 전 고대 그리스의 자연철학자들이 자연과학을 처음 시작할 때 가장 먼저 답을 찾고자 했던 의문은 물질은 무엇으로 이루어져 있으며 어떻게 상호작용할까 하는 것이었다. 그후 2500년 동안 인류는 물질의 구성 요소와 이들 사이의 상호작용에 대해 참으로 많은 것을 알아냈다. 그렇다면 물질의 구조와 이들 사이의 상호작용을 연구하는 과학자들은 지금 어디쯤에서 어떤 문제를 해결하기 위해 연구에 몰두하고 있을까? 물질의 근원을 밝히기 위한 전선의 최전방은 어디이며 그곳에서는 지금 어떤 일들이 벌어지고 있을까?

　물질의 근원을 밝혀내기 위한 전선의 최전방에서 오랫동안 연구해온 이 책의 저자들은 이런 질문에 가장 확실한 대답을 해줄 수 있는 사람들이다. 오랫동안 세계 최대 입자 가속기의 자리를 차지하고 있던 미국 페르미 연구소의 테바트론 가속기를 이용한 연구에서 핵심 역할을 해온 저자들은 지난 수십 년 동안 입자물리학 분야에서 일어난 일들을 몸소 체험한 사람들이며 연구 성과를 누구보다 정확하게 이해하고 있는 사람들이다. 특히 저자 중의 한 사람인 리언 레더먼은 1960년에서 1962년 사이에 브룩헤이븐 국립가속기 연구소에서 뮤온 중성미자를 발견하여 1988년 노벨물리학상을 수상했으며, 1976년에는 페르미 연구소에서 b 쿼크를 발견하는 등 오랫동안 입자물리학 연구의 중심에 있던 사람이다. 이 책에는 저자들이 페르미 연구소의 테바트론 가속기를 이용해 이룩한 연구 성과와 함께 유럽에 설치된 LHC를 이용하여 얻어낸 연구 결과가 자세하게 설명되어 있다.

그런 설명에는 힉스 입자의 발견 과정과 힉스 입자가 어떤 입자인지에 대한 설명이 중심을 이루고 있다.

그러나 독자들이 이 책을 통해 알게 될 더 중요한 내용은 앞으로의 입자물리학 분야의 연구가 어떤 방향으로 나갈지에 대한 방향을 예측하고, 세계 최대 입자 가속기를 가지고 있지 않은 나라에서 어떤 연구를 해야 하는지에 대한 것이다. 입자물리학 분야에서는 거대한 가속기를 이용하여 만들어내는 큰 에너지를 가진 입자로 할 수 있는 연구가 있는가 하면 에너지가 작은 많은 입자를 이용하여 할 수 있는 연구도 있다. 이 책의 마지막 세 장에서 다룬 차세대 입자물리 연구에 대한 소개는 입자물리학을 연구하고 있는 학자들은 물론 물리학에 관심을 가지고 있는 일반인들에게도 앞으로의 연구 방향에 대한 참신한 아이디어를 제공해줄 것이다.

입자물리학의 최전선에서 어떤 일이 일어나고 있는지를 자세하게 알 수 있도록 한 이 책을 번역하게 된 것은 역자에게도 큰 즐거움이었다. 연구에 직접 참여했던 사람에게서 자세한 설명을 듣는 것만큼 확실한 정보는 없기 때문이다. 좋은 책을 번역할 수 있도록 해준 지브레인GBrain의 김지영 사장님과 김현주 편집장님께 감사드린다. 특히 항상 좋은 과학책을 만들기 위해 애쓰는 김현주 편집장님은 이 책의 번역과 출판을 위해서도 서울과 수원을 몇 번이나 오가야 했으며 꼼꼼한 교정을 위해 어려운 과학 공부를 새로 해야 했다. 내년에는 LHC의 재가동과 함께 출판계에도 활기가 돌아 책을 만드는 분들의 시름이 줄어들기를 기대해 본다.

옮긴이 곽영직

감사의 말

　우리는 이 책을 만들기 위해 노력했고, 이 책보다 먼저 출판된《대칭적이고 아름다운 우주》와《시인을 위한 양자물리학》에서 뛰어난 편집 능력을 보여주었던 편집자 린다 그린스펀 리건 Linda Greenspan Regan에게 감사드린다. 또 이 책을 완성하기 위해 수많은 시간을 정신없이 보낸 줄리아 드그라프, 질 맥식, 브라이언 맥마흔, 스티븐 L. 미첼, 그레이스 M.콘티질스버거에게도 감사의 말을 전한다. 큰 도움이 된 조언과 충고를 아끼지 않은 로널드 포드, 윌리엄 맥대니얼, 엘렌 레더먼 그리고 특히 모린 맥머로에게도 깊은 감사를 드리며, 여러 모로 즐거움을 준 맥머로의 애견 닥스훈트도 잊지 않을 것이다.

　청소년 과학교육의 중요성을 잘 인식하는 만큼 프로메테우스 북스가 계속 과학책을 출판하여 과학교육에 많은 공헌을 한 데 대해 감사드린다. 특히 가장 성공적인 과학 고등학교로 인정받고 있는 일리노이 수학 과학 아카데미와, 서반구에서 가장 위대한 국립 연구소이자 태양계에서 우리가 가장 좋아하는 페르미 연구소에 깊은 감사를 드린다.

숲 속에 황혼이 깃들고

초원에 동이 트도록

고운 자태와 갈색 눈동자

내 임이 어른거리네.

내 임은 노래하며 사뿐히 숲 거닐고

내 임의 그림자 덩달아 춤을 추니

내 임의 그림자, 내 임의 노래,

나 무엇을 좇을까.

아, 나 사냥꾼 되어 기꺼이 그의 그림자 되고

아, 나 한 마리 나이팅게일이 되어 기꺼이 그의 노래 되리라.

때로는 달빛 어린 선율 따라 열정 따라

내 임 좇아보지만 임은 잡히지 않네.

_오스카 와일드 Oscar Wilde , 〈숲에서 In the Forest〉

Contents

Contents

제1장

서언

 동쪽으로는 프랑스 알프스에서도 장관을 자랑하는 몽블랑에서부터 서쪽으로는 쥐라 산맥까지 이어지는 조용한 골짜기가 있다. 이곳은 스위스의 제네바를 둘러싸고 있는, 유럽에서 가장 아름답고 유서 깊은 지역으로 은행과 시계 제작의 중심지이며, 계몽주의 철학의 대가인 볼테르의 고향이고, UN의 전신인 국제연합이 출범한 곳이다. 또한 로마 역사의 성지이며, 미식가들과 스키 마니아 그리고 기차 여행을 즐기는 사람들의 메카이다. 프랑스어를 사용하는 제네바는 프랑스와 스위스 국경에 위치한 이 지역에서 불과 몇 킬로미터밖에 떨어져 있지 않다.

 제네바 부근에는 세계에서 가장 뛰어난 수천 명의 물리학자들이 가장 작은 세계를 열심히 탐구하는 곳이 있다. 물리학자들은 이곳에서 신비한 종교에 심취하여 지하 세계 니벨하임에 살았던 '니벨룽겐'의 난쟁이들이 되어 있다. 그들은 그것을 소유하는 사람에게 엄청난 힘을 주는 원형의 터널을 만들어냈다. 현대판 니벨룽겐의 난쟁이들인 입자물리학자들이 땅속 깊은 곳에 자신들의 니벨룽겐의 반지라 할 수 있는 강력한 원형 터널을 만든 곳이 바로 여기 제네바이다.

 니벨룽겐의 마법에 걸린 난쟁이들과는 달리 물리학자들은 실제로 존재하는 사람들이고, 그들의 터널도 실제로 존재한다. 이 터널은 엄청난 양의 강철과 구리, 알루미늄, 니켈, 티타늄으로 만들어졌으며, 내부에는 많은 양의 액체헬륨이 지구에서 가장 정교한 전자 장치에 둘러싸여 있다. 지하 91m에 만들어진 원형 터널에서 과학자들은 이른 아침부터 땀을 흘리고 있다. 그 노동의 대가는 금이 아니라 이 세상에 한 번도 모습을 드러낸 적이 없는, 금보다 훨씬 귀한 새로운 물질이다. 니벨룽겐의 반지는 소유자에게 마술적인 힘을 안겨주었지만 물리학자들은 지하 터널에서 지금까지 본 적이 없는 별들과 은하에서 사람과 DNA 그리고 원자와 쿼크를 만든 힘의 근원을 찾고 있다.

제네바 부근에 있는 지하 원형 터널은 바로 지구 상에서 가장 큰 입자가속기이다. 거대 강입자 충돌가속기 또는 LHC(Large Hadron Collider)라고 부르는 이 가속기는 유럽입자물리연구소[CERN](Conseil Européen pour la Recherche Nucléaire)에 있다. 물질의 내부 구조와 행동에 대한 기초연구를 하는 물리학 연구소들 가운데 가장 큰 연구소인 CERN은 유럽에서 설립, 운영하고 있으며 CERN에 설치된 LHC는 세계에서 가장 강력한 현미경으로 '신의 입자'라고도 알려진 '힉스 입자'를 찾아내고 있다.

LHC를 이용해 새로운 형태의 물질을 찾아내는 연구는 자연법칙에 대한 인간의 이해를 넓히는 물리학적 성취뿐 아니라 그것을 보유한 유럽 국가들에 엄청난 경제적 이익을 안겨줄 것이다. 유럽의 국가들이 CERN을 설립했고, CERN은 세계 최대 강입자 충돌가속기인 LHC를 설치하여 운영하고 있다. 그리고 이러한 노력에 일부 공헌한 미국도 LHC가 창출하는 부가가치를 나누어 가지게 될 것이다.

미국이 입자물리학 연구에서 많은 시간을 낭비하는 동안 유럽인들은 LHC를 성공적으로 운영하면서 숨어 있던 자연의 신비 한 자락을 들춰내는 과학적 성취를 이루어냈다. 따라서 LHC와 LHC가 이룬 과학적 성취는 유럽인들에게 큰 자랑거리가 될 것이다.

1990년대의 아이러니

미국에서는 20여 년 전에 댈러스에서 남쪽으로 64km 정도 떨어진 텍사스 중심부에 위치한 작은 도시 웍서해치 지하에 이 도시보다 더 큰 가속기를 건설하려는 프로젝트가 추진되고 있었다. 초전도체 거대 충돌가속기SSC(Superconducting Super Collider)를 건설하려는 이 야심찬 프로젝트는 기술적, 정치적, 재정적 문제들을 해결하려는 노력이 열정, 실수, 후퇴로 이어지다가 결국 희망의 흔적만 남기고 사라져버렸다. 이 프로젝트와 관련된 이야기를 떠올리는 것은 고통스러운 일이다. SSC는 거대하고 귀중한 과학 프로젝트였다. 만약 이 프로젝트가 성공했다면 SSC는 미국뿐만 아니라 전 세계 과학과 산업계의 보석이 되어 충돌가속기가 무엇을 할 수 있는지를 보여주고 있었을 것이다. 그러나 아쉽게도 SSC는 빛을 보지도 못한 채 1993년에 폐기되고 말았다.

SSC 프로젝트가 폐기되던 시기에 오랜 전통을 가진 다른 분야에서 많은 혁신적인 변화가 일어나고 있었다는 것은 최대의 아이러니가 아닐 수 없다. 이러한 변화는 현대 과학에 대해 기초적이고 간접적인 연구를 하던 이들에 의해 주도되었다. MIT, 시카고, 프린스턴을 비롯한 여러 대학에서 연구하고 있던 대학의 경제학자들로 알려진 이 학자들은 SSC 프로젝트가 결국은 경제성장에 도움이 된다는 결론을 이끌어냈다.

놀랍게도 애덤 스미스Adam Smith가 《국부론》을 쓴 이래 200여 년의 세월이 지났지만 '무엇이 경제를 성장시키는가?' 하는 간단한 질문에 대한 답은 찾지 못하고 있었다. 1820년대 런던의 열악한 정치 경제적 환경이 어떻게 세계의 중심으로 번영한 1890년대 빅토리아 시대 런던의 기초를 놓을 수 있었을까? 우리 중 많은 사람들이 기초경제학 시간에 사용했을, 최초의 노벨 경제학상 수상자인 폴 새뮤얼슨Paul Samuelson이 쓴 유명한 교과서는 제2차 세계대전 후에 대공황이 다시 올 것이라고 예측했다. 하지만 그런 사태는 오지 않았다. 왜 오지 않았을까? 그의 예측과 달리 제2차 세계대전이 끝난 뒤 세계경제에 성장과 번영의 시기가 찾아왔고 그것은 20세기 말까지 계속되었다. 어떻게 그런 일이 가능했을까?

또 다른 노벨상 수상자인 로버트 솔로$^{Robert\ Solow}$가 1950년대에 개발한 현대 수학 이론을 이용하면 제2차 세계대전 이후의 놀라운 세계경제 성장을 계량화하는 일이 가능하다. 이 분석에 따르면, 빠른 성장은 은행에서 돈을 빌려 사업에 투자하는 것과 같은 일상적인 경제활동에 의해서가 아니라 특별한 무엇이 있어야 한다는 것이다. 솔로는 '외부적 입력'이라고 부르는 무언가가 새로운 산업과 수준 높은 직업을 만들어내면서 경제를 발전시킨다고 주장했다. 실제로 솔로의 정밀한 수리경제학 모델을 이용하면 세계대전 이후 경제성장의 80%는 이 신비한 외부적 입력에 기인했음을 알 수 있다. 그렇다면 이 외부적 입력은 구체적으로 무엇이었을까?

SSC가 종료되던 1990년대에 경제학자 폴 로머$^{Paul\ Romer}$의 영향을 받은 젊고 개성 강한 경제학자들의 노력으로 그 해답을 얻었다. 그 해답은 명백한 것이었지만 그것을 알아내는 데는 애덤 스미스의 《국부론》이 세상에 나온 후 200년 넘는 세월이 걸렸다. 그 해답은 (뚜구 뚜구 뚜구 두, 드럼 치는 소리) '과학적 투자에 의해 경제가 성장한다!'는 것이다. 여기서 과학은 기초과학, 응용과학을 포함한 모든 과학을 뜻한다. 모든 과학 연구는 엄청난 경제적 이익을 창출한다. 과학에 대한 투자가 클수록 이익도 크다. 과학에 투자할 때는 녹색 과학에서 중공업 관련 과학에 이르기까지, 그리고 생물학에서 물리학에 이르기까지 모든 과학 분야에 동시 투자를 해야 한다. 즉 다양한 과학에 분산투자하는 것이 투자 효과가 크다. 경제가 좋아져 직업이 많아지고 모든 사람이 풍족해지길 바란다면 기초과학에 투자해야 한다. 실제로 과학에 대한 투자의 이익에는 상한선이 없다. 게다가 경제를 성장시키는 데는 과학 외에 다른 방법이 없다. 예산을 삭감해야 할 때도 과학 분야 예산은 건드리지 말아야 한다. 그리고 과학에 충분한 돈을 투자하면 예산을 삭감해야 할 사태는 일어나지 않는다!

과학이 경제 발전을 주도한다는 것은 대부분의 사람들, 특히 물리학자와 그들의 이웃들은 잘 알고 있었던 일이지만 경제학 전문가들이 자신들의 용어로 그것을 알아내는 데는 200여 년 넘는 시간이 걸렸다. 과학과 경제의 관계에 대한 이해는 과학과 사회 그리고 사람들 행동 사이의 관계를 새롭게 이해할 수 있도록 하며, 정부가 과학에 투자하는 정책적 결정을 내릴 수 있는 근거를 제공하고, 과학 발전을 위해 다양한 분야가 협력해야 할 필요성을 인식하도록 한다. '경제학과 과학의 관계'에 대해 다른 주장을 하는 사람들도 있겠지만 우리는 솔로와 로머를 비롯한 많은 사람들에 의해 발견된, 과학이 경제성장을 유도한다는 사실이 옳다고 믿는다. 우리의 동료들이 수없이 워싱턴을 방문하여 과학 예산을 늘려달라고 의회 의원들과 씨름하다 지친 나머지 실망하여 빈손으로 돌아왔던 것을 생각하면 우리 이야기에 귀 기울여줄 경제학자들이 더 많았을지도 모를 재무부를 방문하는 것이 현명하지 않았을까 하는 생각도 든다.

역사상 최대의 '외부 입력'

과학이 경제에 제공한 '외부 입력'이 제대로 작동한 예를 찾아보는 것은 그리 어렵지 않다. 그 실례를 SSC가 중단된 1990년대에서 찾아볼 수 있는 것 역시 역사의 아이러니이다. 1989년에 CERN의 잘 알려지지 않은 컴퓨터 과학자였던 팀 버너스리[Tim Berners-Lee]는 자신이 일하는 연구소 컴퓨터 부서에 프로젝트 제안서를 제출했다. 제안서에서 그는 '정보 분배 체계'를 개발할 것을 주장했다. 그렇다면 '정보 분배 체계'란 무엇일까? 바람이 부는 날 제본하지 않은 박사 학위 논문을 공중에 던졌을 때와 같은 효과를 내는 것일까? 심지어 버너스리의 상사조차도 정보 분배 체계의 정확한 의도를 알아채지 못하고 그의 제안을 받아들이면서 제안서 표지에 이렇게 썼다. "모호하지만 흥미롭다." 그는 자신이 지구에 살고 있는 모든 사람들에게 수조 달러의 경제적 가치를 창출할 수 있는 인류 역사상 가장 큰 정보 혁명을 승인했다는 사실을 잘 알지 못했다.

팀 버너스리는 컴퓨터 네트워크를 이용하여 정보를 공유하는 데 필요한 기초적 인 도구를 만들고 있었다. 처음에는 전 세계 입자물리학자들 사이의 정보 교환만 을 생각했다. 그러나 입자물리학자들로 이루어진 좁은 공동체를 넘어 모든 사람 에게 확장된 'WWW $^{World\ Wide\ Web}$'를 발명했다. 그것은 우리가 살아가고, 일하 고, 심지어 생각하는 방법까지 바꾸어놓았다.

1990년 크리스마스까지 버너스리와 동료들은 웹의 기본 개념을 정의하면서 'URL', 'http' 그리고 'html'과 같은 용어들을 정했다. 이렇게 짧은 기간에 그렇게 많은 중요한 약자들이 만들어진 예는 없었다. 그들은 최초의 '브라우저'를 작성했 고, 이를 '서버 소프트웨어'라고 불렀다. 곧 WWW가 작동하기 시작했다.

1991년에 웹 시스템이 처음 의도했던 대로 입자물리학자들 공동체를 위해 작 동했다. 그러나 이 시스템은 곧 대학의 입자물리학자들을 통해 페르미 연구소로, 스탠퍼드 선형가속기 연구소로, 브룩헤이븐 국립연구소로, 일리노이 대학을 비롯 한 많은 대학과 연구소로 퍼져나갔다. 그리고 1993년에는 일리노이 대학의 국립 초전도응용연구소^{NCSA}가 개인용 컴퓨터와 매킨토시 컴퓨터에 쉽게 설치하여 작 동할 수 있고 사진도 주고받을 수 있는, 현재 우리가 사용하고 있는 윈도우 형태의 '브라우저'를 공개하면서 새로운 '웹사이트'들이 넘쳐나기 시작했다.

1994년 5월에는 세계 최초로 WWW와 관련된 국제 학회가 CERN에서 개최되 어 '웹의 축제'를 벌였다. 그리고 앨 고어가 이 열기의 영향을 받아 "인터넷이 발 명되었다"고 선언하면서 1991년에 통과된 웹 관련 법률 제정을 지원했다. 이 법 률 덕분에 고속 자료 전송 체계인 ARPANET이 일반인에게도 개방되었다. 그것 은 웹의 사용과 그에 따른 브라우저 개발을 촉진하여 모든 사람들이 쉽게 인터넷 을 이용할 수 있도록 했다. 곧 야후, 구글, 아마존 등의 수많은 인터넷 관련 업체들 이 등장했고, 집을 살 사람을 찾거나 가장 좋은 커피와 도넛을 주문하는 일과 같은, 웹을 바탕으로 한 경제활동이 활발하게 전개되었다. 웹은 이제 전 세계의 통신 체계와 결합되었다. 이처럼 WWW의 경제적인 가치와 그것이 사회에 가한 충격은 추정할 수 없을 정도이다.

인터넷과 WWW는 입자물리학 분야에서 이루어진 기초연구의 직접적인 결과였다. 입자물리학은 하나의 프로젝트를 위해 많은 사람들이 함께 일하는 거대한 연구 팀이 관련된 과학이기 때문에 세계적인 정보 교환 체계를 필요로 하는데, 이 것이 WWW의 개발을 위한 기본적인 패러다임을 제공했다. 만약 미국의 입자물리학이 WWW의 발명으로 인해 생기는 현금 흐름에 매겨지는 세금의 0.01%만 지원받았다면 10년 전에 웍서해치에 SSC를 건설하고 힉스 입자를 발견했을 것이다. 그리고 지금은 전자 충돌가속기, 거대 양성자 충돌가속기, 뮤온 충돌가속기를 건설하고 있을 것이다. 뮤온 충돌가속기에 대해서는 뒤에서 다시 이야기할 것이다.

지도자의 역할: 미국 의회

우리는 의회 의원들을 국민들에 의해 선출된 '지도자'라고 부른다. 그러나 SSC가 폐지되는 결정적인 순간에 의회는 지도자들이 보여주어야 할 '지도력'을 발휘하지 못했다. SSC 프로젝트는 의회의 일반 예산 삭감 과정에서 과학적 열정이 무시된 채 1993년 10월 19일 하원 표결을 거쳐 1993년 10월 31일 공식적으로 폐기되었다. 예산 삭감은 현대 정치의 막강한 무기가 되어 미국 과학의 목을 서서히 조이고 있다.

과학 연구가 경제성장을 이끌어낸다는 사실을 지적한 새로운 경제학 이론은 미국 의회에서 아무 관심도 끌지 못했다. 1993년의 제103차(HR8213-24) 의회 기록을 찾아보면 일부 역설적인 증언과 그 당시의 좋지 않았던 분위기를 확인할 수 있다. 우리는 당시 상황을 생생하게 전달하기 위해 가상적인 의원의 연설을 만들어보았다. 실제 의회에서의 증언과 이 가상적인 연설은 놀라울 정도로 유사하다.

Mr. X:

의장님, 저는 SSC에 대한 예산 지원이 반대에 직면하게 될 것을 걱정하고 있습니다. SSC는 세계에서 가장 크고, 가장 높은 에너지의 입자가속기로서 가장 큰 과학적 설비가 될 것이며 지금까지 해본 적이 없는 가장 심층적인 물리 실험을 할 수 있게 해줄 것입니다. 이것은 다음 세기는 물론 그 이후까지 과학과 기술 그리고 혁신적인 분야에서 미국의 지도적 역할을 확고히 해줄 것입니다. 또한 우리 젊은이들에게 과학을 공부할 동기를 부여할 것이며, 우리 모두에게 지속 가능한 미래 개발을 가능케 할 것입니다. 이 연구 설비는 자연의 가장 큰 신비를 벗겨줄 것이고, 우주를 더 잘 이해할 수 있도록 해줄 것입니다. 따라서 어떤 새로운 발명과 부산물을 얻을지 누가 알겠습니까? 그리고 어떤 뛰어난 젊은이가 이를 통해 새로운 영감을 얻고, 문제 많은 우리 과학교육 체계 또한 크게 진전시킬지 누가 알겠습니까? 만약 우리가 미래에 스타십 엔터프라이즈를 갖고 싶다면 오늘 SSC가 필요합니다. 이 프로젝트는 전 세계의 가장 뛰어난 물리학자들과 과학자들을 미국으로 불러들여 미국의 부족한 과학교육에 대한 투자를 보상해줄 것입니다. 그것은 새로운 첨단 기술을 이끌 것이고, 다음 세기의 기초 물리학 연구 분야에서 미국의 리더십을 확고히 해줄 것입니다. 그것은 세계 평화에도 큰 도움이 될 것입니다! 그러나 늘어나는 연방 정부의 재정 적자 때문에 지난 몇 년 동안 저와 같이 재정 적자에 대해 보수적인 사람들은 많은 예산이 소요되는 과학 프로젝트를 지지할 수 없습니다. 이것은 여당 원내총무의 심한 압력 때문이 아닙니다. 우리는 석유 채굴을 위한 기술에 투자하는 게 더 시급합니다. 해결해야 할 문제가 산더미 같다는 것을 잘 알고 있는 저로서는 SSC를 지지하기가 매우 어렵습니다. 연방 정부의 예산에는 우선순위가 있어야 합니다. 따라서 SSC에 대한 저의 지지를 철회하지 않을 수 없습니다. 우리는 이렇게 식성 좋은 연방 정부의 야수를 굶기는 것으로 문제를 헤쳐나가야 합니다.

SSC에 반대하는 표를 던지게 된 것이 저에게는 매우 어려운 결정이었습니다. SSC 연구 개발의 대부분은 제 선거구에 있는 대학에서 이루어졌습니다. 그럼에도 불구하고 저는 신중하고 책임 있게 투표하지 않을 수 없습니다. 만약 다른 나라가 SSC가 생산하는 기술에서 이익을 얻는다면 왜 그런 나라들은 SSC 건설에 공헌하지 않습니까? 아니면 그들만의 가속기를 만들지 않습니까? SSC는 미국 단독으로 건설하기에는 돈이 너무 많이 듭니다. 그리고 저는 이미 큰 부담을 지고 있는 부유층의 세금을 올리지 않을 것입니다. 경제는 미국 사업가들의 노력에 의해서만 성장할 수 있습니다. 실제로 저는 친구인 그로버 노퀴스트^{Grover Norquist} 씨가 주장한, 다시는 세금 인상에 절대 투표하지 않겠다는 새로운 '서약'에 서명할 계획입니다.

우리 나라는 기술 분야에서 세계 리더였습니다. 그리고 우리는 우리 나라 과학 연구 프로그램을 계속 지원해야 합니다. 그러나 SSC는 우리가 책임지고 지원할 수 있는 프로젝트가 아닙니다. 이 프로젝트의 지지자들은 잠재적인 과학적 이익이 높은 비용을 넘어설 것이며 SSC가 우선순위에서 가장 앞에 있다고 주장합니다만, 저는 우리 지역에 더 많은 도로가 건설되고, 더 많은 유전과 탄광이 개발되기를 바랍니다. 그리고 인류에게 쿼크와 '신의 입자'를 보여주고 싶었다면 신은 인류에게 더 작은 눈동자를 주셨을 것이라는 말을 덧붙이고 싶습니다.

SSC에 예산을 계속 지원하는 안에 대한 의회 투표 결과는 159대 264였다. 반대하는 쪽이 승리한 것이다. SSC에 이용될 터널 공사는 3분의 1이 완료되었고, 이미 20억 달러 이상의 예산이 집행된 상태였다. 그것은 의회만의 잘못이 아니었다. SSC 프로젝트를 관리하는 과정에 숱한 문제점이 있었고 이에 대해 비난하는 사람들이 많았다. 여러 가지 원인이 복합되어 있어 무엇이 SSC 프로젝트를 취소시켰는지를 정확히 집어내는 것은 어려운 일이다. 여기서 그 이야기를 모두 하지는 않겠다. 관심 있는 독자들은 고에너지 물리학과 팀 버너스리와 그의 동료들이 제공하는 여러 웹사이트에서 자세한 내용을 찾아 읽어볼 수 있을 것이다.

그러나 과학을 위해서, 미국의 번영과 경제 발전의 엔진인 과학을 위해서 SSC 프로젝트의 종료는 회복할 수 없는 재앙이었다. 의회가 진정한 지도자들의 집단이라면 SSC를 앞으로 나아가게 했을 것이고, 그것을 가능하게 하는 방법을 찾았을 것이다.

거대한 굴착기는 반쯤 파다 만 터널에 버려져 있고, 무너지기 쉬운 오스틴의 석회암층에 파놓은 터널도 배수펌프가 작동하지 않아 물로 차 있으며, 벽은 무너져 내리고 중장비는 파선된 배처럼 녹이 슬어가고 있다. 늦은 밤에 재상연하는 오래된 영화 속 한 장면처럼 웍서하치 시내에는 잡초가 바람에 흔들리고 합판으로 만든 간판이 삐걱거리고 있으며, 문들은 벽에 부딪혀 소리를 내고 있다.

그것은 회복 가능한가?

여러 해 동안 큰 과학 프로젝트들은 정치적 타협의 희생물이 되어왔다. 그리고 슬프게도 미국의 경우 이런 상황이 좀처럼 개선되지 않을 것 같다. 미국의 입자물리학 분야에서는 1990년대에 있었던 페르미 연구소의 메인 인젝터 확장을 제외하고는 페르미 연구소에 테바트론이 건설된 1980년대 이후 새로운 첨단 입자가속기가 건설되지 않았다. 핵융합이나 천체물리학 분야의 대형 과학 프로젝트들도 대부분 취소되었다. 오늘날 많은 사람들이 현대 미국형 민주주의가 거대한 과학 프로젝트를 다시 가능하게 할 수 있을지에 대해 의문을 품고 있다. 비전 없는 지도력, 끝없는 당파 싸움, 권모술수 그리고 가격이 떨어지고 있는 집에서 직장을 잃을지 모른다는 위협에 맞닥뜨린 채 집세를 걱정하며 TV나 보고 있는 로비스트들 때문에 미국의 첨단 과학은 흔들리고 있다. 우리는 미국의 통화 가치가 하락하는 가운데 세계 여러 곳의 분쟁에 개입하여 귀중한 자원을 낭비하고, 화석연료의 소비로 지구 오염에 앞장서면서도 첨단 과학의 개척과 발견 그리고 그것이 가져올 미래 경제를 꽃피울 과학의 발전은 유럽이나 중국, 인도와 같은 나라에 미루고 있는 것이 아닌가 하는 의구심을 가지고 있다. 제네바의 CERN에서 이루어낸 것과 같은 새로운 현상의 발견은 빈사 상태의 경제를 소생시키는 데 직간접적으로 응용될 수 있다. 하지만 그런 일이 미국에서 일어나게 할 수 있을까?

미국의 과학자로서 그나마 다행스럽게 여기는 것은 LHC에서 수행하고 있는 물리 연구에 미국이 깊이 관여하고 있으며 LHC를 건설하는데 기술과 인력을 제공했다는 점이다. 입자물리학은 국제적인 활동으로 성장했다. 앞으로 국제적 협조 없이는 거대한 입자가속기를 건설할 수 없을 것이다. LHC가 등장하기 전 20년 동안 페르미 연구소에 설치되어 있던 가장 큰 입자가속기인 테바트론의 주 건물 앞에도 CERN과 마찬가지로 공동 연구에 참여한 나라들의 국기들이 휘날리고 있었다.

내 집만 한 곳은 없다. 미국 땅이 아닌 곳에서 이처럼 큰 프로젝트가 진행되면 경제적인 이익을 여러 나라와 나누어야 하고, 장기적으로 볼 때 미국이 힘을 잃게 된다. 시카고 지역 학생들은 우주 구성 물질에 대한 새로운 사실을 알아내기 위해 현재 가동 중인 시설이 아니라 과거 위대했던 입자가속기를 보여주는 박물관을 방문하는 것으로 만족해야 할 것이다. 그럼에도 불구하고 페르미 연구소와 미국의 입자물리학 프로그램과 관련해 우리에겐 아직 희망이 있다. 우리는 이런 상황을 바꾸고 앞으로 나아가기 위해 우리가 할 수 있는 일과 해야 할 일에 대해 토론할 것이다. 미국 과학은 후퇴했지만 우리는 위대함을 지향하는 미국의 열망을 되찾을 수 있을 것이다. 우리는 "일어나 달려왔다"가 아니라 "일어나 달려라"라고 외쳤던 예전의 미국을 다시 찾을 수 있을 것이다.

국왕 만세

현재 LHC는 아주 훌륭하게 제 몫을 하고 있다. LHC는 인간이 이전에는 도달해 본 적 없는 엄청난 에너지를 가지고 서로 반대 방향으로 달리는 양성자가 충돌하는 입자가속기이다. LHC에서 일어나는 1조 회의 양성자 충돌 중 한 번꼴로 새로운 형태의 물질이 나타난다. 이 물질 조각들은 10억분의 1초에서 1조분의 1초 동안밖에 존재하지 않지만 ATLAS와 CMS라고 부르는 LHC의 입자 검출기가 이들의 행동을 관측하고 기록하기에는 충분한 시간이다. 이 물질들의 시장가격을 추정하는 것은 어렵기도 하지만 의미도 없다. 이들의 가격은 전체 LHC 프로젝트에 들어가는 비용에 의해 결정된다. 그것은 금보다 1조×1조×1조 배의 가치를 지니고 있다. SSC의 종료로 미국은 가장 큰 입자가속기 분야에서 밀려남으로써 가장 중요한 과학을 다른 사람들에게 의존하게 되었다. 그 다른 사람들이 CERN을 운영하고 있는 유럽 사람들이다. 그들은 자신들이 해야 할 일을 잘 알고 있고, 또 잘해나가고 있다.

그렇다면 CERN은 어떤 곳인가? 서양 과학은 유럽에서 시작되었다. 고대 그리스에서 처음 시작된 과학은 경사면을 내려오는 물체를 조사하여 관성의 법칙을 알아낸 갈릴레이로 이어졌다. 뉴턴은 이것을 자연의 법칙으로 정립했고, 중력이 우주에 존재하는 일반적인 힘으로 지구가 태양 주변을 돌도록 궤도에 붙들어두고 있으며, 정원에서 떨어지는 사과의 운동을 지배한다는 것을 알아냈다.

뉴턴의 운동 법칙과 중력 법칙은 과학 시대를 탄생시켰다. 뉴턴역학은 패러데이와 맥스웰이 전기와 빛에 관한 법칙을 통합하는 기초를 제공했으며, 막스 플랑크와 알베르트 아인슈타인으로 이어져 작은 입자들의 양자적 행동을 발견한 20세기 과학의 밑바탕이 되었다. 이전에는 알 수 없어 신비하기만 하던 많은 현상들이 과학적으로 설명되었다. 원자, 화학 결합, 생명체의 화학적 바탕 그리고 물질의 성질과 모든 물질을 구성하는 기본 입자들의 성질을 이해할 수 있게 되었다. 그러나

20세기에 파시즘의 등장으로 유럽의 정치적 상황이 공포로 바뀌자 아인슈타인, 페르미, 에미 뇌터를 비롯한 많은 과학자들이 유럽을 떠나야 했다.

제2차 세계대전이 끝나자 유럽 과학은 갈릴레이 이후 350년간 가지고 있던 지도적 역할을 미국에 내주게 되었다. 하지만 덴마크의 닐스 보어, 프랑스의 루이 드브로이를 비롯한 일부 과학자들이 유럽에 다시 새로운 물리학 연구 센터를 만들려는 구상을 하기 시작했다. 원자핵이나 입자물리학 연구에 필요한 거대한 시설에 소요되는 비용을 여러 나라가 분담해 유럽 과학 발전을 이끌어갈 연구소를 설치하자는 것이다.

양자 이론을 만든 사람 중 하나인 루이 드브로이는 1949년 12월에 로잔에서 열린 유럽 문화 회의에서 유럽 연구소의 창립을 처음 공식적으로 주장했다. 1950년 6월에 피렌체에서 열린 5차 UNESCO 총회에서 이 문제가 다시 거론되었다. 이 회의에서 미국의 노벨 물리학상 수상자인 이시도르 라비 Isidor Rabi는 UNESCO가 "국제적인 과학 협력을 증진시키기 위해 지역 연구소 설립을 도와주고 격려하도록" 하자는 결의안을 제안했다.

1952년에 11개국이 잠정적인 연구 평의회 설립 동의안에 서명함으로써 'CERN'이 탄생했고, 연구소 위치로 제네바가 선정되었다. 1953년 7월에 합의된 CERN 협정은 12개 창립 국가가 비준했다. 12개 국가는 벨기에, 덴마크, 프랑스, 독일, 그리스, 이탈리아, 네덜란드, 노르웨이, 스웨덴, 스위스, 영국, 유고슬라비아였다. 1954년 9월 29일에 프랑스와 독일이 비준함에 따라 CERN은 공식적으로 출범했다.

1957년에 CERN은 최초의 입자가속기를 건설했다. CERN은 이 가속기를 이용해 비교적 저에너지의 입자 빔을 생산하여 실험에 사용했다. 이 가속기는 원자핵물리학, 천체물리학, 의학물리학 연구에 사용되는 가속기로 진화하여 33년 동안 가동되다가 1990년에 폐쇄되었다. 이 최초의 싱크로트론이 하던 일은 1959년에 설치되어 지금도 가동 중인 '양성자 싱크로트론(PS)'이 넘겨받았다.

일반적인 입자물리학 실험은 현미경을 이용하는 생물학자들의 실험과 비슷하다. 이에 대해서는 이 책에서 여러 번 이야기할 것이다. 고등학교 실험실에서 사용하는 현미경을 생각해보자. 현미경에서는 광원에서 나온 빛(입자 빔)이 유리 슬라이드 위에 놓은 물체에 부딪힌다. 이 물체는 연못에서 떠온 물방울(표적)로, 그 안에는 짚신벌레나 아메바(보고 싶어 하는 쿼크)가 헤엄치고 있다. 입사된 빛은 표적에 의해 산란되고, 렌즈로 이루어진 광학 시스템이 산란된 빛을 모아 확대된 영상을 만들어 우리 눈(검출기)으로 보내면 우리는 이 영상을 통해 정보(관측 결과)를 얻어낸다. 이것이 현미경을 이용하여 물방울 안에서 헤엄치는 작은 미생물을 관측하는 과정이다! 입자가속기를 이용하여 작은 물체를 관측할 때도 현미경과 마찬가지로 (1) 입자 빔, (2) 표적, (3) 검출기, (4) 관측 결과가 필요하다. 이것이 입자가속기의 전부다. 아주 간단하다. 강력한 입자가속기와 검출기는 강력한 현미경이라고 할 수 있다.

그런데 입자물리학에는 우리가 알아야 할 핵심적인 내용이 하나 더 있다. 더 작은 것을 보기 위해서는 빔 입자들이 더 큰 에너지를 가져야 한다는 것이다. 그 이유는 뒤에서 설명하겠지만, 이것은 가속기에 적용되는 가장 기초적인 원리로 현미경에도 똑같이 적용된다. 이 때문에 높은 에너지를 가진 전자를 이용하는 전자현미경이 에너지가 낮은 가시광선을 이용하는 광학현미경보다 더 작은 물체를 볼수 있다.

입자가속기가 하는 일과 현미경이 하는 일은 실제로 같다. 이는 은유적인 표현이 아니라 사실이다. 그리고 더 강력한 현미경을 만드는 모든 이유와 도전은 그대로 입자가속기에도 적용된다. 일반적으로 이루어지는 입자 충돌 실험에서 물리학자들은 빛을 현미경 아래 놓인 목표물에 비추는 것처럼 입자 빔을 납이나 베릴륨 같은 고정된 목표물 안에 정지되어 있는 원자에 충돌시킨다. 그러나 물리학자들은 입자 빔과 물질 안에 정지해 있는 원자가 충돌할 때 빔을 가속시키는 데 사용된 에너지의 많은 부분이 낭비된다는 것을 알게 되었다. 충돌에서 생성된 입자들은 '반동 운동량' 형태로 에너지의 일부를 소모한다. 그러나 두 입자 빔을 서로 마주보고 쏘아 정면충돌시키면 반동 운동량이 필요 없어 모든 에너지를 물질의 깊은 곳을 들여다보는 데 사용할 수 있다.

충돌가속기에서는 입자 빔이 가지고 있는 모든 에너지를 사용하여 자세한 영상을 만들거나 이전에는 볼 수 없었던 아주 짧은 시간 동안만 존재하는 새로운 기본 입자를 만들 수 있다. 이것이 현대 '충돌가속기'의 원리이다. 페르미 연구소의 테바트론, CERN의 LHC 그리고 LHC 이전에 CERN에서 가동하던 LEP는 강력한 입자 충돌가속기이다. 하지만 골프공 크기의 10억분의 1의 다시 100만분의 1 정도 크기를 가지고 빛의 속도에 가까운 속도로 정면충돌하는 입자를 만드는 일은 대단한 도전이 아닐 수 없다!

세계 최초의 양성자-양성자 충돌가속기인 ISR(Intersecting Storage Ring)이 1971년 CERN 부지에 연결되어 있는 프랑스 영토 안에 설치되었다. ISR은 오늘날의 기준으로 보면 아주 작은 가속기였지만 그것을 제대로 작동하기 위해서는 숱한 도전을 극복해야 했다. ISR은 최초로 양성자와 양성자의 정면충돌을 성공시켰다. 그리고 이 가속기와 같은 시기에 최초의 전자-양성자 충돌가속기가 스탠퍼드 선형 충돌가속기 연구소에서 가동했다.

거대한 융합

1970년대에 이론물리학자들은 고에너지 입자가속기를 이용해 얻은 자료를 포함한 1세기 동안의 연구 결과를 종합하여 물질의 세계를 설명하고 알려지지 않은 일들을 예상하는 데 큰 도움을 주는 '표준모델'로 알려진 이론을 개발했다. 표준모델이 거둔 성공 중 하나가 두 개의 힘을 하나의 힘으로 통합한 것이다. 이 두 힘은 전자기력과, 매우 약해서 1890년대까지는 그 존재가 알려져 있지 않던 약력이었다. 약력은 아주 약하지만 이 힘이 없다면 태양이 빛을 내지도 못하고 우리 역시 존재하지 못했을 것이다.

전자기력은 빛 입자인 포톤에 의해 작용한다. 마찬가지로 표준모델은 약력도 이전에는 알려져 있지 않던 위크 보존들(W^+, W^-, Z^0)에 의해 작용한다고 예측했다. 표준모델은 이 세 입자가 매우 무겁고, 수명이 아주 짧아 1조분의 1의 1조분의 1초 동안만 존재할 수 있다고 예측했다. W^+, W^-는 양성자보다 80배 무겁고, Z^0는 양성자보다 90배 무겁다. 물리학자들은 충분히 강력한 충돌가속기를 이용하면 위크 보존을 만들어낼뿐더러 검출할 수도 있다는 것을 알아냈다. 하지만 표준모델이 만들어질 당시에는 위크 보존을 만들어낼 수 있는 가속기가 없었다. 그러나 위크 보존이 존재한다는 간접적인 증거가 다양한 실험에서 계속 발견되었다. 이런 '간접적' 증거들이 W^+, W^-, Z^0을 만들어내 직접 검출할 수 있는 가속기의 건설을 촉진시켰다.

1970년대에 페르미 연구소에 메인 링이라고 부르는 최초의 대형 가속기가 건설되었고, CERN은 이미 가지고 있던 양성자 싱크로트론(PS) 외에 초양성자 싱크로트론(SPS)을 건설했다. 페르미 연구소의 메인 링과 CERN의 SPS는 둘레가 약 6.4km나 되었다. 입자물리학은 이제 거대 과학이 되었다. 이들은 고정된 목표에 충돌하는 에너지가 큰 입자 빔을 만들어낼 수 있는 강력한 가속기들이었다. 그리고 정교한 업그레이드를 통해 충돌가속기로의 전환도 가능했다. 또 고에너지 입자의 정면충돌을 통해 W^+, W^-, Z^0을 만들어내면 직접 검출할 수도 있다.

1970년대 말에 페르미 연구소는 테바트론을 건설하려는 야심찬 장기 계획을 수립했다. 테바트론은 최초로 초전도체 전자석을 이용해 가동하는, 둘레가 6.4km인 가속기로 양성자와 반양성자가 큰 에너지를 가지고 정면충돌하도록 설계되었다. 반면에 CERN은 가능한한 빨리 위크 보존, W^+, W^-, Z^0을 만들 수 있도록

SPS를 양성자-반양성자 충돌가속기로 전환하는 대담한 결정을 내렸다. 이것은 모험적인 계획이었지만 결과는 성공적이었다.

이 계획이 승인되고 2년 후에 최초의 양성자-반양성자 충돌 실험이 이루어졌다. UA1과 UA2라고 부르는 SPS에서 이루어진 두 실험이 충돌 부스러기 속에서 위크 보존의 흔적을 찾기 시작했고, 1983년에 CERN은 W^+, W^-, Z^0을 발견했다고 발표했다. 이 실험에서 핵심 역할을 한 카를로 루비아$^{Carlo\ Rubbia}$와 시모 판 데르 메이르$^{Simon\ van\ der\ Meer}$는 노벨 물리학상을 수상했다.

페르미 연구소의 테바트론은 후에 완성되었다. 이 기간 동안 페르미 연구소의 연간 예산은 오늘날의 화폐가치로 환산했을 때 약 3억 달러였다. 그러나 CERN의 1년 예산은 10억 달러였다. 돈이 모든 해결책은 아니지만 돈이 없으면 거대 과학을 빠르고 효과적으로 할 수 없다.

CERN의 Z^{0+}, W^-, Z^0 위크 보존 발견으로 선수를 빼앗겼지만 D-제로와 CDF라고 불리는 테바트론의 두 연구 팀은 1990년대 중반에 표준모델에서 가장 무거운 입자인 톱쿼크를 발견하는 성과를 올렸다. 이제 표준모델에서 남은 것은 이 입자들을 연결해주는 고리인 힉스 입자뿐이었다. 테바트론이 세계 최대 입자가속기 역할을 넘겨받자 CERN은 물리적으로 가장 큰 새로운 충돌가속기 건설을 시작했다. 이것은 전자와 전자의 반입자인 양전자를 충돌시키는 가속기였다.

이 가속기는 '대형 전자-양전자 충돌가속기(LEP)'라고 불렸는데 과학자들은 LEP를 이용하면 힉스 입자를 발견할 수 있을 것이라고 예상했다. 힉스 입자는 모든 입자가 가지는 질량의 기원을 설명하기 위해 스티븐 와인버그$^{Steven\ Weinberg}$가 주장한 표준모델의 구성 요소였다. LEP가 힉스 입자를 발견할 수 있으리라는 낙관적인 예측은 힉스 입자의 질량이 Z^0의 질량보다 작을 것이라는 이론에 근거한 것이었다. 전자와 양전자를 이용하여(제7장과 제8장 참조) 정확하게 Z^0 보존을 만들어내는 데 필요한 에너지를 가진 입자를 생산하는 LEP를 건설하기 위해선 지하 깊은 곳에 엄청난 크기의 터널을 만들어야 했다. CERN은 둘레가 27km나

되는 원형 터널을 만들었다. 이 터널은 LHC로 가기 위한 결정적인 길을 닦았다.

LEP 터널 건설은 영국 해협 터널 이전에 있었던 가장 큰 토목 공학 프로젝트였다. 터널의 높은 쪽은 쥐라 산맥 아래 약간 기울어져 있었다. 이런 터널을 건설하는 것은 이전에는 경험해보지 못한 도전이었다. 특히 산맥에서 나오는 고압의 지하수를 처리하는 것이 가장 어려웠다. 세 대의 굴착기가 1985년 2월에 터널을 뚫기 시작하여 3년 후에 완성했다.

그러나 LEP는 힉스 입자를 찾아내지 못했다. LEP와 같은 가속기에서 힉스 입자를 보려면 '신호 대 잡음'비가 최적의 상태에 있어야 한다. 많은 과학자들이 힉스 입자가 LEP가 도달할 수 있는 에너지 범위 안에 있을 것으로 기대했지만 LEP에 힉스 입자가 나타나지 않아 실망을 안겨주었다. 이 가속기는 표준모델을 자세히 이해하는 데 필수적인 Z^0 보존의 성질을 정밀하게 측정하는 데도 실패했다. LEP는 W 보존을 만들기 위해 2단계에 걸쳐 업그레이드되었지만 아직 양성자 질량의 115배 이하인 힉스 입자에 도달하기에는 한계가 있었다. 이 가속기는 더 높은 에너지에서도 힉스 입자를 발견하지 못했다. 그동안 미국에서는 SSC가 취소되었다. CERN은 LEP 충돌가속기를 훨씬 에너지가 큰 양성자 - 양성자 충돌가속기로 전환할 기회를 포착했다. 그 결과, 거대 하드론 충돌가속기(LHC) 프로젝트가 탄생한 것이다.

2000년 11월에 LEP 충돌가속기가 폐쇄되고 LHC가 건설되어 임무를 수행하기 시작했다. LHC는 현재 가장 강력한 입자가속기로, 물질과 에너지의 내부를 가장 깊숙이 들여다볼 수 있는 가장 강력한 현미경이다.

세계 최대 입자 충돌가속기를 작동하는 것은 쉽지 않다

아인슈타인은 나무의 두꺼운 부분을 뚫어야 한다고 말했다. 발전은 남다른 노력에 의해서만 가능한데, 이는 종종 특별한 장애를 극복하는 것을 의미한다. 입자물리학은 다른 어떤 인간의 노력보다 나무를 깊이 뚫었다. 그러기 위해서는 숱한 난관을 극복해야 했다.

CERN의 LHC는 지하 90m에 건설한, 둘레가 27km나 되는 LEP 터널에 설치되었다. LHC는 세계에서 가장 강력한 현미경으로, 과학자들이 물질을 이루고 있는 가장 작은 입자와 이 입자들 사이의 상호작용을 연구하는 데 이용된다. LHC 안에서는 두 개의 양성자 빔이 서로 반대 방향으로 달리면서 에너지를 증가시킨다. 두 빔의 입자들은 ATLAS와 CMS라고 불리는 두 검출기 중심에서 큰 에너지를 가지고 정면충돌한다. 전 세계의 물리학자들이 이 충돌을 분석한다. 두 개의 중간 크기 실험인 ALICE와 LHCb는 다른 현상들을 조사하기 위해 LHC 충돌을 분석하는 전문 검출기를 가지고 있다.

페르미 연구소는 여러 미국 대학들과 협력하여 주로 CMS와 공동 연구를 하고 있으며 많은 물리학자들이 ATLAS와 공동 연구를 하고 있다. 페르미 연구소 본부가 위치한 건물 안에는 CMS 실험을 위한 LHC 원격 작동 센터인 윌슨 홀이 설치되었다. 이곳에서 미국 과학자들은 대서양을 건너지 않고도 LHC 설비의 운용과 실험에 참여하여 중요한 역할을 수행하고 있다.

2008년 9월 10일 새벽 1시 30분에 페르미 연구소 원격 작동 센터에 수십 명의 과학자들이 모여 제네바에 있는 LHC의 최초 양성자 빔의 회전을 축하했다. 많은 사람들이 뜬눈으로 밤을 새웠고, 대부분 잠옷 차림이었다. 그들은 안도와 즐거움으로 들떠 있었다. 입자물리학의 새로운 시대가 열리고 있었다.

LHC에서 입자의 에너지를 높이면 입자 빔을 원형 궤도 안에 붙잡아두기 위해 가속기 빔 파이프 안의 자기장 세기도 똑같이 높아져야 한다. 이것은 1232개의

'쌍극자 자석'에 의해 이루어진다. 그리고 수천 개의 다른 자석들이 '빔의 경로를 수정하고 초점을 맞추는 렌즈' 역할을 한다. LHC에는 모두 5000개의 자석이 있다. 이 자석들은 전류를 이용해 자기장을 만들어낸다. 자기장의 세기는 입자가 가속되는 동안 에너지가 증가함에 따라 정밀한 입자의 궤도를 유지하기 위해 일정한 범위에서 변한다. 각각의 쌍극자 자석은 길이가 15m쯤 되는 강철 구조물이다. 이 자석의 자기장 세기는 0에서 지구 자기장 세기의 10만 배 정도이다. 최대자기장 세기에 도달하면 각각의 자석은 TNT 1톤의 4분의 1에 해당하는 퍼텐셜 에너지를 가지며, 자석 내의 전류가 순간적으로 끊어지면 이 에너지가 폭발적으로 방출된다.

효율적으로 작동하려면 자석은 초전도의 원리를 이용해야 되고, 따라서 절대영도(0K, -273℃) 부근까지 냉각시켜야 한다. 자석은 액체헬륨을 채운 '크라이오스타트'라고 불리는 거대한 냉각장치 안에 들어 있다. 절대영도에 가까워지면 구리로 덮어씌운 니오븀-티타늄 전선이 초전도체가 되어 전기저항은 0이 된다.

그렇게 하지 않고는 충돌가속기를 운영하는 데 드는 전기료를 감당할 수 없다. 9월 10일에 최초의 빔을 회전시켜 페르미 연구소에서 파자마 파티를 연 며칠 뒤 CERN의 가속기 물리학자들은 LHC 입자 빔의 에너지를 올리기 시작했다. 자기장의 세기가 강해짐에 따라 정교하게 조절된 자석의 코일은 작은 움직임조차 없도록 고정되어 있어야 한다. 강력한 자기장은 자석 구조물에 엄청난 압력을 작용한다. 그리고 구조물은 자기장의 폭발에 의한 충격도 견뎌내야 한다. 자석의 작은 변화도 다른 곳보다 온도가 높은 '열점'을 발생시켜 초전도체가 아닌 '정상' 상태로 바꿔놓을 수 있다. 열점이 발생하면 자석의 온도가 올라가 초전도성을 잃고 전기저항이 커져 더 많은 열을 낼 수 있다. 따라서 온도가 올라가는 동안 폭발을 방지하기 위해 자석 코일에 흐르는 엄청난 전류를 빠르게 차단해야 한다.

LHC에는 이 같은 사고로 인한 손상을 최소화하는 장치가 설치되어 있었다. 놀랍게도 실온에서는 전기전도율이 좋아 가정용 전선에 사용되는 구리가 초전도 전선에서는 절연체 역할을 한다. 낮은 온도에서는 전류가 초전도체를 통해서만 흐르기 때문이다! 그러나 열점이 발생하면 전류가 구리를 통해 안전하게 밖으로 흘러 손상을 최소화할 수 있다. 이러한 방지 장치가 제대로 작동하면 5000개의 LHC 초전도 자석 중 하나에 발생한 열점은 며칠 동안 LHC의 작동을 중단시키는 데 그칠 수 있지만, 방지 장치가 없으면 작은 열점도 큰 재앙이 될 수 있다.

초전도 자석은 코일의 작은 문제들을 해소하면서 더 높은 자기장에 도달할 수 있도록 '길들여야' 한다. 엔지니어들은 컴퓨터 모니터를 통해 큰 문제로 이어질 수 있는 열점의 발생과 압력의 증가를 감시한다. 한 자석에 흐르는 큰 전류는 다음 자석으로 전달되어야 한다. 그것은 크라이오스타트의 초전도체 환경 밖에서 이루어져야 하기 때문에 구리판을 땜질로 연결한 엄청난 양의 구리 접점이 필요하다. 가속기가 작동하는 동안에는 이런 땜질한 접점의 온도 변화도 모니터링한다.

오, $%&#!

2008년 9월 19일 CERN에서는 모든 것이 '정상 상태'로 작동하고 있었다. LHC는 자석이 길들여지면서 최대 자기장의 세기에 도달했다. 스위스에 있는 제어실에서 LHC 운영자들이 시계를 만드는 사람들의 정밀함으로 조심스럽게 그리고 체계적으로 지름 8km에 둘레가 27km인 원형 빔의 방향을 조절하는 거대한 초전도 자석에 전류를 공급했다.

그때 갑자기…… 엄청난 폭발이 터널을 휩쓸고 지나갔다! 한 자석에서 다음 자석으로 공급하던 전류가 알 수 없는 이유로 '단절'된 것이다. 후에 자석과 자석을 연결하는 외부 구리판을 땜질로 연결한 부분이 녹아버렸다는 것이 밝혀졌다. 컴퓨터 모니터가 구리 접점이 가열되는 것을 감지했지만 접점이 너무 빨리 녹아내리는 바람에 아무런 조치도 할 수 없었다.

회로가 '단절'되어 전자석에 흐르는 전류가 갑자기 끊기면 매우 높은 전압이 발생한다. 갑작스러운 전류의 변화에 대항하여 자기장을 유지하는 데 필요한 반대 방향의 전류를 발생시키기 때문이다. 이 원리는 자동차 엔진의 점화 코일, 테슬라 코일, 변압기와 같이 높은 전압을 필요로 하는 장치를 작동하는 데 사용된다.

세계에서 가장 큰 자석에서 회로의 단절은 엄청난 스파크를 일으킨다. LHC에서 사람이 만든 번개가 군신 오딘의 번개처럼 자석을 낮은 온도로 유지해 초전도 상태를 만드는 액체헬륨이 가득한 크라이오스타트를 뚫고 들어갔다. 그 결과 약 1만 1400리터의 액체헬륨이 LHC 터널로 흘러들어갔고, 이로 인한 충격파는 소리의 속도로 터널을 통해 전달되었는데 1.6km 떨어져 있는 철문의 경첩을 날려버릴 정도였다. 적어도 다섯 개의 거대한 자석이 파괴되었고, 50여 개는 손상을 입었다. 부스러기들이 길이 27km의 진공 파이프 안으로 빨려들어가면서 가속기의 전체 진공 파이프가 오염되었다. 게다가 폭발 근처에 있던 질소와 산소가 농축되어 터널 바닥에 가라앉아 여섯 시간 동안 액체산소와 질소의 호수를 만들었다.

안전장치 덕분에 엄청난 폭발에도 불구하고 가벼운 부상을 입은 사람도 없었다. 이 재앙은 국제적인 경제 혼란 속에 일어났기 때문에 LHC 프로젝트의 생존 가능성을 위협했다. 가속기 전체를 청소해야 했고, 1.6km의 터널은 대규모 보수와 다섯 개의 자석을 교체해야 했다. 이 사고로 전체 시스템에 전류가 흐르도록 자석과 그 다음 자석을 연결하는 구리 접점의 설계 결함이 밝혀졌다. 따라서 27km 전체의 구리 접점을 교체해야 했다.

잠시 동안 LHC의 미래가 의심스러워 보였지만 CERN은 2년 안에 모든 것을 원래 위치로 돌려놓았다. 그것은 새로운 첨단 과학이 극복해야 할 일이었다. 이는 또한 NASA의 아폴로 13호 재앙을 떠올리게 했다. 그럼에도 LHC는 다시 돌아왔고 '헬륨 사고' 이후 4년도 안 돼 힉스 입자를 발견하는 개가를 올렸다.

이후 LHC는 놀라울 정도로 잘 작동했다. LHC를 통한 CERN의 성취는 아인슈타인을 미소 짓게 했을 것이다. 이는 나무의 두꺼운 부분을 뚫었기 때문이다. 이

글을 쓰고 있는 2013년 3월 현재, LHC는 업그레이드를 위해 가동을 중지하고 있다. 이 가속기는 2015년 1월경 다시 가동될 것이다. 그때는 힉스 입자의 에너지를 넘어서서 인간이 지금까지 측정한 가장 큰 에너지와 가장 짧은 거리를 측정할 수 있게 될 것이다. 그렇다면 가장 강력한 현미경인 LHC를 이용해 우리가 보려고 하는 것은 무엇일까?

아! 그렇게 많은 입자들이 있는 줄 알았다면 나는 식물학자가 되었을 것이다

이것은 1950년대 프린스턴에서 점심을 먹으며 새롭게 발견된 입자에 대해 설명하는 동료에게 아인슈타인이 농담으로 한 말이다. 그 당시 '스트레인지'라고 불리는 입자가 발견되었다. 이 입자는 현재 '스트레인지 쿼크'로 이루어진 입자로 알려져 있다.

원자핵에서 발견된 강한상호작용을 하는 핵입자에 대한 연구는 1950년대에서 1970년대 사이에 이루어졌다. 물리학에서 이 분야의 연구는 LHC에서의 강력한 충돌과 같은 새로운 형태로 계속되고 있다. 세 번째 1000년이 시작된 오늘날 다시 프린스턴에서 아인슈타인 교수와 점심 식사를 한다면 그에게 새로운 입자에 대해 어떤 이야기를 해야 할까? 그것은 수십억 달러짜리 질문이며, 이 책의 주제인 힉스 입자 또는 신의 입자에 대한 이야기일 것이다. 그 너머에 무엇이 있는지에 대해서는 아직 아무것도 알 수 없다. 따라서 우리는 프린스턴의 점심시간에 아인슈타인 교수에게 힉스 입자에 대해 이야기하지 않을 수 없다. 그 이야기는 다음과 같을 것이다.

이론적으로 밝혀진 힉스 입자는 처음 그 가능성을 제시한 물리학자의 이름을 따서 명명된 새로운 입자입니다. 힉스 입자는 포톤으로 이루어진 전자기장과 비슷하게 우주 공간 전체를 채우고 있는 장을 형성하는데, 물질을 구성하는 입자들은 이 장과 상호작용하여 질량을 가지게 됩니다. 톱 쿼크와 같은 무거운 입자는 전자와 같이 가벼운 입자보다 힉스장과 강하게 상호작용합니다. 그것은 이 상호작용을 처음 주장한 사람들의 이름을 따서 앙글레르-브라우트-힉스-구럴닉-하겐-키블 메커니즘이라고 불러야 할 것입니다. 힉스 입자와 힉스 입자가 다른 입자들에 질량을 부여하는 메커니즘에 대한 아이디어는 물리학의 다른 분야에서 이끌어냈습니다. 실제로 중심 아이디어는 초전도체 이론의 핵심에서 빌려온 것으로, 1930년대 프리츠 런던$^{Fritz\ London}$ 같은 사람들이 처음 제안한 것이었습니다. 앙글레르-브라우트-힉스-구럴닉-하겐-키블이 제안한 초기의 일반적인 아이디어를 스티븐 와인버그가 종합하여 힉스 입자가 어떻게 자연의 전체적인 구조 속에 들어가는지를 정밀하게 보여주었습니다. 그는 힉스 입자를 '약한상호작용', '전자기학'과 묶어 표준모델을 만들었습니다. '힉스 입자'라는 이름은 그대로 굳어졌습니다. 힉스 입자는 모든 입자가 질량을 가지도록 해주는 필수적인 구성 요소입니다. 표준모델을 통해 힉스 입자의 성질은 구체적인 것이 되지만 힉스 입자의 질량 자체의 기원은 아직 알려져 있지 않습니다. 힉스 입자가 어떻게 질량을 갖는지 알게 되면 표준모델은 힉스 입자를 어떻게 만들 수 있는지, 그리고 스스로를 드러내는 지문이라고 할 수 있는 붕괴 모드를 통해 입자 검출기에 어떻게 모습을 드러낼지를 알 수 있을 것입니다.

이것은 20세기 최대의 물리학자인 아인슈타인 교수에게 우리가 설명할 수 있는 이야기이다. 그러나 이 책을 읽는 대부분의 사람들은 물리학자들이 아니다. 따라서 다음 장들에서는 이 이야기가 무엇을 의미하는지 물리학자가 아닌 사람들도 이해할 수 있는 쉬운 말로 명확하게 힉스 입자가 무엇이며 왜 필요한지를 설명하고, 그 너머에 있을지도 모르는 것에 연결하는 것 역시 이 책의 목표이다.

이름 안에 무엇이 들어 있는가?

이 책의 저자 중 한 사람인 노벨상 수상자 리언 레더먼과 공동 저자 딕 테레시Dick Teresi는 《신의 입자: 우주가 해답이라면 질문은 어디에 있는가?》에서 힉스 입자에 '신의 입자'라는 시적인 이름을 붙였다. 이 책이 출판되던 1993년에 이미 힉스 입자에 대한 탐색이 진행 중이었다. 이것은 흥미 있고 가슴 아픈 리언의 자서전 제목이다. 이 책은 아직도 인터넷 서점에서 구입할 수 있고, 인터넷을 통해 내려받아 읽어볼 수도 있다. 리언 레더먼은 1988년 노벨상을 수상하도록 한 물리학 분야의 연구업적 외에도 농담을 잘하는 것으로 널리 알려져 있다. CBS의 데이비드 레터맨이 진행한 레터맨 쇼는 리언 레더먼이 진행했어도 크게 성공했을 것이다. '신의 입자'는 큰 의미를 부여하지 않고 힉스 입자에 붙인 이름이었다. 그러나 이 이름은 곧 사람들의 마음을 사로잡았고, 《뉴욕 타임스》에서 《슈피겔》에 이르기까지 그리고 《예루살렘 포스트》에서 《파키스탄 크로니클》에 이르기까지 입자물리학의 최신 발전을 다룬 모든 저널에서 사용하게 되었다.

실제로 '신의 입자'라는 말은 사람들의 호기심을 불러일으켰다. 이 말은 단지 문학적인 표현에 불과했지만 많은 사람들은 특정한 입자에 심오한 종교적 중요성을 부여하는 것으로 생각하게 되었다. 일부 과학자들은 이를 못마땅하게 여겼다. 그들은 이것이 권위와 과학계의 도덕적 합리주의의 타협이라 생각했고, 나아가 열심히 연구하는 과학자들의 순수성을 훼손한다고 생각했다.

우리는 사람들에게서 '신의 입자'라는 이름이 가져온 다양한 결과를 경험했다. 몇 년마다 한 번씩 페르미 연구소에서는 주위에 사는 사람들을 초청하여 가속기와 검출기를 직접 보고 과학자들과 그들이 하는 일에 대해 이야기를 나누는 '오픈 하우스 행사'를 열었다. 이 행사에 참석하기 위해 중서부 주에 사는 많은 사람들이 먼 거리에도 불구하고 차를 몰고 왔다. '신의 입자'가 나타난 직후 우리가 그 행사를 열었을 때 참석자들 중에는 종교적인 사람들의 수가 눈에 띄게 늘어났다. 다행히도 우리가 준비한 텐트가 참석하려는 사람들을 수용하기에 충분했다. 그러나 '신의 입자'를 찾아왔던 많은 사람들이 자연의 실제 모습에 대한 우리 이야기를 듣고 실망했을 것이다. 특히 우주의 창조에 대한 우리의 견해는 그들을 더욱 실망시켰을 것이다. 다음은 그때 있었던 일들 중 하나이다.

내가 오픈 하우스에서 사람들을 안내하고 있을 때 한 부인이 "사탄 입자도 있습니까?" 하고 물었다. "그런 입자는 없습니다"라고 대답하자 그녀가 "그렇다면 신의 입자가 어떻게 세상을 창조했습니까? 나는 창세기에서 그런 입자 이야기를 보지 못했고 성경 어디에도 그런 입자 이야기를 보지 못했습니다" 하고 말했다. 나는 그녀에게 질량과 물질의 기본 성질, 입자의 '표준모델'에 어떤 입자들이 포함되어 있는지, 그리고 이 입자들이 힉스 입자와 어떤 관련이 있는지를 설명했다. 또한 '신의 입자'라는 말이 힉스 입자를 가리키는 문학적 표현이라는 것에 대해 설명했다. 그러자 그녀가 다시 물었다. "매스(질량)요? 가톨릭교회의 매스(미사) 같은 것 말이에요?" "아닙니다. 매스는 물질 안에 얼마나 많은 양이 들어 있는지를 나타내는 양입니다" 나는 그녀에게 '신의 입자'라는 말은 동료 리언 레더먼이 그녀가 손에 들고 있던 책에서 시적으로 붙인 이름이라고 말해주었다. 그 부인은 레더먼의 책을 들고 있었다. 그녀는 다시 흥미가 생기는 것 같았다. "그렇다면 이 모든 것은 어디에서 왔습니까?"라는 질문에 나는 '창조'에 관해 과학자들이 알고 있는 대로 '빅뱅', '물질-반물질 대칭성', '원자핵 합성' 등을 설명해주었다. 보통 물질을 이루고 있는 원자가 빅뱅으로 만들어졌다는 것, 원시 물질의 대부분은 수소와 헬륨이라는 것, 그리고 이 모든 것이 3분 동안 만들어졌다는 이야기도 해주었다. 또한 우리를 구성하고 있는 대부분의 무거운 원소들은 별 내부에서 만들어졌다는 이야기도 빼놓지 않았다. 그리고 모든 원자를 만드는 원료 물질은 빅뱅으로 만들어졌다는 것과 '반물질은 어디로 갔는가?'와 같은 온갖 신비한 현상에 대해서도 설명해주었다.

그녀는 나의 설명에 흥미를 보이면서 몇 가지 지적인 질문을 던졌다. 그런 다음에 "그럼 지구 위의 생명체는 어떻게 설명할 수 있습니까?" 하고 물었다. 나는 135억 년 전에는 사람이 없었으며, 우리는 커다란 분자에서 발생한 미생물에서 시작했고, 미생물은 벌레, 척추동물, 영장류 그리고 '우리'로 진화했다고 설명했다. 그러자 그녀는 몹시 흥분하여 건물의 문을 심하게 쳤다. 그러고는 서둘러 미주리 교회라고 쓰인 대형 버스로 돌아갔다. 나는 그녀가 사탄이나 마귀를 만났다고 생각하는 것이 틀림없다고 믿는다.

이런 논란에도 불구하고 리언 레더먼은 커다란 가죽 의자에 앉아 얼굴에 미소를 띤 채 마치 아인슈타인의 끄덕이는 인형이 허락의 의미로 머리를 끄덕이듯 고개를 끄덕이며 이 모든 것을 뛰어난 유머 감각으로 받아넘겼다. '신의 입자'라는 이름은 최근에 힉스 입자를 다룬 티베트에서 팀북투에 이르는 전 세계 기사에서 다루어졌다. "팀북투라고요?" 리언이 윙크하면서 말했다. "나의 아저씨 중 한 사람이 팀북투에서 베이글을 팔고 있거든요."

어떤 경우든 이 책의 목적상 우리는 리언이 '신의 입자'라는 이름을 붙일 때 마음속에 노르웨이의 보탄(오딘) 신을 품고 있었다고 가정할 것이다. 그리고 실제로 힉스 입자는 끝이 아니며, '궁극'도 아니고, '신들의 황혼'도 아니다. 그것들은 힉스 입자 너머에 있는 것들이다. 힉스 입자는 자연의 새로운 영역으로 들어가는 입구이며, 새로운 퍼즐과 완전하고 급진적인 새로운 것의 시작점이다. 새로운 이야기는 항상 한때 생각했던 것보다 크고 거대한 것으로 밝혀졌음을 우리는 잘 알고 있다.

실제로 호기심과 노르웨이의 신화가 만드는 평행선은 계속될 것이다. 제작을 끝낸 후에 보탄은 니벨룽겐의 반지를 끼고 지구를 여행하다가 지크프리트에게 반지를 주었다. 지크프리트는 용을 죽이고 불꽃이 튀는 화산 꼭대기에서 영원한 잠에 빠져 있는 아름다운 브룬힐트를 구했다. 니벨룽겐 반지의 마지막인 신들의 황혼에서 신들은 자신들의 배신과, 금반지와 관련된 어리석은 짓 때문에 멸망하고 세상의 미래를 인간에게 맡긴다.

이 신화의 메시지는 분명하다. 우리는 어릴 때 들은 동화 속의 반신반인, 난쟁이, 트롤, 이기적이고 화를 내는 신에 대한 믿음을 넘어 앞으로 나아가야 한다. 세상은 좋건 나쁘건 궁극적으로 사람에게 속해 있고 사람에 의해 안내된다. 아마도 이 책의 제목인 《힉스 입자 그리고 그 너머》는 이 모든 것에 잘 들어맞는다. 인간은 우주가 작동하는 방법을 배우면서 동화나 신화를 넘어 계속 발전해가고 있다. 페르미 연구소와 CERN에서 이룬 것과 같은 성공적인 국제적 협력은 국경과 문화적 장벽을 넘어 함께 살아가고 일하는 방법을 알려줌으로써 인류 발전에 크게 기여했다. 그것은 또한 대규모로 이루어진 인류의 협력을 위한 노력의 모든 것을 보여주었다. 그것은 궁극적으로 미래 인류의 모습이다.

따라서 이제 '신의 입자'라는 말을 버리고 가장 작은 것에 관한 과학에서 힉스 입자에 대해 자세히 알아보자. 그리고 우리가 실제로 하려는 일과 여러 가지 면에서 우리가 성공적으로 하고 있는 일에 대하여 이야기하고, LHC를 이용해 우리가 이루어낼 수 있는 일과 우리가 미래에 하고 싶은 일과 해야 할 일에 대해 알아보자. 우리는 물질로서나 아이디어로서 힉스 입자 너머를 바라보고 있다. 힉스 입자를 손에 넣은 물리학자들은 이제 자연이 기본 패턴과 기본 입자의 성질을 만들어내는 방법에 대한 새로운 통찰력을 가지게 되었다. 그리고 또한 새롭고 강력한 물리적 세상에 남아 있는 신비한 퍼즐을 이해하는 새롭고 강력한 방법을 가지게 되었다.

제2장

위대한 질문의 간단한 역사

원자, 쿼크, 경입자('물질') 그리고 게이지 보존('힘을 매개하는') 너머에 대해 오늘날 우리가 품고 있는 가장 기본적인 의문은 힉스 입자와 이 입자 너머에 있는 것들에 관한 것이다. 우리는 지금 새롭고 신비한 가장 작은 세계를 탐구하고 있다. 이전에 누구도 가본 적이 없는 이 세계의 가장 짧은 거리에서 일어나는 일들을 거대강입자 충돌가속기(LHC)를 이용해 조사하고 있다. 이것은 결과를 예상할 수 없는 탐험이 아니다. 우리가 무엇을 이해하려고 노력하는지 알고 있지만 다음 순간 놀라운 일이 벌어질 가능성도 있다.

한마디로 말해 우리는 '질량의 기원은 무엇인가?' 하는 질문의 답을 찾고 있다. 질량은 물질을 정의하는 중요한 물리량 중 하나이다. 그렇다면 질량은 어디에서 오는 것일까? 질량이라는 성질을 가지게 하는 것은 무엇일까? 우리는 '제1원리'로부터 전자, 뮤온 그리고 톱 쿼크의 질량을 계산해낼 수 있을까? 물질과 물질의 질량은 무엇에 의해 통제되고 만들어지는 것일까? 이는 '생명체를 구성하는 유전정보는 어디에서부터 온 것일까?'라는 생물학적인 질문의 답을 구하려고 노력하는 것과 비슷하다. 유전정보의 기원에 대한 질문의 답은 1950년대에 나왔다. 유전정보는 DNA라는 매우 긴 분자 안에 저장되어 있다는 사실이 밝혀진 것이다. 유전 정보의 기원에 대해 답을 얻은 우리는 DNA를 '읽어내고', '복제하고', 그리고 '다시 쓰는' 것을 생각할 정도로 새로운 능력을 가지게 되었다.

생명체의 구조와 기능, 따라서 궁극적으로는 모든 질병도 DNA 또는 DNA와 관련된 물리 화학적 과정에 의해 통제된다. DNA와 DNA의 진화 과정에 대한 이해는 지구 상의 모든 생명체를 이해하는 기초가 된다. 오늘날 물리학이 당면한 질문은 1950년대 이전의 생물학에서 했던 질문과 유사하다. 그러니까 '질량과 관련된 현상의 원인은 무엇일까?'라는 질문은 '물질 자체의 DNA는 무엇일까?'로 고쳐 쓸 수 있다.

자연의 탐구 과정에 대한 통찰력을 얻기 위해 지난 3000년 동안 우리 조상들이 어떤 기본적인 질문을 했는지 알아보자. 우리의 고대 조상들은 갓난아이처럼 이성적인 마음과 세상에 대한 순수한 경외심을 가지고 있었다. 처음에는 일어날 것 같거나 일어날 것처럼 예상되는 것들에 대한 원초적인 편견, 생각, 두려움을 떨쳐 내는 것이 매우 어려운 일이었다. 지성이 싹트기 시작하던 초기에 사람들 마음속에는 밤에 말하는 목소리, 나무 뒤에서 손짓하는 존재, 그리고 모든 좋은 것과 나쁜 것을 만들어내는 존재에 대한 내부적인 믿음을 가지고 있었다. 이런 믿음이 비를 부르기 위해 이상한 분장과 의상을 차려입고, 이상한 춤을 추도록 만들었다. 실제로 신의 간섭을 구하는 모든 행위는 비를 기원하는 춤이 변한 것이고, 추수를 못하게 될지 모른다는 두려움에 기인한 것이다. 그러한 것들을 버리고 '객관적인 실재'를 증류해내는 것은 쉬운 일이 아니었다.

그러나 점차 객관적인 실재에 대한 철학과 합리적인 이해가 나타나면서 신화적이고 마술적인 존재에 의존하지 않고, 비를 불러오는 신을 두려워하지 않으면서 질문을 통해 답을 찾을 수 있게 되었다. 그리고 '실험'하는 방법을 배웠다. 실험 결과의 재현성이 마술사나 대사제의 단순한 견해보다 훨씬 중요하다는 것을 알게 되었다. 특별한 의상을 걸치고 춤을 추면 정말 비가 오는가? 아니다. 대신 다른 작물보다 건조한 기후에서 더 잘 자라는 작물이 있고, 작물을 잘 재배하는 방법이 있다. 어느 시점에서 '실재'에 대한 이 같은 이해가 '과학'이 되었다.

사람들은 점점 더 심오한 질문을 던지기 시작했다. '만물은 무엇으로 만들어졌을까?', '그들의 성질은 무엇일까?', '물질을 지배하는 기본 법칙은 무엇일까?'……. 이런 질문들은 매우 현실적이면서 가장 큰 질문들이다. 또한 이 질문들은 '물리적 실재는 무엇으로 구성되었나?' 혹은 '물리적 물질의 성질은 무엇인가?' 그리고 '물리적 힘, 운동, 공간, 시간은 무엇인가?'와 같은 매우 심오한 문제들을 다루고 있다. 해답은 더 좋은 불, 더 나은 칼, 질병의 치료 그리고 비를 내리게 하거나, 비가 내릴 최상의 조건을 만들고, 세상을 바로잡는 심오한 비밀의 열쇠가 될 수 있다. 19세기 말에 '물질의 성질은 무엇인가?'라는 질문은 화학에서 구체화되었다. 모든 물질은 주기율표의 원자들로 구성되어 있다. 여기서 주기성은 화학 성질의 주기성을 말한다. 화합물을 구성하는 원소는 특정한 경험적인 법칙에 따라 화학반응을 한다. 물리법칙은 갈릴레이, 뉴턴, 맥스웰, 깁스, 볼츠만 등이 찾아낸 것들이다.

고대의 많은 철학자들도 초보적인 '원소'의 개념을 발전시켰다. 원소들은 다른 물질을 만드는 재료로서, 기본적인 요소였다. 플라톤이 설명한 '고전적 원소'에는 '공기', '불', '흙', '물'과 신비한 '제5의 원소'가 포함되어 있었다. 제5의 원소는 전 우주를 가득 채우고 있으며 '에테르'라고 불렸다. 물질의 성질에 대한 이런 생각은 모든 질문을 다섯 가지 고전적 원소로 축소했고, 자연 아래 있는 질서에 대한 일말의 힌트를 제공했지만 자세한 설명을 제공하는 데는 실패했다. 하지만 이것은 물질의 내재적 성질에 대한 질문의 무시할 수 없는 답을 제공했다.

일부 고대 철학자들 중에는 우리 입장에서 볼 때 매우 현대적인 견해를 가진 사람들이 있었다. 그런 이들 중 가장 놀라운 사람이 역사상 가장 위대한 사상가였던 아테네의 데모크리토스였다. 어떤 이들은 그를 '현대 과학의 아버지'라고 생각하며, 그 시대의 갈릴레이로 여기고 있다. 데모크리토스는 기원전 460년경에 태어나 기원전 370년경에 죽었다. 따라서 약 100년을 살았던 사람이다. 그는 종종 괴

짜처럼 행동했으며, 고향인 아테네에선 무시당했던 듯하다. 그리고 플라톤이 몹시 싫어한 것으로도 알려졌다. 플라톤은 데모크리토스와 만난 것을 부인했지만 데모크리토스의 책을 모두 불태우라 했다고 전해지는 것으로 미루어 이는 사실이 아닐 가능성이 있다. 데모크리토스는 '웃는 철학자'라는 이름을 물려받았다. 그에게는 당시 철학자들의 아이디어 대부분이 터무니없거나 우스갯소리로 보였다. 우리는 기원전 400년경에 한 집회소에서 강의하는 플라톤에게 대답할 수 없는 특정 화학 반응에 대한 질문으로 플라톤을 곤경에 빠트리는 그의 모습을 상상해볼 수 있다.

P: 그리고 자연의 질서와 자연의 단순성은 모든 물질이 다섯 가지 '원소'인 '공기', '불', '물', '흙' 그리고 '제5의 원소'로 이루어졌기 때문입니다. 그것이 전부입니다.

D: 선생님, 이 원소들은 상호 변환이 가능합니까?

P: 아닙니다. 절대 안 됩니다. 내가 이야기했듯이, 이것들은 기본 원소들입니다.

D: 그렇다면 태양의 밝은 빛은 무슨 원소로 되어 있습니까?

P: (잠시 쉬었다가) 내가 생각하기에는…… 그러니까 공간이 제5의 원소로 채워져 있고, 태양의 밝은 빛은 공간을 통해 흐르니까 제5의 원소로 이루어져 있을 겁니다.

D: 그러면 선생님, 파피루스는 무슨 원소로 되어 있습니까?

P: 파피루스는 흙에서 나왔으니까 흙으로 이루어져 있을 것입니다.

D: 그렇다면 선생님, 제가 수정으로 된 둥근 보석을 태양과 흙으로 이루어졌다고 말씀하신 파피루스 사이에 놓고 파피루스 위에 빛을 집중시키면 제5의 원소인 태양 빛으로 불을 만들 수 있습니다. 제가 제5의 원소나 흙을 불로 변환시킨 것이 아닌가요?

P: (참을 수 없다는 듯이) 그게 술수가 아니라면 아마도…… 아마도 빛은 불의 형태일 것입니다. 따라서 어떤 원소를 다른 원소로 변환시킨 것이 아닙니다.

D: 그러나 제가 선생님이 불이라고 하신 빛을 기름 항아리 속으로 가져가면 어두워집니다. 그렇다면 불은 어디로 간 것일까요? 불이 선생님이 흙이라고 말씀하신 기름이 된 것인가요?

P: 실제로…… (잠시 침묵하다가 말을 더듬으며) 아마도 우리가 말했듯이 제5의 원소…….

D: 그리고 제가 흙의 형태인 파피루스를 불 속에서 태우면 (종이가 계속 연기를 내고 있다) 연기가 공기 중으로 올라가고 파피루스는 사라집니다. 제가 흙을 공기로 바꾼 것 아닌가요?

P: (분개하는 긴 침묵)

D: 프하하하하하하…… (데모크리토스가 경멸하는 웃음을 크게 웃었다)

데모크리토스는 과학적 질문의 구체적인 해답을 원했다. 데모크리토스로부터 우리는 원소에 대한 개념적인 바탕을 물려받을 수 있었다. 이 원소들은 그가 주장한 것처럼 물질의 행동을 결정하는 원인이 되는 복잡한 역학적 성질을 가지고 있어야 했다. 보통 물질이 가지고 있는 다양한 성질은 원소의 기본적인 성질로 축소될 수 있다. 일부 원소는 작은 구의 형태여서 자유롭게 흐를 수 있고(액체), 다른 원소는 갈고리를 가지고 있어서 단단한 구조적 결합을 할 수 있으며(금속), 또 다른 원소는 블록과 같은 형태를 하고 있어서 규칙적 결정구조를 만들 수 있다(다이아몬드나 수정). 이론은 알려진 모든 현상을 올바로 설명해야 하며, 새로운 관측 가능한 현상을 예상할 수 있어야 한다.

물론 원자론은 그 당시 가장 야심적인 시작이었다. 하지만 데모크리토스에게는 자신의 가설을 시험하고 증명할 현미경도 없었고, 입자가속기도 없었다. 그럼에도 불구하고 그의 환원주의적인 가설은 화학의 규칙과 구성 원리를 암시하고 있었다. 데모크리토스는 쪼갤 수 없다는 뜻의 그리스어 atmos로부터 'atom(원자)'이라는 단어를 만들었다. 이 기본적인 구성 요소를 이용해 우리는 복잡한 물체나 우리가 보는 모든 물체의 모양과 형태를 만들 수 있다. 커다란 물리적 세상에서 일어나는 일들은 원자의 기본적인 성질로부터 기인한다. 이것은 물리적 세상에 대한 현대적인 견해로, 과학에서 알아내려는 일들 중 하나이다. 데모크리토스의 이론에서는 화학반응을 통해 태우고, 썩게 하고, 물에 녹이는 것과 같이 특정 물질의 구조를 바꾸거나 재배열하는 것은 가능하지만 원자는 바뀔 수 없었다. 그의 이론은 유용했고 더 많은 연구를 위한 기초를 제공했다. 여기에는 '기본 입자'와 우주의 모든 물질을 구성하는 요소로서의 입자들이 맡은 역할에 대한 기본 생각이 들어 있었다. 원자는 고유의 성질을 통해 세상을 조각하고 모양을 결정한다.

그 뒤의 여러 세기 동안에는 연금술사들이 활동했다. 그들은 납(Pb) 원소를 금(Au) 원소로 변환시키는 것은 물론 다른 어떤 원소의 변환에도 성공하지 못했다. 원소를 변환하려는 숱한 시도에서 그들이 한 일은 많은 화합물을 구성하는 원소를 재배열한 것뿐이었지만, 이는 화학의 기초가 되는 화학물질의 성질과 화학반응에 대한 엄청난 양의 경험적인 '자료'를 축적했다. 이런 면에서 데모크리토스의 이론은 시험되고 수정되었다고 할 수 있다. 데모크리토스의 이론은 후에 과학에 의해 크게 확장되어 실제로 과학 연구를 위한 처방으로 철학 이상의 것이었다는 것이 증명되었다. 이 이론은 또한 깊은 이해가 부족한 만병통치약인 '공기', '불', '흙', '물' 그리고 '제5의 원소'를 흔드는 데 그치는 것이 아니라는 것을 밝혀냈다.

우리가 매일 접촉하는 "일상생활의 물질"은 "양파같이 여러 층으로 구성된 자연"의 첫 번째 층이다. 이 층은 많거나 적은 수의 원자들이 모여 만든 '분자'로 구성되어 있다. 소금($NaCl$), 물(H_2O), 우리가 숨을 쉬는 데 사용하는 공기 속의 산소(O_2), 가정을 난방하는 데 사용되는 메테인(CH_4)과 같은 분자들은 좀 더 기본적인 입자인 원자로 이루어졌다. 원자들의 배열이 달라지면 다른 분자가 된다. 산소 분자와 메테인 분자의 혼합물에 성냥으로 불을 붙이면 원자들이 빠르게 재결합하여 물 분자와 이산화탄소 분자를 형성하면서 많은 열을 방출한다. 반면에 나트륨(Na), 염소(Cl), 수소(H), 산소(O), 탄소(C) 등은 모두 원자 또는 '원소'이다. 이들은 화학반응에선 변하지 않는다. 이들은 화학의 '기본 입자'들이다.

화학반응에서 원자들의 총수는 변하지 않는다. 화학반응에서 금(Au) 원자는 절대 납(Pb) 원자로 바뀔 수 없다. 원자는 고등학교 실험실에서 할 수 있는 실험으로는 더 작은 입자로 나눌 수 없다. 원자를 더 작은 입자로 나누려면 화학의 영역을 넘어서야 한다. 이를 위해서는 양파 같은 자연의 더 깊은 층으로 내려가야 한다. 그 영역은 원자물리학과 원자핵물리학 영역으로서, 결국에는 쿼크, 경입자^{Lepton}, 게이지 보존의 영역으로 들어가야 한다. 오늘날에는 '기본 입자'인 이 입자들도 미래에는 다른 입자들에 그 자리를 물려주어야 할는지도 모른다.

19세기 중반, 화학반응에 대한 지식을 바탕으로 러시아의 위대한 과학자 드미트리 멘델레예프$^{Dmitry\ Mendeleev}$가 화학적 성질에 기초하여 원소들을 분류했다. 이 분류 체계를 원소의 주기율표라고 부른다. 주기율표는 수천 년 동안의 연금술, 화학, 물질과 관련된 단편적인 지식을 놀랍도록 간단히 요약해 무한히 많은 종류의 분자를 자연에서 발견된 100개 정도의 원자로 축소한 것이다. 현대 주기율표에는 100여 개가 넘는 원소가 포함되어 있지만 멘델레예프 시대에는 그 수가 조금 적었다. 헬륨과 같은 원소들은 후에 발견되었다. 그리고 불안정해서 방사성 붕괴를 하는 무거운 원소들은 가속기를 이용해 인공적으로 만들었다. 이런 원소들은 고등학교 교실 벽에 걸려 있는 오래된 주기율표에는 포함되어 있지 않다. 주기율표는 화학적 성질의 주기성과 무거운 원자로 갈 때 원자 형태 변화의 주기성을 나타낸다. 주기율표의 이런 주기성과 복잡성은 원자 자체가 더 작은 입자로 이루어져 있고, 내부 구조를 가지고 있으며, 기본 입자로 이루어진 더 깊은 층이 존재한다는 것을 암시하고 있다.

'양파 같은 물리학'이라는 비유

멘델레예프의 주기율표는 현대적 물질과학의 시작이었다. 주기율표를 이해하기 위해서는 자연이 양파와 같다는 것을 알아야 한다. 자연은 더 작은 세계로 내려갈수록 다른 구조와 현상을 보여주는 층들을 가지고 있다. 그리고 더 짧은 거리로 다가가는 것은 점점 더 높은 에너지 상태에 들어가는 것임을 알게 되었다. 자연은 모두 기본적인 물리법칙의 지배를 받지만 우리가 자연에서 발견하는 복잡한 구조는 양파와 같은 구조를 가진 현상의 다른 '층'에 그 원인이 있다. 자연의 여러 층은 그것을 검출하는 데 필요한 에너지에 의해서만 특징지을 수 있다.

그렇다면 '그것을 검출할 수 있는 에너지'는 무엇을 의미할까? 여기서 좀 더 기술적인 이야기로 들어가 소립자나 원자의 에너지를 이야기할 때 사용하는 전자볼트(eV)라는 단위에 대해 알아보자.

1eV는 1.6×10^{-19}J을 나타내는 에너지 단위로 크기가 너무 작아 일상생활에서는 사용할 수 없다. 주로 화학반응에 관여하는 에너지를 다루는 화학에서 관심을 가지는 에너지는 0.1~10eV 사이이다. 이것은 어떤 원자가 다른 원자 또는 다른 분자와의 화학반응을 통해 새로운 분자를 형성하면 대략 0.1~10eV 사이의 에너지가 방출되거나 흡수된다는 것을 의미한다. 이것은 두 원자 사이의 화학결합을 만들어내는 힘에서 온 에너지이다. 이 에너지는 주로 빛이나 운동에너지 형태로 방출된다.

방출된 에너지는 물질을 구성하는 원자들의 무작위적 운동에 의한 열로 전환되지만, 불이 내는 빛이나 폭죽이 내는 소리 형태로 바뀔 수도 있다. 화학반응 때 방출하는 에너지를 눈으로 볼 수 있는 것은 가시광선 포톤이 가지고 있는 에너지가 2~3eV 사이이기 때문이다. 우리는 눈과 뇌 안에서 일어나는 다양한 화학반응을 통해 시각기관에 들어온 빛을 볼 수 있다. 따라서 빛 감지 반응은 화학에너지 크기에서 일어나며 우리는 0.1eV 내지 10eV의 에너지로 분자를 감지할 수 있다.

우리는 쉽게 화학반응을 일으킬 수 있다. 예를 들면 메테인(CH_4)과 산소(O_2)의 혼합물에 성냥을 그어 불을 붙이면 빠른 화학반응이 일어나 이산화탄소(CO_2)와 물(H_2O)이 만들어진다. 성냥이 포톤을 발생시키는 것은 산소와 인이 결합하는 연소 과정에서 약 1eV의 에너지를 방출하기 때문이다. 연소를 통해 에너지를 얻은 입자들이 메테인과 산소를 때려 더 많은 포톤을 방출하는 화학반응을 일으킨다. 연쇄 화학반응으로 더 많은 포톤이 만들어지면 꽝 하는 소리와 함께 폭발이 일어날 수도 있다.

한 층에서 일어나는 화학반응에서 원자들의 상호작용을 나타내는 물리학은 다른 층에서 일어나는 반응과 독립적으로 일어난다. 예를 들어 일상생활에서 나타나는 현상을 분석하는 데는 원자의 크기보다 더 작은 크기에서 원자핵을 구성하는 양성자와 중성자의 복잡한 운동을 감안하지 하지 않아도 된다.

원자핵물리학은 0.1~10eV 사이의 에너지를 다루는 화학반응과 달리 보통 100만 eV(MeV) 단위로 측정되는 에너지층을 다룬다. 화학을 연구하는 데 지구가 태양 주위를 도는 것과 같은 느린 천문학적 운동을 신경 쓰지 않아도 된다.

실제로 화학에서 문제가 되는 것은 원자 안에서 일어나는 원자와 전자의 상대운동이다. 열로 인한 원자들의 무작위 운동과 충돌을 다루는 열역학은 실온에서 원자당 0.1eV 정도의 에너지를 다룬다. 이 에너지는 온도가 올라가면 증가하여 요리를 하는 것과 같은 화학반응에 영향을 준다. 그러나 지구가 궤도를 도는 운동은 지구를 구성하는 모든 원자들이 함께 운동하므로 원자 사이의 충돌에 영향을 주지 않는다. 물론 소행성이 지구와 충돌하면 소행성을 구성하는 원자들과 지구를 구성하는 원자들 사이의 상대적 운동이 높은 에너지를 만들어내고 심각한 화학반응이나 핵반응을 일으킬 수도 있다!

멘델레예프의 원소주기율표가 화학반응을 이해하는 바탕을 제공했지만 우리는 20세기 초에 원자 역시 기본 입자가 아니라는 것을 알게 되었다. 원자도 더 작고 더 기본적인 입자로 구성되어 있다.

이를 이해하기 위해서는 원자 안을 들여다보아야 한다. 무언가를 탐지하려면 탐침이 그것보다 더 작아야 한다. 만약 탐침이 물체보다 더 크면 큰 도끼와 같다. 큰 도끼는 작은 물체를 분해하지 못하므로 치과 수술에 사용할 수 없다. 아이들의 생일 파티에서 할 수 있는 간단한 실험이 이를 잘 보여준다.

간단한 가정-발효 실험

비치볼과 빨대를 준비하고 가리개로 눈을 가린다. 그리고 땅콩, 옥수수, 동전, 나사와 같은 작은 물건들을 모아 실험자 앞에 있는 책상에 늘어놓는다. 그런 다음 눈을 가리고 양손에 비치볼을 들고 비치볼만을 이용하여 책상 위에 있는 땅콩이나 옥수수 같은 물건을 알아맞혀본다. 눈을 감은 상태에서 커다란 비치볼로만 접촉해서 작은 물건들을 구별하는 것이 가능할까? 우리는 그것이 가능하지 않다는 것을 쉽게 알 수 있다.

계속해서 이번에는 눈을 가린 채 빨대 한끝을 잡고 작은 물건들의 형태를 알아내보자. 이제 이 물건이 무엇인지 구별할 수 있는가? 물건의 모양을 알아낸 다음에는 그 물건이 무엇인지 알아내기 위해 약간의 상상력을 동원해야 한다. 우리는 엔리코 페르미Enrico Fermi처럼 실험물리학자인 동시에 이론물리학자가 되어야 한다. 충분한 노력과 생각을 통해 우리는 책상 위에 놓인 작은 물건이 무엇인지 알아낼 수 있을 것이다. 아마 10센트짜리와 5센트짜리 동전을 구별할 수 있을 것이고, 양배추 조각과 골프공을 구별할 수 있을 것이다. 여러분도 실제로 해보기 바란다!

이 실험을 통해 한 가지는 분명히 알 수 있다. 물체보다 몇 배 더 큰 검출기는 잘 작동하지 않는다는 것이다. 비치볼을 들고는 10센트짜리와 5센트짜리 동전을 구별할 수 없다. 반면에 물체보다 작은 검출기를 이용하면 눈으로 보지 않고도 물체의 구조를 분석할 수 있다. 이 간단한 원리는 기본 입자층을 포함한 자연의 모든 층을 탐구하는 데 적용된다.

우리가 모르는 '어떤 것'의 구조를 탐색하려면 분석하려는 '것'보다 작은 탐지 장치를 만들어야 한다. 이는 원자 내부나 원자를 구성하는 입자들과 같이 작은 물체를 조사하는 데 극복할 수 없는 장애가 되는 것처럼 보인다. 우리는 커다란 물체만을 가지고 어떻게 입자의 내부 구조를 알 수 있을까? 아하! 여기 두 가지 위대한 과학혁명이 우리에게 도움을 주고 있다. 양자 이론과 아인슈타인의 상대성이론이 바로 그것이다.

기본적으로 우리는 양자 이론을 통해 자연의 모든 입자들은 파동이라는 것을 알 수 있다. 말도 안 되는 역설처럼 들리지만, 이야말로 신비한 양자 이론의 실제이다. 원자 크기에 도달하기 전에는 대부분의 경우 파동과 입자의 효과가 나타나지 않는다. 그러나 빛에서는 이런 효과를 쉽게 볼 수 있다. 정확히 말해서 양자 상태는 입자도 파동도 아니다. 양자 상태는 입자인 동시에 파동이다!

작은 물체는 시공간의 특정 지점에서 점과 같은 입자를 탐지할 확률과 관련이 있는 양자역학적 파동으로 기술할 수 있다. 흥미 있는 독자는 이런 내용을《시인을 위한 양자물리학》(애머스트, NY: 프로메테우스 북스, 2011)에서 찾아 읽을 수 있을 것이다. 그러나 몇 단원 더 우리와 함께 '파도를 타고' 싶다면 파동은 고유 파장을 가진다는 것을 받아들이기만 하면 된다. 파장은 파동의 골과 골 사이 또는 마루와 마루 사이의 거리이다. 검출기로 사용할 때 물체가 얼마나 크냐 하는 것은 양자 파장의 크기를 말한다.

양자물리학에 관한 두 번째 중요한 사실은 입자의 에너지를 증가시킬 때 입자의 양자 파장이 점점 작아진다는 것이다. 파동의 속도가 빛의 속도에 다가가면 아인슈타인의 상대성이론이 개입한다. 빛의 속도와 비슷하게 움직이는 입자의 에너지를 두 배로 증가시키면 입자는 그에 해당하는 양자 파장을 갖는다. 따라서 많은 에너지를 투자하면 양자 파장을 얼마든지 작게 만들 수 있다. 원리적으로는 단지 가속시키는 것만으로 얼마든지 작은 검출기를 만들 수 있다는 것을 뜻한다. 이것이 현미경과 가속기의 작동과 관련된 가장 중요한 원리이다. 입자가 더 많은 에너지를 가질수록 입자의 크기는 작아진다고 말할 수 있다. 이제 오늘날의 가속기가 왜 그렇게 큰지 이해할 수 있을 것이다. 입자에 많은 에너지를 주어 작은 검출기를 만들려면 아주 커다란 입자가속기가 필요하다.

가시광선의 파장은 큰 에너지를 가지는 푸른빛의 0.00004cm(4×10^{-5}cm, 약 3eV)에서 작은 에너지를 가지는 붉은빛의 0.00007cm(7×10^{-5}cm, 약 2eV) 사이이다. 일반적인 빛의 양자는 이 범위의 파장을 가지고 있으며, 에너지는 대략 2~3eV 사이이다. 0.0001cm(10^{-4}cm)보다 큰 물체는 빛의 파장보다 크기 때문에 빛을 이용해서 볼 수 있다. 이런 물체를 보기 위해서는 정밀한 광학현미경을 만들기만 하면 된다. 이런 현미경을 이용하면 맨눈으로 볼 수 없는 작은 물체도 볼 수 있다.

그러나 생명체의 세포 안에 있는 구성 요소와 같이 작은 크기의 구조를 조사하는 데는 가시광선이 적당하지 않다. 가시광선은 0.00001cm(10^{-5}cm)보다 작은 물체를 구별할 수 없다. 이제 그 이유를 알 수 있을 것이다. 이런 물체의 크기는 가시광선 포톤의 파장보다 작다. 가시광선은 이렇게 작은 물체를 감지하는 데 비치볼과 마찬가지로 쓸모가 없다. 현미경을 아무리 개선해도 더 나은 영상을 얻을 수 없다. 수십만 달러를 투자해 최신 현미경을 들여와도 세포 안에 있는 작은 구조물들은 희미하게 보이거나 아예 보이지 않을 것이다. 현미경의 배율을 높여도 더 큰 희미한 상을 얻을 수 있을 뿐이다. 광학현미경으로는 DNA를 절대 볼 수 없다. 광학현미경으로는 원자의 크기인 0.00000001cm(10^{-8}cm)보다 작은 물체를 볼 가능성이 전혀 없다.

다행히 원자층보다 작은 층에서 전자는 뛰어난 검출기가 될 수 있다. 전자는 전자현미경이라 부르는 작은 가속기로도 큰 에너지를 가지게 할 수 있다. 전자도 다른 입자들과 마찬가지로 양자 파장을 가지고 있다. 전자는 쉽게 가시광선 포톤 에너지의 1만 배나 되는 2만 eV의 에너지를 갖게 할 수 있다. 이 에너지는 예

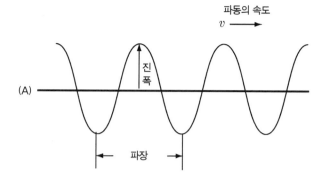

파동의 속도

$v \longrightarrow$

(A)

진폭

파장

(B)

파장

그림 2.1 파동과 파장. (A) 이동하는 파동. v의 속도로 우측으로 이동하고 있는 파동은 파장을 가지고 있다. 파장은 인접한 골과 골 사이 또는 마루와 마루 사이의 거리이다. 이동하는 파동을 관찰하는 관측자는 1초 동안 지나가는 골이나 마루의 수를 나타내는 진동수를 관측할 것이다. 진폭은 마루의 높이이다. (B) 에너지를 증가시키면 파장이 작아진다.

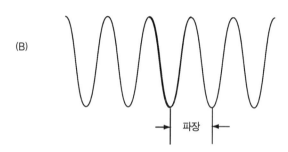

전에 대부분의 가정에서 사용되었지만 이제는 사라진, 오래된 TV 브라운관 안에서 가속된 전자가 가지고 있는 에너지이다. 이 에너지에서 전자의 양자 파장은 약 0.000000001cm(10^{-9}cm)로 가시광선의 파장보다 훨씬 작다. 따라서 전자는 DNA, 바이러스, 심지어 개개 원자를 구별하는 데 사용될 수 있다.

원자 내부 들여다보기

처음으로 '양파 껍질 자연의 원자층'에 해당되는 원자의 내부 구조를 들여다본 것은 멘델레예프가 주기율표를 세안하고 50년 뒤 영국의 물리학자 조지프 존 톰슨$^{\text{Josept John. Thomson}}$에 의해서였다. 톰슨은 1897년에 형광등과 비슷한 방전관

안의 원자에서 나오는 '음극선'이 실제로는 입자라는 것을 알아냈다. 톰슨은 이 입자가 모든 원자 안에 들어 있다고 주장했으며 이 입자를 전자라고 불렀다. 이러한 발견 덕분에 '현대 입자물리학의 아버지'로 불리게 된 톰슨은 전자가 아주 작은 질량을 가지고 있으며 원자 질량의 2000분의 1밖에 안 된다는 것을 증명했다. 또 전자가 (−) 전하를 띠고 있다는 것도 밝혀냈다.

톰슨의 연구 덕분에 원자에는 (−) 전하를 띤 가벼운 전자가 가득하다는 것을 알게 되었다. 그러나 원자 자체는 전기적으로 중성이어서 전하를 띠고 있지 않다. 원자들은 '이온화'될 수 있고, 전자를 잃어 (+) 전하를 띨 수 있다. 그렇다면 원자 안에는 전자가 가지고 있는 (−) 전하와 균형을 이룰 수 있도록 같은 양의 (+) 전하를 가지고 있어야 한다. 그러나 원자 안 어디에 (+) 전하가 있는지는 알 수 없었다. 1905년에 톰슨은 건포도 빵 안에 건포도가 박혀 있듯이 원자 전체에 고르게 분포되어 있는 (+) 전하를 띤 매질에 전자가 박혀 있는 원자 모델을 제안했다.

이 시기에 팔자수염을 기른 무뚝뚝한 젊은이 어니스트 러더퍼드$^{\text{Ernest Rutherford}}$가 물질의 내부 성질을 밝혀내는 데 중요한 역할을 했다. 러더퍼드는 손재주가 좋았고 방사성에 관한 연구로 노벨상을 받은 사람으로, 영국 케임브리지에 있는 캐번디시 연구소 소장이 되었다.

러더퍼드는 뉴질랜드 시골에서 열두 명의 자녀를 둔 가정에서 자라났다. 그곳에서 그는 열심히 일하고 절약하면서 기술적인 혁신을 이루어내는 방법을 배웠다. 어릴 적에 시계를 가지고 놀았던 그는 아버지의 수차 모델을 만들기도 했으며 대학원생일 때는 전자기학을 연구했다. 또한 마르코니가 무선전신을 발명하게 되는 유명한 실험을 하기 전에 이미 전파 신호를 감지하는 수신 장치를 고안했다. 장학금을 받고 캐번디시 연구소로 갈 때는 자신이 만든 무선 장치를 영국으로 가져가 800m 이상 떨어진 지점에서 전파 신호를 송신하고 수신했다. 그것은 당시 캐번디시 연구소장이던 톰슨을 포함한 케임브리지 대학 교수들에게 깊은 인상을 주었다. 후에 톰슨은 "나는 러더퍼드만큼 열정적이고, 연구 능력을 갖춘 학생을 본 적이 없다"라고 말했다.

1909년 러더퍼드와 그의 대학원생들은 금박을 향해 '알파입자'라고 부르는 작은 입자를 발사해 알파입자가 금박 안에 들어 있는 무거운 금 원자에 의해 산란되어 휘어져 가는 경로를 조심스럽게 측정했다. 이것은 방사성 원소인 라듐이 방출하는 고에너지의 알파입자를 이용한 실험이었다. 그 당시에는 인공적으로 입자를 가속시키는 가속기가 없었다. 러더퍼드 덕분에 알파입자는 전자에 비해 매우 무거운 입자라는 것이 알려져 있었다. 알파입자는 비교적 낮은 에너지 상태에서도 작은 양자 파장을 가지고 있어 원자 안을 들여다보는 데 사용할 수 있다.

하루는 이해할 수 없는 일이 일어났다. 대부분의 알파입자가 금박을 통과하는 동안 아주 조금 휘어졌다. 과학자들은 이 '전방 산란'을 자세히 측정했다. 그러고는 '뒤쪽으로 산란되는' 입자도 있는지 확인해보았다. 놀랍게도 그들은 8000개의 알파입자 중 하나가 뒤쪽으로 튕겨져 돌아온다는 것을 알게 되었다. 러더퍼드는 이에 대해 "휴지를 향해 포탄을 쏘았는데 포탄이 튕겨나와 나를 맞힌 것과 같았다"라고 말했다. 여기서 무슨 일이 일어난 것일까? 원자 안의 무엇이 (+) 전하를 띤 무거운 알파입자를 뒤쪽으로 튕겨냈을까?

러더퍼드 이전에는 누구도 원자의 내부 구조를 알아내는 방법을 알지 못했다. 톰슨의 '건포도 빵' 원자 모델에 의하면, 알파입자는 항상 원자를 통과해 똑바로 진행해야 한다. 원자가 면도 크림이라면, 알파입자는 총알과 같았다. 총알은 면도 크림을 그대로 통과한다. 총알이 면도 크림에 의해 휘어지거나 뒤로 튕겨 나오는 것을 상상해보라. 러더퍼드와 대학원생들이 그런 현상을 관측한 것이다.

러더퍼드는 이 놀라운 발견을 이해하기 위해 자신의 상상력과 계산 능력을 모두 동원했다. 계산에 의하면, 알파입자가 뒤로 튕겨나올 수 있는 것은 한 가지 방법밖에 없었다. 그것은 원자의 모든 질량과 모든 (+) 전하가 원자 중심의 작은 부피에 집중되었을 때만 일어날 수 있는 일이었다. 이렇게 해서 원자핵이 발견되었다! 원자핵의 무거운 질량과 많은 (+) 전하가 일정한 범위 안에 들어오는 (+) 전하를 띤 알파입자를 큰 각도로 산란시키거나 뒤쪽으로 튕겨낼 수 있다. 그것은 마치 면도 크림 안에 들어 있는 단단한 베어링이 총알과 충돌하면서 총알의 경로를 크게 휘도록 하는 것과 같다. 전자들은 원자 중심에 있는 이 무거운 전하 주위를 돌고 있다. 이 실험으로 톰슨의 건포도 빵 원자 모델은 휴지통에 들어갔다. 이제 원자는 작은 태양계 같은 구조를 가지게 되었다. 작은 행성(전자)들이 중심(원자핵)에 있는 무거운 '어두운 태양' 주변을 돌았고, 전자와 원자핵은 전자기력으로 묶여 있었다.

더 많은 실험을 통해 원자핵은 전체 원자 질량의 99.98%가 넘는 질량을 가지고 있지만 부피는 원자 부피의 1조분의 1밖에 안 된다는 것이 밝혀졌다. 원자핵이 발견되었을 때는 원자에서도 태양과 행성들로 이루어진 태양계에서처럼 모든 고전 물리학 법칙들이 성립될 것으로 생각했다. 닐스 보어$^{\text{Niels Bohr}}$가 등장하기 전까지는 고전 물리학의 법칙들이 다른 곳에서와 같이 원자에도 적용될 것이라고 생각했다.

원자를 통해 생각하기

닐스 보어는 덴마크에서 영국으로 건너와 캐번디시 연구소에서 연구하던 젊은 이론물리학자였다. 그는 우연히 러더퍼드의 강의를 듣고 원자핵 주위를 전자들이 돌고 있는 새로운 원자 이론에 매료되어 1912년에 맨체스터에서 연구하고 있던 러더퍼드를 넉 달간 방문하기로 했다. 새로운 자료를 조사하던 보어는 곧 러더퍼드의 원자 모델에 중요한 결점이 있다는 것을 알아냈다. 물리학자들이 알고 있는 법칙에 의하면, 그것은 완전한 재앙이었다!

원자핵이 빠르게 도는 상태에서는 전자가 가지고 있는 에너지를 모두 전자기파 형태로 빠르게 방출해야 했다. 그렇게 되면 갈매기가 바다로 뛰어들듯이 전자의 궤도는 수십억분의 1초의 수백만분의 1초 동안에 0으로 축소되어야 하고, 전자는 나선운동을 하며 원자핵으로 빨려들어가야 한다. 따라서 모든 원자와, 원자로 만들어진 모든 물질은 화학적으로 죽어 우리가 알고 있는 세상이 가능하지 않아야 한다. 따라서 뉴턴역학과 맥스웰 방정식에 바탕을 둔 전기자기학 방정식들은 원자가 가능하지 않다고 말하고 있었다. 모델이 옳지 않거나 고전 물리학의 법칙들이 옳지 않아야 했다.

보어는 (+) 전하를 띤 양성자 하나로 이루어진 원자핵 주위를 하나의 전자가 돌고 있는 가장 간단한 수소 원자를 이해하기 위해 노력했다. 새롭게 부상하는 양자 이론을 이용하여 보어는 새로운 원자 모델을 제시했다. 그는 전자들이 파동의 성질 때문에 특정한 원자 궤도 위에서만 원자핵을 돌 수 있다고 가정했다. 그것은 기본음을 주로 하고 여기에 일련의 '배음'들이 더해진 소리를 내는 종이나 징의 자연스러운 파동과 같은 것이었다. 종이 울릴 때 가장 크게 들리는 기본음은 가장 작은 에너지를 가진 소리로, 원자핵 가장 가까이에서 원자핵을 돌고 있는 전자에 해당한다. 이 가장 낮은 궤도는 전자가 가질 수 있는 가장 낮은 에너지 상태이므로 전자가 더 이상의 에너지를 방출할 수 없다. 전자가 갈 수 있는 더 낮은 에너지 상태가 존재하지 않기 때문이다. 이 특별한 궤도를 바닥상태라고 부른다. 이것은 양자 이론의 가장 큰 특징이다. 원자는 에너지가 가장 낮은 바닥상태를 이루는 양자 파동으로 지탱되어 있어 붕괴하지 않는다.

1913년 보어는 세 편의 논문을 통해 수소 원자에 관한 대담한 양자 이론을 발표했다. 각 원자의 궤도들은 특정 에너지를 이용해 나타낼 수 있다. 전자는 높은 에너지 궤도에서 낮은 에너지 궤도로 전이할 때 일정한 에너지를 가진 전자기파를 방출한다. 전자는 두 궤도의 에너지 차이에 해당하는 에너지를 가지고 있는 빛 입자(포톤)를 방출한다. 수십억 개의 원자가 같은 빛을 동시에 방출하면 우리는 같은 에너지를 가지고 있는 포톤으로 이루어진 특정한 색깔의 밝은 빛이 나오는 것을 볼 수 있다.

보어는 이 이론을 이용하여 고온의 수소 기체가 내는 여러 가지 색깔로 이루어진 '선 스펙트럼'의 파장을 계산했다. 그의 식은 완벽하게 작동했다! 전자는 원자 안에 있는 '보어 궤도' 또는 '오비탈^{orbital}'로 들어갔다. 우리에게 익숙한 뉴턴-갈릴레이 물리학으로는 설명할 수 없는 일이었다. 또한 그것은 물리의 이해를 바꿔야 한다는 것과 급진적인 새로운 양자역학의 아이디어를 더 개발해야 한다는 것을 의미했다. 원자는 더 작은 입자인 원자핵과 전자로 이루어졌으며, 뉴턴역학은 이제 완전히 새로운 양자역학으로 대체되었다.

양자 파동과 우주선

모든 물질이 양자 파동 형태의 움직임을 보인다는 것은 20세기 초 수십 년 동안 수많은 실험을 통해 확인되었고, 양자역학이 이를 종합했다.

입자를 가속시키면 우리는 양자 파장을 축소할 수 있다. '원자의 크기'는 수소 원자에서 원자핵 주위를 도는 전자가 가질 수 있는 바닥상태에서의 양자 파동 크기를 나타내는 '보어 반지름'에 의해 결정된다. 보어 반지름은 약 0.000000005cm(0.5×10^{-8}cm)이다. 원자핵은 이보다 훨씬 작아서 보어 반지름의 10만분의 1 정도이다. 이렇게 작은 거리를 탐사하려면 훨씬 더 큰 에너지를 가지는 검출기가 필요한데 고에너지 입자가속기는 1950년대가 되어서야 등장했다.

그러나 자연은 매우 큰 에너지를 가지고 있는 입자를 제공했다. 그것은 먼 우주에서 지구를 향해 날아오는 우주선$^{cosmic\ rays}$이었다. 우주선은 초신성 폭발, 펄사 또는 활동적인 은하핵과 같이 멀리 있는 천체에서 일어나는 격렬한 사건에 의해 만들어진다. 우주선은 은하 자기장 때문에 휘어져 오므로 이들이 어디에서 왔는지는 알 수 없다. 우주선의 에너지는 우리가 실험실에서 만들어낸 어떤 입자의 에너지보다 크며, LHC의 에너지보다도 크다. 지구에서 검출된 우주선 중에는

100,000,000,000,000,000,000eV(1000GeV)나 되는 에너지를 가지고 있는 것도 있다(이것은 10^{20}eV로 LHC의 설계 에너지 1.4×10^{13}ev보다 훨씬 크다). 그러나 이러한 우주선은 아주 드물어 1.6km×1.6km의 면적을 1세기에 한 개꼴로 지나간다! 하지만 약 1,000,000,000,000eV(10^{12}eV) 정도의 에너지를 가진 우주선은 충분히 존재하기 때문에 새로운 입자를 발견하는 과학적 검출기로 사용할 수 있다.

대부분 양성자이고 일부 무거운 원자핵이 포함된 우주선은 지상 16km 내지 32km 높이의 대기 상층부에서 질소나 산소의 원자핵과 충돌한다. 이러한 충돌로 만들어진 입자들은 아래쪽 공기 중으로 내려간다. 이 입자들의 이온화 작용으로 많은 전자들이 발생하고, 부스러기 입자들이 다른 원자들과 더 많은 충돌을 일으킨다. 이런 방사선에 오래 노출되는 것은 해롭지만 지상에 있는 우리는 공기의 보호를 받고 있다. 이론적으로는 때로 깊숙이 침투할 수 있는 새로운 입자가 만들어질 수 있고, 이런 입자는 지상에서도 검출될 수 있다. 일부 실험에서는 높은 산꼭대기나 풍선에 검출 장치를 설치해 지상에 도달할 수 없는 입자를 검출하기도 한다.

1930년대부터, 그리고 입자가속기가 사용되기 시작한 1950년대 이후에도 초기에 발견된 대부분의 소립자는 우주선 실험으로 이루어졌다. 그리고 오늘날에도 우주선은 가속기로부터 얻기 힘든 많은 정보를 제공하고 있다. 가장 최근인 1995년에도 우주선을 이용하여 중성미자의 질량을 밝혀냈다(제10장 참조).

원자핵의 에너지층은 수백만 eV에서 수억 eV 범위에서 측정된다. 원자핵을 파헤치려면 수억 eV의 검출기가 필요하다. 1930년대와 1950년대 과학자들은 원자핵 연구에 우주선을 이용했다.

신비는 깊어졌다: 원자핵을 결합시키는 것은 무엇일까?

1930년대 중반에 러더퍼드의 발견과 새로운 양자이론을 바탕으로 원자핵이 양성자와 중성자로 이루어졌다는 것을 알게 되었다. 양성자와 중성자는 거의 같은 질량을 가진 비슷한 입자이지만 양성자는 (+) 전하를 띠고 있고, 중성자는 전하를 가지고 있지 않아 전기적으로 중성이다. 수소는 양성자 하나로 이루어진 가장 간단한 원자핵을 가지고 있지만, 다른 무거운 원자핵은 양성자와 중성자로 구성되어 있다. 예를 들면 보통의 헬륨 원자핵은 두 개의 양성자와 두 개의 중성자로 이루어져 있다.

헬륨 원자핵과 같이 두 개 이상의 양성자를 가지고 있는 원자핵은 강력^{Strong} ^{force}이라고 부르는 힘으로 결합되어 있다. 원자핵을 결합시키는 강력은 (+) 전하를 띤 양성자들 사이에 작용하는 전기적 반발력을 이겨야 하기 때문에 매우 강해야 한다. 아주 강한 힘이 양성자 사이의 반발력을 상쇄하고 양성자와 중성자를 원자핵 안에 묶어두지 않으면 헬륨과 같은 원자의 원자핵은 순식간에 흩어져버릴 것이다. 실제로 92개의 중성자를 가지고 있는 우라늄 원자핵은 많은 양성자의 반발력 때문에 불안정하다. 우라늄은 92개의 양성자와 141개의 중성자를 가지고 있는 U^{233}, 92개의 양성자와 143개의 중성자를 가지고 있는 U^{235}, 92개의 양성자와 146개의 중성자를 가지고 있는 U^{238} 등 많은 동위원소를 가지고 있다. 우리는 전기적으로 중성인 중성자를 더 많이 우라늄 원자핵에 집어넣어 92개의 양성자 결합을 도와줄 수도 있다. 강력은 전자기력보다 1만 배는 더 강하며 100개의 양성자를 묶어둘 수 있다. 많은 양성자를 가지고 있는 무거운 원자핵은 일반적으로 전기적 반발력 때문에 불안정하다. 이런 원자핵은 작은 원자핵으로 자발적으로 붕괴한다.

양자 세계에서는 입자를 매개로 힘이 작용한다. 두 양성자 사이에 작용하는 힘은 두 양성자가 가벼운 입자를 주고받음으로써 작용한다. 두 양성자 사이에 작용하는 전기적 반발력은 두 양성자가 빛 입자인 포톤을 주고받음으로써 작용한다. 두 양성자 사이에 강력이 작용하기 위해서는 또 다른 입자가 있어야 한다.

강력을 작용하는 입자는 일본의 물리학자 유카와 히데키$^{ゆかわ ひでき}$가 원자핵의 알려진 성질을 바탕으로 1935년에 제안했다. 전기력은 거리 제곱에 반비례하기 때문에 거리가 멀어지면 세기가 약해지지만 상대적으로 먼 거리까지 작용하는 힘이다. 전자기력이 거리 제곱에 반비례하는 것은 질량을 가지지 않은 포톤이 가까이 있는 입자나 멀리 있는 입자로 쉽게 뛰어넘어갈 수 있기 때문이다. 양자 이론에서 포톤의 '점프 가능성'이 전하의 제곱과 관계된 작은 수여서 전자기력은 비교적 약한 힘이다(부록 참조). 전자기력은 원자핵에 들어 있는 (+) 전하를 가진 양성자와 원자핵 주위를 돌고 있는 전자를 묶어두는 힘이다.

반면에 원자핵은 아주 작다. 원자핵의 반지름은 원자의 화학적 크기를 결정하는 전자 궤도 반지름의 약 10만분의 1인 0.0000000000001cm(10^{-13}cm)이다. 이것은 부분적으로는 전자의 질량보다 훨씬 큰 양성자와 중성자의 질량 때문이기도 하지만 양성자 사이의 전기적 반발력을 극복하는 강력의 세기 때문이기도 하다. 더구나 원자핵은 밀도가 매우 높아서 입자 사이에 작용하는 강력은 거리 제곱에 반비례하는 법칙에 따르는 먼 거리에서 작용하는 힘이 아니라 짧은 거리에서 작용하는 힘이어야 한다. 장거리 힘이라면 원자핵 밖에서도 강력을 감지할 수 있어야 한다.

유카와는 강력이 작용하려면 양성자와 중성자가 서로 주고받는 새로운 입자가 필요하다는 것을 알았다. 짧은 거리에서 작용하는 강력을 설명하기 위해 이 새로운 입자의 질량은 100,000,000eV(100만eV 또는 100MeV)가 되어야 했다.

이런 입자를 찾아내는 것은 어려운 일이었지만 연구자들에게 올바른 방향을 제시했다. 놀랍게도 1936년에 질량이 100MeV인 뮤온 입자가 발견되었다. 이 입자는 유카와가 예측한 입자 같아 보였지만 사람들은 곧 뮤온이 자신들이 찾던 입자가 아니라는 것을 알아차렸다. 형사가 범인을 잘못 잡은 것이다.

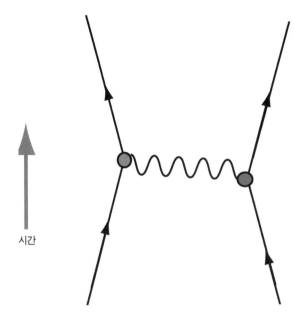

시간

그림 2.2 힘은 '입자를 교환'하여 작용한다. 두 입자 사이에 작용하는 힘은 '입자를 교환'함으로써 작용한다. 두 개의 전자 또는 전하를 띤 입자는 빛 입자인 포톤을 교환함으로써 상호작용한다. 양성자와 중성자는 파이온을 교환함으로써 강한상호작용을 한다.

우주선을 이용하여 발견한 뮤온은 지상 16km에서 만들어진 후 지상에 도달해 검출되었다. 뮤온이 유카와가 예측한 파이온으로 본 이유는 유카와가 예측한 것과 비슷한 질량을 가지고 있기 때문이었다. 그러나 뮤온은 파이온처럼 양성자나 중성자와 강하게 상호작용하지 않아 지상까지 도달할 수 있었다. 뮤온은 전자기력에 의한 상호작용과 약한상호작용만 한다. 새로운 입자는 분명히 유카와가 예측했던 강력을 매개하는 입자가 아니었다. 실제로 뮤온은 질량이 전자의 질량보다 200배 정도 무겁다는 것과 수명이 200만분의 1초에 불과하다는 것을 제외하면 전자와 똑같았다. 뮤온은 한 개의 전자와 두 개의 중성미자로 붕괴한다.

제2차 세계대전으로 세계 과학자들이 군사 관련 연구에 투입되면서 거의 모든 순수 물리학 연구가 중단되었다. 그 바람에 유카와의 파이온 연구는 전쟁이 끝난 후에야 재개되었다. 그동안 인류는 원자핵을 정복했고, 원자핵은 강력으로 분노를 폭발시켰다.

제**3**장

누가 이것을 주문했지?

유카와 히데키가 강한 핵력을 설명하기 위해 가정했던 파이온은 1947년에 우주선을 이용한 실험에서 마침내 발견되었다. 이는 유카와의 이론이 옳았음을 증명하는 것이었다. 유카와는 1949년에 노벨 물리학상을 수상했다. 파이온은 전하에 따라 π^-, π^+, π^0 세 가지 형태로 구분할 수 있다. 여기서 위첨자는 전하의 종류를 나타낸다. 많은 경우 π^+와 π^-는 전하를 띤 파이온, π^0는 중성 파이온이라고 부른다. 양성자와 중성자를 결합시켜 원자핵을 만드는 강한 핵력은 유카와가 주장했던 것처럼 양성자와 중성자가 양자 요동에 따라 중성자에서 양성자로 전환하면서 '파이온을 교환'하여 작용한다. 그 결과로 원자와 원자핵의 그림이 완성되었다

곧이어 입자가속기가 등장했고 많은 '소립자'들이 실험을 통해 확인되었다. 대부분의 새로운 입자들은 강한상호작용을 했다. 다시 말해 이들은 강력을 통해 파이온, 양성자, 중성자와 상호작용했다. 양성자, 중성자, 파이온 그리고 강한상호작용을 하는 많은 입자들은 점 형태의 입자가 아니라 10조분의 1cm 정도로 일정한 크기를 가지고 있다는 것도 알게 되었다.

심한 경우에는 빛이 자신의 지름을 지나가는 동안만 존재하는 짧은 수명을 가진

새로운 입자도 발견되었다. 최초의 고에너지 입자가속기가 등장할 무렵인 1950 년대보다 입자물리학의 세계가 더 혼란스러웠던 적도 없다. 이 기간 동안에 불쌍한 뮤온은 초대받지 못한 손님과 같은 천덕꾸러기처럼 보였다. 뮤온은 전자 질량의 200배 정도 질량을 가지고 있었고 약한상호작용을 통해 전자와 검출하기가 매우 어려운 두 개의 중성미자로 붕괴했으며, 정지한 상태에서는 200만분의 1초 동안만 존재했다. 그 외 뮤온은 아무 역할도 하지 못하는 것 같았고, 자연을 구성하는데 아무 쓸모가 없어 보였다. 또 아무 곳에나 어느 때고 예고 없이 나타났기 때문에 이시도르 라비^{Isidor Rabi}는 "누가 이것을 주문했지?" 하고 말했다.

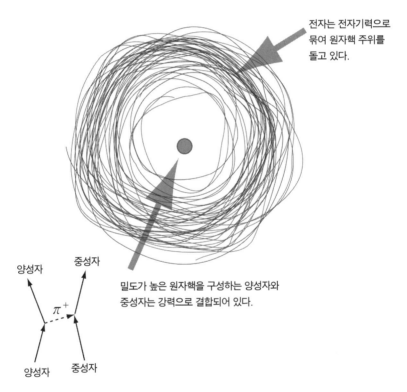

전자는 전자기력으로 묶여 원자핵 주위를 돌고 있다.

밀도가 높은 원자핵을 구성하는 양성자와 중성자는 강력으로 결합되어 있다.

양성자   중성자
π^+
양성자   중성자

그림 3. 3 원자, 파이온 교환. 원자핵. 원자는 양성자와 중성자를 포함하고 있는 원자핵 주위를 돌고 있는 전자 구름으로 이루어졌다. 원자핵은 양성자와 중성자가 파이온을 교환하면서 결합해 있다.

우리는 1947년 이후 입자물리학이 걸어온 길고 험난한 여정을 추적해볼 수 있다. 1950년대와 1960년대에는 강력한 가속기와 다양한 국립 연구소들이 등장했다. 한때는 몇 년에 하나씩 새로운 입자가속기가 등장하면서 많은 새로운 '입자'들과 그에 관련된 현상들이 발견되었다. 우리는 여기서 표준모델이 만들어지는 과정과 표준모델의 구조를 모두 살펴볼 수도 있다. 하지만 그렇게 되면 독자들의 눈꺼풀이 무거워질 것이다. 따라서 긴 이야기를 하는 대신 많은 이야기를 생략하고, 가능하면 빠르게 힉스 입자로 넘어가 물리학자들이 힉스 입자를 어떻게 이해하고 있는지를 설명하는 데 주력할 것이다.

물리학자들은 자연에 존재하는 힘, 특히 '약한상호작용'과 관련된 '방사성 붕괴'를 자세히 이해하게 되면서 곧 '힉스 입자'가 필요하다는 것을 알게 되었다. 이러한 필요성은 표준모델을 만든 사람들 중 하나인 스티븐 와인버그$^{\text{Steven Weinberg}}$에 의해 제기되었다. '힉스 메커니즘'이 없이는 입자들이 그렇게 움직이면서 동시에 질량을 가지도록 할 수 있는 방법이 없었다. 놀랍게도 이론적으로 힉스 입자의 존재를 나타내는 구성 요소가 약한상호작용에 의해 뮤온과 중성미자로 붕괴하는 전하를 띤 파이온과 파이온의 붕괴로 생성되는 천덕꾸러기 뮤온에 의해 발견되었다.

파이온과 뮤온의 붕괴는 직접 힉스 입자로 연결되는 입자 사이에 작용하는 약력에 대한 실마리를 제공했다. 뮤온이 약한상호작용의 핵심적인 면을 보여주어 힉스 입자의 존재를 이끌어낸 것은 우연한 사건에 의해서였다. 기대하지도 않았고, 초대받지도 않았던 뮤온은 사실 귀한 손님이었다. 아마도 이것이 누가 뮤온을 초대했느냐고 물은 라비의 질문에 대한 대답일 것이다.

우리는 머지않은 장래에 사람들이 자연을 발견하기 위해 사용하고 있는 다른 입자들과 마찬가지로 자연을 탐구하는 강력한 도구로서 뮤온을 사용할 것이라고 생각한다. 실제로 과학자들은 원자핵이나 원자에서 일어나는 반응을 연구하는 새로운 도구로 뮤온을 사용하고 있다. 일부에서는 '뮤온이 촉매하는 핵융합' 반응을 통해 뮤온이 궁극적인 에너지원인 핵융합 반응의 촉매로 사용될 것이라는 희망도 가지고 있다.

그리고 우리는 페르미 연구소 또는 미국 정부가 함께 노력하지 않는다면 다른 나라의 연구소가 먼저 새로운 형태의 고에너지 뮤온을 충돌시키는 뮤온 충돌가속기를 건설할 것이라 믿고 있다. 그것은 사람이 만든 가장 정교한 시설이 될 것이다. 이것이 좋은 아이디어라는 데는 많은 이유가 있다. 자, 그러면 이제 뮤온을 위해 샴페인을 터뜨리고 축배를 들자!

천덕꾸러기 뮤온

앞에서 살펴본 것처럼 사람들은 원자핵 안에서 양성자와 중성자를 결합시키는 강력을 설명하는 유카와의 이론을 증명하기 위해 질량이 100MeV인 파이온을 관측하기를 원했다. 그런데 1936년에 캘리포니아 공과대학의 칼 앤더슨Carl Anderson과 세스 네더마이어Seth Neddermeyer가 지구 대기권에 충돌한 우주선의 부스러기 속에서 뮤온을 발견했다. 큰 에너지를 가지고 있는 우주선이 대기 상층부의 엷은 대기와 충돌하여 뮤온이 만들어진 것이었다. 그러나 이 이야기도 정확하지는 않다.

이런 충돌에서 뮤온은 어떻게 만들어질까? 오늘날에는 대기 상층부에서 우주선이 질소나 산소 원자핵과 충돌할 때 만들어지는 것은 뮤온이 아니라 파이온이라는 것을 알고 있다. 우주선은 대부분 큰 에너지를 가지고 있는 양성자이다. 파이온은 원자핵을 결합시키는 역할을 하고 있다. 우주선의 양성자는 대기를 이루는 원자의 원자핵 안에 들어 있는 양성자나 중성자와 충돌한다. 이 과정에서 나오는 것이 파이온이다. 파이온은 1억분의 1초 안에 뮤온으로 붕괴한다.

이제 이것이 얼마나 이상한 상황인지 생각해보자. 유카와는 이론적으로 파이온을 예측했지만 1947년까지는 아무도 파이온을 찾아내지 못했다. 앤더슨과 네더

마이어가 우주선에 의해 생성된 놀라운 입자인 뮤온을 발견했다. 그리고 뮤온은 유카와가 예측했던 파이온과 거의 같은 질량을 가지고 있었지만 파이온이 아니라는 것이 밝혀져 사람들을 혼란스럽게 했다. 그런데 앤더슨과 네더마이어가 관측한 뮤온은 대기 상층부에서 만들어져 뮤온으로 붕괴하는 파이온의 부산물이었다.

뮤온이 지상에까지 도달할 수 있었던 것은 부분적으로는 알베르트 아인슈타인의 상대성이론 때문이었다. 우리는 뮤온이 불안정해서 200만분의 1초 안에 전자와 두 개의 중성미자로 붕괴한다는 것을 알고 있다. 200만분의 1초는 뮤온의 반감기이다. 따라서 200만분의 1초 후에는 처음 뮤온의 반이 붕괴된다. 그리고 다음 200만분의 1초 후에는 남은 뮤온의 반이 붕괴되며 이 과정은 끝없이 계속된다. 뮤온은 16km 내지 32km 상공에서 우주선이 공기 원자와 충돌할 때 만들어진다. 간단한 계산에 의하면, 뮤온이 빛의 속도로 달린다 해도 200만분의 1초 동안에는 0.6km밖에 달릴 수 없다. 따라서 많은 뮤온이 지상에 도달할 것이라고 기대할 수 없다.

그러나 아인슈타인은 빛의 속도에 가까운 속도로 달리는 입자에서는 시간이 천천히 간다고 주장했다. 시간이 느려지는 것은 지상에 정지해 있는 우리가 빠른 속도로 달리는 뮤온을 관측할 때 나타난다. 우리가 측정하는 시간의 지연은 빛의 속도로 달리는 뮤온의 수명이 길어진다는 것을 뜻한다. 이 효과의 크기는 뮤온의 에너지를 질량에다 빛 속도의 제곱을 곱한 양으로 나누어 쉽게 계산할 수 있다. 만약 뮤온이 정지질량의 20배 에너지를 가지고 있다면 뮤온의 수명은 20배 늘어난다. 충분한 '수명 연장 에너지'를 가지고 있는 고에너지 뮤온은 16km 아래의 지상에 쉽게 도달할 수 있다.

뮤온이 지상에 도달하는 것은 아인슈타인의 상대성이론을 증명하는 증거 중 하나이다. 아인슈타인의 상대성이론을 무너뜨리고 싶어 하는 이들은 주목하기 바란다. 상대성이론은 '이론'이 '사실'이 된 가장 중요한 예이다!

하지만 파이온은 지상에서 검출될 만큼 먼 거리를 여행할 수 없다. 파이온은 매우 불안정해서 뮤온 수명의 100분의 1인 1억분의 1초 안에 붕괴해버린다. 때문에 파이온을 지상에서 관측하기 위해서는 파이온의 수명을 2000배나 연장할 수 있는 초고에너지를 가진 파이온이 만들어져야 한다. 상대성이론은 파이온이 지상에 도달하도록 도와줄 수 없다.

파이온과 뮤온 사이에는 또 다른 큰 차이가 있다. 파이온은 원자핵을 결합시키는 힘이어서 양성자나 중성자와 강하게 상호작용한다. 그리고 우주선이 엷은 대기층에서 파이온을 만들면 파이온이 산소와 질소의 양성자나 중성자와 충돌하여 빠르게 흡수된다. 이것이 파이온을 지상에서 관측할 수 없게 하는 또 다른 이유이다. 따라서 파이온을 검출하려면 대기 상층부로 올라가야 한다.

그런데 1947년에 우주선이 만들어낸 전하를 가진 파이온이 영국 브리스틀 대학 과학자들의 협동 연구로 발견되었다. 이들은 높은 산 정상에 사진 건판을 오랫동안 놓아두었다. 처음에는 피레네 산맥에 있는 픽뒤미디 드 비고 산 정상에 놓아두었고, 다음에는 안데스 산맥의 차칼타야 산 정상에 놓아두었다. 이곳에 놓아둔 사진 건판에 1차 우주선이 직접 충돌했다. 사진을 현상한 다음 현미경으로 살펴보자 사진 건판에 전하를 띤 입자의 궤적이 나타났다. 처음 파이온은 들어온 궤적이 갑자기 방향을 바꾸어 다른 방향으로 나가는 이상한 이중 궤적으로 나타났다. 과학자들은 파이온이 뮤온과 보이지 않는 중성미자로 붕괴하는 것을 본 것이다.

파이온에는 π^-, π^+, π^0 세 종류가 있다고 한 것을 기억할 것이다. 중성 파이온은 10^{-16}초의 아주 짧은 시간 안에 큰 에너지를 가지는 두 개의 감마선 포톤으로 붕괴한다.

$$\pi^0 \rightarrow \gamma + \gamma$$

이처럼 빠르게 붕괴하는 것은 전자기적 상호작용 때문이다. 그러나 (−) 전하를 띤 파이온은 뮤온과 반중성미자로 붕괴한다.

$$\pi^- \rightarrow \mu + \bar{\nu}$$

그리고 (+) 전하를 가진 파이온은 반뮤온과 중성미자로 붕괴한다.

$$\pi^+ \rightarrow \bar{\mu} + \nu$$

전하를 띤 파이온의 수명은 약 10^{-8}초이다. 전하를 띤 뮤온의 붕괴는 '약한상호작용'의 예이다. '약한상호작용'의 약함이 전하를 띤 파이온의 붕괴를 중성 파이온의 붕괴보다 느리게 만든다. 파이온이나 뮤온과 같이 질량이 작은 경우에는 약력이 전자기력보다 훨씬 약하다. 때문에 1890년대 말까지는 약력의 존재를 알 수 없었다. 따라서 전하를 띤 파이온의 수명은 중성 파이온의 수명보다 길다. 곧 다시 이야기하겠지만 파이온의 뮤온으로의 약한 붕괴는 자연의 놀라운 성질을 보여주는 것으로, 우리를 힉스 입자로 이끌어간다.

1930년대와 1940년대에 이 모든 것을 알아낸 과학자들은 앞으로 풀어야 할 많은 수수께끼를 가지고 있었다. 뮤온과 파이온에는 많은 물리학이 관련되어 있다. 일단 이 입자들이 확인되고 자세한 성질이 많은 실험을 통해 밝혀지자 이 입자들은 자연의 깊은 곳을 들여다보는 도구로 사용되었다.

뮤온은 자연의 완전한 자이로스코프이다

뮤온의 놀라운 특징 중 하나는 뮤온이 거의 완전한 자이로스코프라는 것이다. 실제로 뮤온은 스핀을 가지고 있으며, 뮤온의 스핀은 일단 발생하기만 하면 매우 안정하다. 스핀과 전하로 인해 뮤온은 자석이 된다. 때문에 뮤온을 자기장 안에 넣으면 원형 궤도를 돌면서 뮤온의 스핀이 '세차운동'을 하여 천천히 방향을 바꾼다. 그것은 마치 장난감 자이로스코프가 지구 중력장 안에서 세차운동을 하는 것과 같다(부록의 '스핀' 부분 참조).

다섯 번째 양자 성질인 '스핀'에 온 것을 환영한다. 모든 회전하는 물체는 스핀을 가지고 있다. 따라서 팽이, CD 플레이어, 발레리나, 피겨 스케이터, 지구, 탈수기, 별, 자전거 바퀴, 블랙홀, 은하는 모두 스핀을 가지고 있다. 또한 분자, 원자, 원자핵, 원자핵 안의 양성자와 중성자, 빛 입자인 포톤, 전자를 비롯한 대부분의 입자들도 스핀을 가지고 있다.

그런데 예외가 있다. 파이온은 스핀이 0이다. 커다란 고전적인 물체는 임의의 스핀 양을 가질 수 있고 완전히 멈출 수도 있지만, 양자 입자는 '고유한' 스핀값을 가지며 항상 총 고유 스핀이 같도록 회전한다. 기본 입자들의 스핀은 그 입자의 고유한 성질 중 하나이다. 우리는 뮤온의 회전을 절대 멈출 수 없다. 스핀을 멈추면 더 이상 뮤온이 아니다. 마찬가지로 우리는 파이온에 스핀을 가지게 할 수 없다. 스핀을 가지면 더 이상 파이온이 아니기 때문이다.

그림 3. 4 자이로스코프의 스핀. 자이로스코프의 스핀(각운동량) 방향은 '오른손 법칙'으로 정의할 수 있다. 오른손의 손가락을 자이로스코프가 회전하는 방향과 일치하도록 말아 쥔다. 스핀은 회전하는 자이로스코프의 평면에 수직한 방향으로, 오른손 엄지손가락이 가리키는 방향이다.

어떤 물체가 특정한 방향의 스핀을 가지고 있다고 말할 때 스핀의 방향은 물체가 회전하는 축의 방향을 말한다. 장난감 자이로스코프를 생각해보자. 자이로스코프의 '스핀 방향'을 정의하기 위해 오른손을 들고 자이로스코프가 회전하는 방향과 같은 방향이 되도록 손가락을 말아 쥐어 보자. 그러면 오른손 엄지손가락이 스핀의 방향을 가리키게 된다. 똑같은 방법으로 뮤온의 스핀 방향도 정의할 수 있다.

그러나 양자 세계의 이상한 결과 중 하나는, 일단 스핀을 측정하는 방향을 정하면 뮤온의 스핀은 이 방향에 대해 항상 '업' 아니면 '다운' 중 하나라는 것이다. 따라서 우리가 측정하는 방향을 '동쪽'으로 정하면 뮤온은 항상 '동쪽'이나 '서쪽'을 가리키는 스핀만 가질 수 있다. 동쪽을 가리키는 스핀은 '업'이고 서쪽을 가리키는 스핀은 '다운'이라고 할 수 있다. 양자역학은 전자, 뮤온, 쿼크, 중성미자, 양성자 등의 스핀을 임의의 방향을 기준으로 측정했을 때 스핀의 방향이 업과 다운, 두 가지 중 하나만 가질 수 있도록 허용한다.

이것이 이상해 보이지 않는다면 지금 한 이야기를 이해하지 못한 것이다! 자이로스코프는 언제든 어떤 방향으로도 회전할 수 있지만 전자나 뮤온의 스핀은 정확하게 동쪽(업)이나 서쪽(다운)을 가리켜야 한다. 이것은 이상한 일이다. 이것은 스핀이 $\frac{1}{2}$ 인 입자가 가지고 있는 양자적 성질이다(부록 참조). 일반적으로 각운동량이라고 부르는 스핀은 보존되는 양이어서 고립계의 총 스핀은 항상 일정하다. 프리스비는 각운동량 보존을 이용한다. 그러나 파일럿은 비행기가 프리스비처럼 회전하지 않도록 해야 한다. 각운동량 보존법칙 때문에 비행기를 다시 원래의 상태로 돌려놓는 것은 매우 어렵다.

정지해 있거나 천천히 움직이는 전자나 뮤온의 두 가지 스핀 상태는 서로 쉽게 바꿀 수 있다. 뮤온을 돌리면 하나의 스핀 상태(업)가 다른 스핀 상태(다운)로 바뀐다. 가벼운 전자의 스핀 상태를 바꾸는 것은 쉽다. 그러나 무거운 뮤온의 '스핀 변환'은 잘 일어나지 않는다. 일단 만들어지면 뮤온의 스핀은 강한 자기장과 상호작용하거나 심한 충돌을 경험하기 전까지는 같은 값을 유지한다. 물질 안에서 전자와 약하게 상호작용하여 에너지를 잃는 경우에는 뮤온이 스핀의 방향을 그대로 유지한다. 뮤온을 물질 안에 정지시켜도 원래의 스핀을 보존한다. 낮은 에너지 상태에서 행한 대부분의 실험에서 뮤온은 만들어졌을 때 가지고 있던 스핀을 기억하는 놀라운 자이로스코프라는 것이 확인되었다.

스핀의 존재는 조금 더 기본적인 의문을 불러온다. 오른손을 이용하여 자이로스코프의 스핀 방향을 정의했던 것을 생각해보자. 오른손의 손가락을 회전 방향으로 감아 쥐면 엄지손가락의 방향이 스핀 방향이 된다. 그러나 스핀을 결정하는 것이 '왼손'이 아니라 '오른손'이라는 것을 자연이 어떻게 알 수 있을까? 분명히 자연은 자이로스코프를 들여다보면서 엄지손가락이 달을 향하도록 오른손을 들고 있는 인간에게 신경 쓰지 않을 것이다. 자연은 그의 왼손도 오른손과 똑같이 중요하게 생각할 것이다. 여기에 대칭성이 있다. 왼손을 이용하여 스핀의 방향을 정의해도 물리법칙은 같다. 오른쪽과 왼쪽은 같아야 한다. 이와 같은 L과 R의 동등성을 '패리티^{parity}'라고 부른다.

패리티

이제 내 말만 들어, 키티, 너무 많이 말하지 말고. 거울 집에 대한 내 생각을 모두 말해줄게. 우선 거울을 통해 볼 수 있는 방이 있어. 우리 집 옷 방과 똑같아. 단지 다른 점은 모든 게 반대로 되어 있다는 거야. 의자 위에 올라서면 모든 것을 볼 수 있어. 난로 뒤에 있는 것만 빼고 말이야. 아! 그것까지 볼 수 있었으면 좋을 텐데!

빅토리아 시대 저택의 거실에 있는 벽난로 위에서 뒤쪽을 더 잘 보기 위해 거울 안으로 떨어지기 전에 앨리스가 말했다. 앨리스는 '거울 안 세상'의 난로에도 불이 있는지 확인하기 위해 벽난로에 올라갔다가 정상적인 물리법칙이 통하지 않는 이상한 세상으로 떨어졌다. 그 세상에서는 체스 말들이 중얼거리며 들판을 내달리고, 땅딸보가 크게 넘어지고 있었으며, 보로고브들은 모두 침울해하고, 집 잃은 래스는 꽥꽥 비명을 질렀다.

우리가 거울에서 보는 것은 무엇일까? 우리는 알파벳 글자가 뒤집어진 다른 세계를 본다. 창문을 통해 들어오는 햇빛은 거의 같아 보이지만 뒤집어져 있다. 그리고 거울에 비치는 우리의 모습은 익숙하기는 하지만 우리 얼굴의 점이나 머리카락들이 반대쪽에 있다. 그러나 다른 것은 모두 같다. "세상이 반대로 되어 있어"라고 앨리스가 말했던 것처럼 거울 속 세상은 좌측과 우측이 바뀌어 있다.

거울을 통해 보는 좌측과 우측이 반대인 세상은 좌우가 바뀐 것 외에는 모두가 같다. 우리가 세상의 법칙을 이해하기 위해 이 세상에서 일어나는 일들을 하나도 빠짐없이 꼼꼼하게 관찰하는 뉴턴과 같은 빈틈없는 관찰자라면 우리는 어떤 결론을 내릴까? 우리는 우리 세상의 자연법칙과 거울 속 세상의 자연법칙 사이의 차이점을 발견할 수 있을까? 아니면 거울을 통해 보는 세상과 우리 세상의 가장 기본적인 물리법칙은 동일할까? 우리는 물리법칙이 대칭적이라는 것을 발견할 수 있을까? 다시 말해 좌측과 우측이라는 외면상의 차이만 있을 뿐 자연법칙은 같은 것일까?

거울을 통해 보면 많은 것이 같다. 아무 표시가 없는 공은 거울 안에서도 아무 표시가 없다. 우리는 이런 경우를 '반사 불변'이라고 한다. 그러나 반사에 대해 불변이 아닌 것도 많다. 예를 들면 우리의 왼손은 거울 안에서 오른손이 된다. 왼손과 오른손은 서로 다르다. 이런 일이 일어나는 것은 엄지손가락을 기준으로 볼 때 손가락을 구부릴 수 있는 방향이 정해져 있기 때문이다. 손가락을 구부리는 방향과 엄지손가락의 위치가 왼손과 오른손을 결정한다. 우리는 반사의 기본적인 성질을 알 수 있다. 공이나 상표가 붙지 않은 병들은 반사에 대해 같고, 우리 손과 같은 것은 거울 세계에서 달라 거울상 쌍을 이룬다. 만약 우리 손에 엄지손가락이 없고, 손의 앞쪽과 뒤쪽이 똑같다면 거울 안의 왼손은 우리 세상의 왼손과 같아 한 가지 모양의 장갑만 있으면 될 것이다. 왼쪽을 반사하면 오른쪽을 얻고, 반대로 오른쪽을 반사하면 왼쪽을 얻는다. 반사에 대해 불변이 아니거나 다를 때 우리는 '좌우성'을 가지고 있다고 말한다.

좌우성을 가지고 있는 물체를 만드는 것은 어렵지 않다. 철물점에서 구할 수 있는 나사는 대부분 '오른나사'이다. 이것은 오른손의 손가락이 구부러지는 방향으로 나사를 돌리면 나사가 엄지손가락 방향으로 나아간다는 것을 의미한다. 거울 안에서 보면 오른쪽으로 돌리는 것이 왼쪽으로 돌리는 것이 된다. 그러나 거울 안의 나사는 아직도 엄지손가락 방향으로 나아간다. 따라서 거울 안의 나사는 왼나사이다. 왼나사는 공장에서 쉽게 만들 수 있다. 그리고 이것은 물리법칙에 어긋나지 않는다. 왼나사를 만든다고 해서 물리법칙을 어긴 것은 아니다. "죄송하지만 왼나사 열 개만 만들어주세요" 하고 주문만 하면 된다.

좀 더 기본적인 수준에서는 분자들이 일반적으로 반사 대칭성을 가지고 있다. 거울 안에서도 같은 모양으로 보이는 H_2O와 같은 분자는 반사에 대하여 불변이다. 그러나 어떤 분자는 거울에 반사했을 때 다른 분자로 보여 거울 쌍을 가지는 경우도 있다.

거울 속에 보이는 분자의 모습이 원래 분자와 다르게 보이는 분자를 '입체이성질체'라고 한다. 입체이성질체 쌍은 우리의 왼손과 오른손처럼 거울 반사에 의해 서로 바뀌는 좌측과 우측 형태를 가지고 있다. 다시 말해 우선성 분자는 좌선성 분자의 거울상이다. 우선성 입체이성질체 분자는 다른 우선성 분자들과 수프에서 혼합되면 화학적 성질이 변하지 않는다. 그러나 우선성 이성질체가 수프 안에서 거울상인 좌선성 분자와 섞이면 화학적 성질이 달라진다.

이와 관련된 옛날이야기가 있다. Zzyxx라고 불리는 먼 별나라에 도착하여 우리와 똑같이 생긴 외계인의 안내로 그 나라 지도자가 초청한 만찬에 참석했다. 손님은 몇 시간 안에 몹시 배가 고픈 것을 느꼈다. 이 나라의 음식은 모두 좌선성 당을 바탕으로 한 것이었다. 반면에 우리에게 익숙한 음식물은 모두 우선성 당을 바탕으로 한 것이어서 손님은 그 나라의 음식을 소화시키지도 못하고 영양을 흡수할 수도 없었다. 이것은 아주 오래전에 지구 생명체는 우선성 당을 먹도록 진화했고, Zzyxx에서는 좌선성 당을 먹도록 진화했기 때문이었다. 이런 운명적인 사건은 지구나 그 세상에서 모든 세대를 통해 전해져왔다. 불편할 것만 같은 이 상황은 그러나 조금만 생각해보면 무척 다행스러운 일이라는 것을 알 수 있다. Zzyxx

의 외계인이 식인종이라는 사실이 밝혀지더라도 잡아먹힐 걱정은 하지 않아도 되니 말이다!

이제 다음과 같은 의문이 생길 것이다. "물리법칙은 불연속적인 거울 대칭에서도 불변일까? 좌측과 우측만 다른 거울 세상 안에서의 물리법칙도 우리 물리법칙과 같을까?" 다시 말해 패리티 대칭성은 물리법칙일까? 문자적으로 그리고 수학적으로 완전한 패리티 대칭은 모든 물리적인 과정과 실험 결과가 앨리스가 들어간 거울 속 세상에서 일어나는 것과 똑같이 일어난다는 뜻일까? 거울 세상에서 물체가 거울 세상의 '물리법칙'에 따라 움직이고 충돌하면서 상호작용하는 것을 본다고 하자. 이 일들은 우리 세상에서 일어나는 일들과 똑같을까? 예를 들어 파이온이 뮤온과 중성미자로 붕괴하고, 뮤온이 전자와 중성미자들로 붕괴하는 자연현상이 거울 세상과 우리 세상에서 다르게 일어나는 경우가 있을까? 이는 매우 단순한 문제인 것처럼 보인다. 우리는 쉽게 "패리티 대칭성은 물리법칙이다"라고 결론지을 것이다. 당연히 그래야 하는 것 아닌가! 어떻게 그러지 않을 수 있을까? 패리티가 물리학에서 대칭성을 가지고 있어야 하는 것은 너무 당연하다.

파이온은 스핀이 없는 입자이다. 다시 말해 스핀값이 0이다. 이는 고유의 스핀이 0이라는 것을 나타낸다. 파이온은 우리가 어떻게 돌려도 똑같아 보이는 당구공처럼 완전한 작은 구라고 생각할 수 있다. 반면에 뮤온과 반중성미자는 우리가 스핀을 측정하기 위해 선택한 축에 대해 '업' 또는 '다운'인 스핀을 가지고 있다. 붕괴하기 전, 파이온의 스핀은 0이었다. 따라서 붕괴가 끝난 후에 뮤온과 반중성미자의 스핀 합도 0이어야 한다. 다시 말해 파이온이 붕괴할 때 나오는 뮤온의 스핀이 동쪽을 기준으로 '다운'이면 반중성미자의 스핀은 동쪽을 기준으로 해서 '업'이어야 한다. 각운동량 보존법칙에 의하면 너무 당연한 일이다.

실험의 측면에서 볼 때 우리가 이런 실험을 할 수 있는 것은 뮤온의 속도를 낮추거나 정지시킬 수 있고, 스핀은 속도에 영향을 받지 않기 때문이다. 뮤온은 완전한 자이로스코프라고 했던 것을 기억할 것이다. 속도를 늦추고 정지시키는 것이 뮤온의 스핀 방향을 변화시키지 않기 때문에 파이온의 붕괴로 생성되었을 때 뮤온의 스핀 방향을 정확히 알 수 있다. 심지어 우리는 파이온의 붕괴로 생성되었을 때 뮤온의 스핀을 측정할 수도 있다. 그리고 뮤온은 200만분의 1초 안에 전자와 중성미자들로 붕괴한다. 뮤온이 붕괴하여 생성된 전자와 중성미자의 스핀 방향은 뮤온의 스핀을 나타낸다. 따라서 이를 이용해 뮤온의 스핀을 측정할 수 있다.

그러므로 우리는 파이온과 뮤온의 붕괴를 자세히 관찰할 수 있는 실험 장치를 만들 수 있다. 실험실로 가서 가속기가 만들어낸 파이온을 이용하면 된다. 스핀의 방향이 운동 방향과 일치하는 뮤온, 즉 우선성(R) 뮤온이 나오는 경우를 찾아본다. 그리고 스핀의 방향이 운동 방향과 반대인 뮤온, 즉 좌선성 뮤온(L)이 나오는 붕괴도 찾아본다. L과 R은 오른손과 왼손처럼 좌우성을 나타낸다. 입자의 좌우성은 거울 안에서 보면 반대이다. 1950년대 중반에 리언 레더먼과 동료들은 (−) 전하를 가진 파이온이 붕괴하여 생성된 (−) 전하를 띤 뮤온의 좌우성을 측정했다. 실험 결과가 어땠을지 추측해보자.

패리티가 물리법칙의 대칭성이라면 파이온의 붕괴에서 R과 L 뮤온이 만들어질 확률은 같아야 한다. 양자역학은 어떤 일이 일어날 확률만을 말해준다. 따라서 어떤 사건의 결과가 정확하게 무엇일지는 알 수 없다. 여러 번의 파이온 붕괴에서 50%는 L 뮤온이, 그리고 50%는 R 뮤온이 생성되어야 한다. 그러나 한 번의 파이온 붕괴에서는 R이나 L 뮤온 중 하나만 생성된다. 그리고 특정 사건을 거울 세상에서 보면 반대 방향의 스핀을 가지는 뮤온이 생성되는 것으로 보여야 한다. 따라서 특정 파이온 하나의 붕괴는 우리 세상과 거울 세상에서 다르다. 하지만 패리티 대칭성은 많은 붕괴에서 좌우가 균형을 이룬다는 것을 뜻한다. 만약 패리티가 대칭적이라면 파이온 붕괴로 우리가 거울 안과 바깥 중 어디에 살고 있는지 알 수 없다. 예를 들어 (−) 전하를 띤 파이온의 많은 붕괴에서 60%의 L 뮤온과 40%의 R 뮤온이 생성된다면 패리티 대칭성에 문제가 생긴 것이다. 왜냐하면 거울 세상에서는 반대로 L 뮤온이 60%, R 뮤온이 40% 생성될 것이기 때문이다. 따라서 우리 세상과 거울 세상의 파이온 붕괴가 달라진다. 이런 경우 패리티에는 물리법칙의 대칭성이 적용되지 않는 것이다. 이 부분은 앞으로 할 이야기를 위해 중요하기 때문에 몇 번이고 다시 읽어보는 것이 좋다. 그렇다면 레온과 그의 동료들이 행한 실험에 무슨 일이 있었던 것일까? 그 이야기를 리언에게 직접 들어보기로 하자.

패리티 비보존성 발견에 대한 개인적 회상

나는 물리학과에서의 긴 하루를 마감하고 북쪽을 향해 차를 몰고 있었다. 내 머릿속은 컬럼비아 대학 물리학과의 금요일 전통인 중국 음식점에서 점심 식사를 할 때부터 시작된 토론에 대한 생각으로 꽉 차 있었다. 금요일은 매주 열리는 물리학 콜로키움이 개최되는 날로, 보통 하버드나 예일처럼 먼 곳에 있는 연구소나 대학에서 온 강사가 강의를 했다. 컬럼비아의 점심은 방문 강사가 콜로키움에서 강의할 주제에 대해 활발한 토론 분위기를 만들기 위해 계획되었다. 그러나 이 점심의 숨은 의도는 방문자가 중국요리를 배불리 먹게 함으로써 물리학에 대한 방어력을 약화시켜 예의 바른 주인이 쉽게 그를 항복시킬 수 있도록 하기 위한 것이었다. 브로드웨이에는 강의에서 무참하게 당한 하버드 교수들의 뼈들이 흩어져 있었다. 맨해튼에 있는 컬럼비아 대학에서 허드슨 강가의 어빙턴에 있는 네비스 실험실까지는 보통 40분 정도 걸렸다. 예전에 듀폰의 사유지였던 네비스는 허드슨 강가의 이웃들의 반대에도 불구하고 대학에 기증되었다. 웨스트체스터의 번영은 허드슨 강가의 헤이스팅스, 돕스 페리, 태리타운 같은 마을들과 함께 용커스의 뒤를 따라 시작되었다.

1957년 1월 5일 금요일 오후에 나는 컬럼비아의 이론물리학자이며 미식가인 리정다오^{李政道} 교수와 점심때 나눈 대화에 온 정신이 팔려 있었다. 이야기의 주제는 몇 달 전 리 교수와 리 교수의 프린스턴 동료인 양전닝^{楊振寧}이 주장한 실험에 대한 것이었다. 그 실험은 새로운 물리학 분야에서 100년도 더 된 오래된 아이디어를 시험하기 위해 계획되었다. 오래된 아이디어는 실제 세상과 거울 세상이 대칭적이라는 믿음이었다. 오랫동안 실제 세상을 반사한 거울 세상에서 일어나는 일들 역시 실제 세상에서 일어나는 일들과 같을 것이라고 믿어왔다.

거울 안을 보자. 남자 겉옷에 달린 단추는 우측에 있지만 거울 안에서는 단추가 좌측에 보인다. 하지만 단추를 좌측에 달지 못하게 하는 법칙은 없다. 어느 쪽에 단추를 다는지는 관습의 문제일 뿐이다. 드라이버를 돌리는 사람의 입장에서 볼 때 시계 방향으로 돌리면 나사가 나무 안으로 깊이 들어간다. 이것은 '오른나사'이다. 관습에 의해 대부분의 나사는 오른나사이다. 그러나 거울 안에서 보면 왼나사처럼 보인다. 하지만 왼나사를 만들지 못하게 하는 법칙 같은 것은 없다. 왼나사를 주문하면 더 많은 비용을 요구할는지는 모르지만 대칭성의 법칙에 의하면 그런 나사를 만드는 것은 얼마든지 가능하다.

거울 대칭성은 과학에서 중요한 의미를 가진다. 그것은 사람과 많은 동물의 몸이 가지고 있는 대칭성과 같다. 몸 한가운데에 수직선을 그으면 몸의 양쪽은 거울상이다. 원자들이 특정한 3차원 구조로 결합하여 만들어진 분자들은 종종 다른 화학적 성질을 지닌 거울상을 가지고 있다. 화학자들과 생물학자들은 이러한 거울 관계에 큰 관심을 보인다. 그러나 모든 경우 기본적인 대칭성에 의해 거울 세상과 실제 세상은 같은 물리, 화학, 생물학의 법칙을 따른다. 이것은 1957년 1월 6일까지는 사실이었다. 그리고 리와 양이 방사성 붕괴 과정이 거울 대칭성을 따르고 있는지에 대해 의문을 제기한 논문을 발표하기 전까지는 사실이었다.

방사성 붕괴 과정이 단추, 나사 그리고 생물학적 분자와 다른 것은 방사성 붕괴가 '약력'에 의해 일어나기 때문이다. 약력의 작용으로 이루어지는 붕괴에 대한 연구에서 나타난 수수께끼 같은 반응은 약력이 대칭성을 무시한다고 했을 때만 이해할 수 있었다. 에미 뇌터의 입장에서 보면 약력 대칭성의 정당성은 패리티 보존 법칙에 기인한 것이다. 패리티는 어떤 계의 '좌우성'을 측정한 것이다. 1950

년 여름에 리와 양은 거울 대칭성을 증명하거나 대칭성이 성립하지 않는다는 것을 증명할 일련의 반응을 제안했다. 컬럼비아의 동료로 뛰어난 실험가이며 방사성 붕괴 연구 전문가였던 우젠슝吳健雄은 코발트60의 방사성 붕괴와 관련된 실험을 시도해보기로 결정했다.

중국 음식점 점심 식사 때 한 이야기는 우가 최근에 본 매우 흥미 있는 자료에 대한 것이었다. 그녀가 관측하고 있던 효과는 거울 대칭성이 성립하지 않는다는 것과 이런 효과가 아주 클 수 있다는 것을 보여주고 있었다. 나의 머릿속에서 계속 맴도는 것은 이와 관련된 것이었다. '커다란 효과라고?'

1956년 8월에 물리학자들이 브룩헤이븐 연구소에 모였다. 브룩헤이븐 연구소는 롱아일랜드의 대서양 해변과 이어진 가장 아름다운 해변 가까운 곳에 있었다. 여름의 브룩헤이븐은 가족이 즐거운 시간을 보내기에 좋은 장소였지만 물리학자들이 심각한 토론을 벌이기에도 적합한 장소였다. 방사성 붕괴를 일으키는 약력이 지배하고 있는 반응에선 거울 대칭성이 성립하지 않는다는 리와 양의 주장을 들은 것은 하나의 계시였다.

이런 생각을 하게 된 것은 두 가지 이유 때문이다. 첫 번째 이유는 이것이 전혀 모순되는 것처럼 보이는 일부 자료를 설명할 수 있기 때문이었다. 모든 반응의 $99\frac{7}{8}$%는 거울 대칭성을 만족시켜 패리티가 보존되었지만 일부 반응은 전혀 이해할 수 없었다. 좀 더 심도 있는 두 번째 이유는 물리법칙이 성립하지 않는 것이 실제로 관련된 힘의 성질에 의한 것일 가능성이 있다는 것이었다. 말도 안 되는 예이지만 에너지 보존법칙은 전자기력, 강력, 중력이 작용하는 경우에는 성립하지만 약력이 작용하는 경우에는 성립하지 않는다고 가정해보자. 방사성 붕괴의 시장가격이 성층권까지 치솟아 오를지 모를 일이다! 하지만 걱정할 필요는 없다. 그런 일은 없을 테니까.

다시 금요일 저녁에 허드슨 강과 나란히 나 있는 소밀 강 파크웨이의 아름나운 곡선 도로를 따라 북쪽으로 향하던 여행으로 돌아가보자. 갑자기 우의 보고서 내용이 아이디어 하나를 떠올리게 했다. 네비스 사이클로트론으로 할 수 있는 실험이 갑자기 생각난 것이다. 이 실험은 매우 간단해서 몇 시간이면 끝낼 수 있는 것이었다(오늘날에는 입자물리학 분야의 대부분의 실험이 거대한 가속기와 복잡한 분석 장치를 통해 이루어진다. 따라서 대형 가속기를 건설할 때까지 기다려야 하므로 비슷한 실험을 하는데 아주 오랜 시간이 걸린다. 그만큼 실험 결과의 신뢰도는 높아지겠지만 말이다). 내가 지도하던 대학원생 마르셀 바인리히 Marcel Weinrich 는 뮤온과 관련된 실험을 하고 있었다.

네비스 사이클로트론으로 만든 파이온의 방사성 붕괴로 뮤온이 생성되었다. 뮤온은 200배 더 무겁다는 것을 제외하곤 모든 측정에서 전자와 똑같이 행동했다. 왜 자연이 전자의 무거운 쌍둥이인 뮤온을 만들었을까 하는 것은 흥미 있는 연구 주제였다. 우리는 뮤온이 보여줄 보석은 꿈도 꾸지 못하고 있었다! 마르셀이 간단한 수정을 통해 큰 효과를 볼 수 있는 장치를 만들었다. 나는 컬럼비아 가속기가 뮤온을 만들어내는 과정을 다시 살펴보았다. 대학원생이었던 몇 년 전에 존 틴롯 John Tinlot 과 함께 외부 파이온과 뮤온 빔을 설계하는 일을 했기 때문에 나는 이런 일에 전문가였고 네비스 가속기는 새것이었다.

내 머릿속에는 전체 과정이 그려졌다. 가속기에는 지름이 약 6m인 원형의 극을 가진 4000톤의 자석 사이에 강철로 만든 진공 체임버가 들어 있다. 자석 가운데 있는 작은 관에서 양성자의 흐름이 주입된다. 양성자는 한 번 돌 때마다 일정한 진동수로 변하는 강력한 전압에 의해 가속되어 에너지가 증가하면서 회전반지름이 커져 나선운동을 하게 된다. 4억 V의 전지에 의해 가속되기 때문에 양성자는 400MeV의 에너지를 갖는다. 자석이 거의 끝나는 진공 체임버 가장자리 가까이에서 흑연 조각을 매단 막대가 고에너지의 양성자와 충돌하기 위해 기다리고 있다. 양성자가 가진 400MeV의 에너지는 흑연 안에 들어 있는 탄소 원자핵과 충돌하여 새로운 입자인 파이온을 만들어내기에 충분하다.

내 마음의 눈에는 양성자 충돌의 운동량으로 파이온이 앞으로 나오는 모습이 보이는 것 같았다. 강력한 사이클로트론의 자기장 안에서 만들어진 파이온은 가속기 바깥쪽을 향해 호를 그리며 날아가다 사라질 것이다. 그리고 파이온이 사라진 자리에는 뮤온이 나타나 파이온의 원래 운동을 이어받을 것이다. 가속기 가장자리에서 빠르게 약해지는 자기장의 영향으로 뮤온은 3m 두께의 콘크리트 방호벽을 통과해 우리가 기다리고 있는 실험실로 들어올 것이다.

마르셀이 준비한 실험에서 뮤온은 7.5cm 두께의 필터에 그 모습을 드러낼 것이고, 여러 가지 원소로 이루어진 2.5cm 두께의 블록 안에 멈출 것이다. (−) 전하를 띤 뮤온은 재료 안에 들어 있는 원자들과 부드럽게 충돌하면서 에너지를 잃고 결국에는 (+) 전하를 띤 원자핵에 의해 잡힐 것이다. 뮤온의 스핀 방향에 아무것도 영향을 주지 않기를 바랐기 때문에 뮤온이 궤도에 잡히는 것이 중요하다. 그러면 우리는 (+) 뮤온으로 바꿀 수 있다. (+) 전하를 띤 뮤온은 무슨 일을 하는가? 아마 블록 안에서 붕괴될 때까지 기다릴 것이다. 블록의 재료는 조심스럽게 선정해야 한다. 탄소가 가장 적합할 듯싶다.

1월의 어느 금요일에 북쪽을 향해 달리면서 핵심 생각에 도달했다. 파이온의 붕괴로 만들어지는 모든 뮤온의 스핀이 한 방향을 향하도록 배열할 수 있다면 그것은 파이온-뮤온 반응에서 패리티가 성립되지 않는다는 것을 의미한다. 그것도 아주 심하게. 분명 큰 효과였다! 이제 스핀 축이 뮤온이 이동하는 동안 운동 방향과 평행하게 유지된다고 가정하자. 그리고 뮤온의 속도를 천천히 감소시키는 탄소 원자와의 수많은 충돌이 뮤온의 운동 방향과 스핀 방향 사이의 관계를 변화시키지 않는다고 가정해보자. 이 모든 일이 실제로 일어난다면 나는 블록 안에 정지해 있으면서 모두 같은 방향으로 회전하는 뮤온의 샘플을 손에 넣을 것이다!

이제 독자들은 내 이야기를 조심해서 들어주기 바란다. 회전하는 물체는 뒤에서 보면 우선성(시계 방향)으로 보이고, 앞에서 보면 좌선성으로 보인다. 거울상은 위와 아래가 바뀐 같은 물체이다. 대칭이다! 그러나 이 물체가 뮤온이라면 붕괴하여 발생한 전자들은 (뮤온이 많으면 많은 전자가 만들어진다) 고전적인 나사와 마찬가지로 모두 우선성이다. 오른손의 손가락을 시계 방향으로 구부렸을 때 스핀의 방향을 나타내는 엄지손가락 방향이 방출된 전자가 선호하는 방향이 된다. 이것은 우선성 과정이다! 거울상은 좌선성 물체이다. 그러나 물리법칙이 (+) 뮤온은 우선성이어야 한다고 규정하면 거울상에는 우선성 뮤온이 존재하지 않는다. 대칭성이 깨지는 것이다.

질문은 이제 "전자는 엄지손가락 방향으로 방출되는 것을 선호하는가, 아니면 반대 방향으로 방출될 가능성도 똑같은가?"로 바뀐다. 후자의 경우에는 패리티 대칭성이 성립된다. 따라서 실험으로 확인해볼 것은 매우 간단하다. 많은 뮤온에서 생성된 같은 방향으로 회전하는 전자들의 방출 방향을 측정해보면 된다. 전자가 스핀 축에 대하여 앞과 뒤로 똑같이 방출된다면 패리티는 대칭적인 것이 된다. 그러면 진급도, 명성도, 부도 얻을 수 없다. 다시 한 번 시도해보자. 만약 전자가 선호하는 방향이 있다는 것이 밝혀지면 패리티가 깨지는 것이고 거울 대칭은 성립되지 않는 것이다. (OK, 다시 읽어보기 바란다.)

2마이크로초인 뮤온의 수명은 편리하다. 우리 실험실은 이미 뮤온이 붕괴하면서 생성되는 전자를 감지하도록 준비되어 있었다. 우리는 스핀 축을 기준으로 두 방향에서 같은 수의 뮤온이 관측되는지 볼 것이다. 만약 두 방향에서 관측한 뮤온의 수가 같지 않다면 패리티는 죽은 것이 된다! 내가 그것을 죽인 것이다! 아가가가가!

실험이 성공하기 위해서는 기적들이 함께 일어나야 할 것 같아 보였다. 8월에 리와 양이 작은 효과를 의미하는 자신들의 논문을 읽어주었을 때 우리는 크게 낙심했다. 작은 효과가 연속 두 번 일어나야 한다는 것은 원하는 결과를 얻기 위해서는 확률이 작은 사건이 연속으로 두 번 일어나야 한다는 뜻이다. 가령 확률이 100분의 1인 사건이 연속으로 두 번 일어날 확률은 10000분의 1이다. 확률이 100분의 1인 사건이 일어나는 것은 인내심을 가지고 기다릴 수 있겠지만 그런 것이 두 번 연속 일어나기를 기다려야 한다는 것은 참으로 견디기 힘든 일일 것이다. 왜 연속적인 작은 효과일까? 자연은 대부분 같은 방향으로 회전하는 뮤온을 만들어내는 파이온을 제공해야 한다(기적 1). 그리고 뮤온은 스핀 축에 대하여 비대칭적으로 측정되는 전자로 붕괴해야 한다(기적 2).

용커스 톨게이트를 통과할 때 (1957년에 통행료는 5센트였다) 나는 흥분해 있었다. 나는 패리티 깨짐이 크다면 뮤온의 스핀은 모두 같은 방향을 가리키고 있을 것이라고 확신했다. 그리고 나는 뮤온의 스핀으로 인한 자기적 성질은 자기장의 영향 아래 스핀을 운동 방향으로 '고정'시킨다는 것을 알고 있었다. 하지만 뮤온이 에너지를 흡수하는 흑연 안으로 들어갈 때 무슨 일이 일어날지는 확실히 알 수 없었다. 내가 틀렸다면 뮤온의 스핀 축은 넓은 범위로 뒤틀릴 것이다. 그런 일이 벌어진다면 스핀 축과 관련된 전자의 방향을 관측할 방법이 없다.

다시 한 번 정리해보자. 파이온은 붕괴하여 스핀과 움직이는 방향이 같은 뮤온을 생성한다. 이것은 기적의 첫 번째 부분이다. 이제 뮤온이 붕괴하면서 방출하는 전자의 방향을 측정할 수 있도록 뮤온을 정지시켜야 한다. 뮤온이 탄소 블록에 충돌하기 직전의 운동 방향을 알고 있으므로 스핀 방향에 아무것도 영향을 주지 않는다면 뮤온이 정지했을 때와 붕괴할 때의 스핀 방향도 알 수 있다. 이제 우리가 해야 할 일은 전자 검출 장치를 뮤온이 정지해 있는 블록 주위로 돌려서 전자가 방출되는 방향을 알아내 패리티가 대칭적인지만 확인하면 된다.

우리가 해야 할 일을 정리하는 동안 손바닥에서 땀이 나기 시작했다. 카운터는 모두 준비되어 있었다. 전자 장비에는 고에너지 뮤온이 도착했고, 흑연 블록으로 들어가 속도가 느려진 뮤온이 자리 잡았음을 알려주는 신호를 보냈다. 뮤온이 붕괴할 때 나오는 전자를 감지하는 네 개의 카운터에 필요한 '망원경'도 있었다. 우리가 해야 할 일은 이것들을 판 위에 조립하여 정지 블록 주위를 돌게 하는 것뿐이었다. 한두 시간의 작업이면 충분했다.

와! 나는 그 저녁이 긴 밤이 될 것이라고 생각했다.

서둘러 저녁 식사를 마치고 아이들과 농담을 하기 위해 집에 들렀을 때 컬럼비아

캠퍼스 가까운 곳에 있던 IBM 연구소의 물리학자 리처드 가윈^{Richard Garwin}으로부터 전화가 걸려왔다. 그는 물리학과 주변을 자주 맴돌았지만 중국 음식을 먹는 점심 식사에는 참석하지 못했기 때문에 우의 최근 실험에 대해 알고 싶어 했다. "헤이, 릭, 우리가 가장 간단한 방법으로 패리티가 깨지는지를 시험해볼 대단한 생각이 떠올랐어." 나는 급하게 설명한 다음 "실험실로 와서 우리를 좀 도와줄래?" 하고 말했다. 그는 스카스데일 부근에 살고 있었다.

오후 8시에 실험 장치를 분해했다. 마르셀은 자신의 박사 학위 논문을 위한 실험 장치가 분해되는 것을 두 눈 뜨고 지켜보아야 했다! 릭에게는 뮤온 스핀 축 주위의 전자 분포를 결정할 수 있도록 전자망원경을 회전하는 문제를 해결하는 과제를 맡겼다. 그것은 간단한 문제가 아니었다. 망원경을 회전시키다 보면 뮤온으로부터의 거리가 달라져 감지되는 전자의 수가 달라질 수 있기 때문이다.

그다음에는 릭이 실험의 두 번째 핵심 아이디어를 생각해냈다. 그는 카운터가 달려 있는 무거운 플랫폼을 돌리지 말고 자석 안에 있는 뮤온을 돌리자고 했다. 나는 단순한 이 아이디어를 받아들였다. 물론 역학적인 힘을 뮤온 자석에 작용하여 계속 회전시키는 것이 아니라 자기장 안에서 나침반의 바늘이 회전하는 것처럼 작은 자석을 이용하여 전하를 띤 입자를 회전하도록 했다. 이 아이디어는 매우 간단하면서도 엄청난 것이었다.

그리고 나서야 울고 있는 대학원생을 위로할 기회를 잡았다. "염려하지 마, 마르셀. 이 실험이 너를 유명하게 만들어줄 거야."

뮤온을 적당한 시간 동안에 360도 회전시킬 수 있는 자기장의 세기를 계산하는 것은 일도 아니었다. 뮤온에게 적당한 시간이라는 것은 무엇일까? 뮤온은 2마이크로초 안에 전자와 중성미자로 붕괴한다. 다시 말해 뮤온의 반이 2마이크로초 안에 붕괴된다. 뮤온을 너무 천천히 회전시키면, 예를 들어 1마이크로초당 1도씩 회전시키면 몇 도 돌기도 전에 대부분의 뮤온이 사라질 것이다. 따라서 0도 방향으로 나오는 전자의 수와 360도 방향으로 나오는 전자의 수를 비교할 수 없다.

그것은 우리 실험의 핵심을 불가능하게 만든다는 것을 의미한다.

강한 자기장을 이용하여 회전속도를 증가시켜 마이크로초당 1000도씩 회전시키면 검출기가 너무 빨리 지나가 흐릿한 결과밖에 얻을 수 없다. 우리는 마이크로초당 45도가 가장 이상적인 회전이라고 결정했다. 그러고 나서 원통에 코일을 수백 번 감은 다음 수 암페어의 전류를 흘려 원하는 자기장을 얻을 수 있었다. 우리는 루사이트 관을 찾았고, 마르셀을 창고로 보내 도선을 가져오게 했다. 흑연 정지 블록을 잘라 원통 안에 넣었다. 그러고는 도선을 선반 위에 있던 원격 제어가 가능한 전원에 연결했다. 늦은 저녁에 시작한 작업이 자정 무렵에야 끝났다. 매주 토요일 오전 8시에 관리와 수리를 위해 가속기를 정지시키기 때문에 서둘렀다.

1시에 카운터가 자료를 수집하기 시작했다. 기록 장치에는 여러 방향으로 방출되는 전자의 수를 기록했다. 그러나 가원의 장치에서는 이 각도를 직접 측정하지 않았다. 전자망원경은 정지해 있었고 뮤온 또는 스핀 축의 방향이 자기장 안에서 회전했다. 따라서 전자가 도달하는 시간이 각도를 나타냈다. 즉 시간을 기록함으로써 우리는 방향을 기록하고 있었다. 물론 우리는 많은 문제를 가지고 있었다. 우리는 가속기 운영자에게 가능하면 많은 양성자를 목표에 충돌시켜달라고 부탁했다. 들어와 정지하는 뮤온의 수를 측정하는 모든 카운터를 조정하고, 뮤온에 작용하는 작은 자기장의 제어도 확인해야 했다.

5시가 되자 모든 것이 제대로 작동하기 시작했다. 우리는 과학적 증명의 '20 표준편차' 내에 있었다. 증명은 긍정적이었다. 전자가 방출되는 방향이 뮤온의 스핀 축 각도에 따라 달라졌다. 우리의 뮤온은 모두 우선성이었다. 거울상인 좌선성 뮤온은 실험실에 없었다. 그것은 어느 실험실에도 없다는 것을 의미했다. 패리티 보존 법칙은 약한상호작용, 즉 뮤온의 방사성 붕괴에서는 성립하지 않았다! 우리는 몇 시간 동안의 힘든 작업으로 파이온과 뮤온의 약력에 의한 붕괴에서 패리티가 깨지는 것을 관측하는 중요한 발견을 했다. 자료가 하나하나 모였고, 9시쯤 되었을 때 소문이 퍼져 국내 곳곳의 물리학자들로부터 전화가 오기 시작했다.

그리고 곧 세계 곳곳에서 전화가 걸려왔다. 화를 잘 내는 오스트리아의 볼프강 파울리$^{\text{Wolfgang Pauli}}$는 믿지 못하겠다는 표정으로 다음과 같이 말했다고 전해졌다. "나는 신이 연약한 왼손잡이라는 것을 믿을 수 없다." 그렇다. 명성, 부, 승진이 뒤따랐다. 그리고 마르셀은 박사 학위를 받았다!

—리언 레더먼

종합해보자. (−) 전하를 띤 파이온의 붕괴 실험을 통해 얻은 결과는 충격적인 것이었다. 파이온의 붕괴로 생성된 (−) 전하를 띤 뮤온은 항상 우선성(R)이었다. 다시 말해 우리는 항상 **그림 3.5(A)**를 관측하고, **그림 3.5(B)**는 절대로 관측할 수 없다.

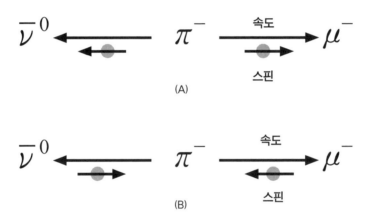

그림 3.5 파이온 붕괴에서의 패리티 깨짐. $\pi^- \rightarrow \mu + \bar{\nu}$으로 나타나는 약한상호작용인 (−) 전하를 띤 파이온이 붕괴되어 생성되는 입자들의 스핀. (A)에서는 뮤온의 스핀이 운동 방향으로 배열되어 있다(우선성 뮤온). (B)에서는 뮤온의 스핀이 운동 방향과 반대 방향으로 배열되어 있다(좌선성 뮤온). 우리는 실험실에서 항상 (A)를 관측하고 절대로 (B)를 관찰할 수 없다. (B)를 관찰한다면 우리는 거울상을 관측한다고 말할 수 있다.

만약 영화나 DVD에서 (−) 전하를 띤 파이온이 붕괴하여 위의 (B)와 같은 (−) 전하를 띤 L 뮤온을 생성하는 것을 보았다면 우리는 큰 소리로 항의할 수 있을 것이다.

"우리는 반대로 된 영상을 보고 있다! 이런 일은 앨리스의 거울 나라에서나 가능하다. 거울 이쪽 세상에서는 절대 이런 일이 일어날 수 없다."

왼손잡이, 즉 (−) 전하를 띤 L 뮤온이 (−) 전하를 띤 파이온의 붕괴를 통해 만들어지는 거울 나라는 존재하지 않는다. 실제로 L 뮤온은 파이온 붕괴에서 순간적으로 생성된다. 그러나 반중성미자의 스핀과 균형을 이루기 위해 R 뮤온으로 바뀐다. 우리는 이에 대해 곧 많은 이야기를 할 것이다. 이 실험의 놀라운 의미는 우리 세상의 물리법칙에는 패리티가 대칭적이지 않은 상호작용이 포함되어 있다는 것이다. 패리티가 깨지는 것은 파이온과 뮤온의 붕괴에 관여하는 '약한상호작용'에서 일어난다. 실제로 파이온과 뮤온의 붕괴는 약한상호작용에서 나타나는 '대칭성 깨짐'의 한 예이다. 약한상호작용은 다른 많은 효과도 보여준다. 우리를 구성하고 있는 물질도 이 약한 힘에 의해 존재한다. 따라서 이 힘이 없었다면 우리도 존재할 수 없다. 우리는 이제 이 힘들이 우리 세상을 거울 세상과 구별할 수 있게 해준다는 것을 알게 되었다!

역사적으로 1950년대까지 물리학자들은 패리티가 물리학의 완전한 대칭성 중 하나라고 믿었다. 때문에 영화나 우리가 마주치는 어떤 반응에서도 거울 세상과 우리 세상을 구별하는 것이 가능하지 않다고 생각했다. 약한상호작용에서 패리티 (P)가 보존되지 않는다는 것은 젊은 이론물리학자 리정다오와 양전닝이 1956년에 처음 주장했다. 패리티 대칭성은 자연에서 확립된 확실한 사실로 취급되었고, 수십 년 동안 원자핵물리학과 원자물리학의 자료를 해석하는 데 이용되었다. 리와 양은 패리티, 즉 반사 대칭은 원자핵을 결합하는 강력이나 전자기력 그리고 중력과 같이 물리학자들이 부딪히는 대부분의 상호작용에서는 성립한다고 생각했다. 하지만 약력이 관여하는 베타 붕괴에서는 거울 대칭이 성립되지 않는다고 주장했다.

1957년에 리언 레더먼, 리처드 가윈, 마르셀 바인리히가 앞에서 설명한 방법을 이용하여 전하를 띤 파이온 붕괴와 정지한 뮤온의 붕괴에서 패리티가 깨진다는 것을 실험적으로 확인했다. 이들과는 독립적으로 우젠슝은 좀 더 복잡한 다른 방법을 이용하여 패리티가 깨진다는 것을 발견했다. 약한상호작용에서 패리티 대칭성이 성립되지 않는다는 것은 놀라운 소식이었다. 패리티가 무너졌다!

우는 매우 낮은 온도에서 강한 자기장 안의 코발트60(Co^{60})이 방사성 붕괴하는 것을 관측했다. 이 실험은 다른 전문가들로 이루어진 여러 그룹의 협조가 필요한 도전적인 실험이었다. Co^{60}은 베타붕괴를 통해 전자를 방출하는 금속이다. 우는 강한 자기장에서는 전자가 자기장의 방향으로 방출된다는 것을 발견했다. 낮은 온도에서는 자기장이 코발트 원자핵의 스핀을 자기장 방향으로 배열하고, 붕괴 형태는 원자핵의 스핀에 의해 결정되기 때문이다.

우의 관측은 패리티 대칭성이 깨진다는 결론을 내리기에 충분했다. 방출되는 전자의 속도와 자기장의 배열은 좌우성과 마찬가지로 거울에서는 반대가 된다는 것이 밝혀졌다. Co^{60}의 붕괴로 방출되는 전자가 자기장과 반대로 배열된 것을 보여주는 영화나 DVD를 본다면 이번에도 우리는 "이것은 실제 과정의 거울상으로, 실제 세상에서는 일어나지 않는다"라고 말할 수 있다.

패리티는 깨진다. 패리티는 대칭이 아니다. 거울을 통해 보는 앨리스의 거울 나라는 기본적으로 우리 세상과 다르다. 천덕꾸러기 뮤온이 우리를 이곳으로 이끌었다. 이 때문에 중국 음식을 먹는 점심 식사에서 아마도 '뮤온을 주문'했을 것이다. 우리 세상에서는 좌와 우가 다르다.

그리고 여기가 바로 힉스 입자의 이야기가 시작되는 곳이다.

제4장

질량에 대한 모든 것

2012년 7월 4일 새벽 2시에 우리는 페르미 연구소 남쪽에 있는, 의자가 없어서 서서 이야기해야 되는 가장 큰 세미나실에 모였다. ATLAS와 CMS라고 부르는 CERN의 공동 실험 팀이 스위스 제네바에서 아침 9시에 하는 두 강연의 생중계를 보기 위해 모인 것이다. 강의가 시작되자 핀이 떨어지는 소리도 들을 수 있을 정도로 조용해졌다. 발표자는 두 대의 대형 검출기가 수집한 자료와 자료로부터 새로운 입자의 신호를 찾아내기 위해 필요한 복잡한 통계적 분석 결과를 자세히 설명해나갔다. 이 발표는 페르미 연구소 시간으로 4시 30분에 끝났고 모두들 크게 박수 치며 환호성을 질렀다. CERN의 두 LHC 연구 팀이 힉스 입자의 발견을 공식적으로 세계에 알린 것이다. 이것은 2000년대에 이루어낸 가장 큰 과학적 발견이었다. 우리 모두 파티를 즐겼고, 태양이 떠오르는 모습을 지켜보았다.

다음날부터 자세한 자료들이 쏟아져 나오기 시작했다.

잠시 동안 전 세계는 하던 일을 멈추고 추상적이고 혼란스럽고 정확하게 무엇인지 알 수 없는 것에 관심을 집중했다. 《홍콩 이코노믹 타임스》에서 《예루살렘 포스트》에 이르기까지, 《피지 선》에서 《헤럴드 트리뷴》까지, 그리고 《케인 카운티크로니클》에서 《뉴욕 타임스》에 이르기까지 전 세계 신문은 힉스 입자를 머리기사로 다뤘다. 하지만 다음 주가 되자 사람들의 관심은 장바구니 물가와 끔찍한 연쇄살인, 좀처럼 낮아지지 않는 실업률, 다가올 선거 그리고 미국 의회에서 벌어지는 정치적 다툼으로 되돌아갔다.

그럼에도 이제 인류의 지적 세계에는 훨씬 더 큰 문제가 대두되었다. 힉스 입자는 무엇인가? 왜 이것이 존재하는가? 힉스는 외톨이인가 아니면 더 나타날 것인가? 다음 수업은 우리의 손이 닿지 않을 정도로 아주 멀리 있는가 아니면 우리는 새로운 대발견의 시대로 들어서고 있는가? 이 모두를 구성하는 원리는 무엇인가? 힉스 입자 너머에는 어떤 새로운 신비한 존재가 놓여 있는가? 이 모든 의문들은 하나의 큰 질문 주위를 맴돌고 있다.

질량이란 무엇인가?

힉스 입자와 힉스 입자가 질량을 부여하는 방법에 관련된 많은 농담이 떠돌고 있다. 예를 들면 신의 입자가 점심을 먹으러 들어오자 사제가 물었다.

"여기서 무엇을 하고 있습니까?"

그러자 힉스 입자가 대답했다. "당신은 내가 없으면 미사를 볼 수 없습니다"(역자 주: 물리학의 질량^{mass}과 가톨릭교회의 미사 ^{mass}가 같은 철자여서 나온 농담임.)

닐 디그래스 타이슨$^{Neil \, deGrasse \, Tyson}$은 트위터에 다음과 같은 글을 남겼다.

"힉스 입자의 발견은 벌써 내 몸무게를 늘린다. 우리가 필요한 것은 반힉스 입자이다. 질량을 빼앗아가는 입자 말이다."

그리고 좀 더 믿음직스러운 뉴스를 우리에게 전해주는 《어니언》은 좀 더 물리학적인 비판을 내놓았다.

"그렇습니다. 힉스 입자가 큰 관심을 받고 있습니다. 그러나 기회가 있으면 관심을 가져야 할 잘 알려지지 않은 보존(입자)가 더 많이 있을지도 모릅니다."

물론 물리학에서 이야기하는 질량^{mass}의 의미는 가톨릭교회의 미사 ^{mass} 그리고 '군중'이나 집단^{mass}의 의미와는 다르다. 물리적인 의미의 질량이 무엇을 의미하는지 알아보기 위해 인터넷 검색을 해보면 오히려 혼돈만 더할 뿐이다. 이는 물리학의 역사를 통해 질량의 정확한 정의를 찾아내지 못했음을 보여준다. 실제로 질량에 대한 많은 정의들이 존재하고 있다. 자, 이제 질량의 정의들을 다시 찾아보고 매우 일반적으로 받아들여지고, 우리가 효과적으로 소립자의 세계로 깊이 들어갈 수 있도록 하는 질량의 단순한 정의를 찾아내보자. 루트비히 미스 반데어 로에 Ludwig Mies Van Der Rohe의 "모자라는 것이 넘치는 것이다"라는 말을 따라가 보자.

질량은 물질의 양을 나타낸다

그렇다. 이것은 매우 단순하다. 적어도 우리가 일상생활을 하면서 대하는 모든 물체들의 경우에 질량은 '물질의 양'을 나타낸다. 깃털이나 개미는 작은 질량을 가지고 있지만 자동차나 코끼리는 큰 질량을 가지고 있다. 잠시 생각해보면 이처럼 간단한 개념이 자연에서 의미를 가진다는 것이 놀랍다는 생각이 들 것이다. 물에서 강철에 이르기까지, 접착제에서 땅콩버터와 젤리에 이르기까지, 마그마에서 보드카와 태양의 내부에 이르기까지, 그리고 먼 우주에서 오는 우주선에 이르기까지 모든 형태의 물질은 우리가 질량이라고 부르는 것을 통해 얼마나 많은 물질이 '있는지' 말할 수 있다. 우리는 젤리의 질량과 보드카의 질량을 구분하지 않는다. 모두 같은 질량일 뿐이다.

질량에 대한 이 같은 정의는 매우 간단해 보인다. 그러나 이러한 개념을 적용하다 보면 문제가 발생한다. 예를 들어 커다란 입자 안에 영원히 잡혀 있는 쿼크, 다시 말해 다른 쿼크와 결합되어 있거나 밀거나 잡아당겨 쿼크의 질량을 변하게 하는 '글루온'과 결합한 경우에는 쿼크의 질량을 어떻게 측정할 수 있을까? 고등학교 물리 시간에 질량의 개념에 대해 자세한 설명을 들은 적이 있다면 아마 '관성질량'이라는 말을 들어보았을 것이다. 관성질량은 작용한 힘에 대한 물체의 운동 저항과 관련이 있다. 그것은 여러 세기 전에 아이작 뉴턴이 제시한 방정식, 즉 "힘의 크기는 질량에 가속도를 곱한 것과 같다"에 의해 정의된다. 이것은 같은 힘이 작용할 때 관성질량이 큰 물체는 관성질량이 작은 물체보다 천천히 가속된다는 것을 나타낸다.

관성질량이 우리가 다루어야 할 질량에 대한 모든 것을 설명해줄 수 있기를 기대해볼 수도 있다. 그러나 애석하게도 문제는 그렇게 단순하지 않다. 예를 들어 은하나 블랙홀처럼 큰 중력이 작용하는 체계를 다루다 보면 질량에는 적어도 세 가지가 존재한다는 것을 알 수 있다. '관성질량', '중력질량' 그리고 '수동적 중력질량'이 그것이다. 그리고 쿼크의 경우에는 '구성 질량', '커런트 질량', '오프 매스 셸 질량'이 있다. 또 상대론을 이야기할 때는 '정지질량', '종 질량', '횡 질량' 등이 있다.

이런 정의들은 모두 기술적인 데다 특수한 경우에 해당되는 것이어서 잘 훈련된 물리학자들도 에너지의 양, 운동, 다른 물질과의 상호작용, 예전부터 다루어온 관성질량과의 관계 등에서 혼동을 일으킨다. 질량에 대한 이런 복잡한 정의들은 모두 잊고 단순하게 질량을 생각하기로 하자. 당분간 "질량은 물질의 양이다"라는 단순한 정의만을 고수하기로 하자. 질량과 관련된 새로운 사실은 이야기를 해나가는 동안 드러날 것이다.

질량은 무게가 아니다

많은 사람들이 질량을 쉽게 혼동하는 것은 달 여행 이야기에서 시작된다. 대부분의 사람들이 물질의 양을 측정하는 가장 간단한 방법은 무게를 측정하는 것이라고 생각한다. 오른발과 머리, 복부 지방, 아직 위 속에 남아 있는 점심때 먹은 음식물을 포함하여 한 인간을 구성하는 모든 물질의 양을 매일 아침 저울을 통해 측정한 무게를 질량으로 생각하는 것이다. 그러나 고등학교에서 물리를 배웠다면 "질량과 무게를 혼동하지 마라! 질량은 무게가 아니고, 무게는 질량이 아니다!"라는 말을 기억할 것이다.

1969년에 인간은 아폴로 11호를 타고 최초로 지구에서 가장 가까운 천체인 달에 착륙했다. 7월 21일에 닐과 버즈가 우주선 사다리에서 달 표면에 처음 뛰어내렸을 때 그들은 깃털처럼 가벼웠다. 지구 상에서의 몸무게가 72kg이었다면 달에서는 16kg밖에 안 된다. 그들은 새턴 V 로켓을 타고 지구를 출발하여 중력이 지구의 6분의 1밖에 되지 않는 달에 성공적으로 도착함으로써 수십억 달러짜리 다이어트를 경험한 것이다. 음식물 섭취를 줄이는 고통스러운 다이어트를 하지 않고도 그들의 몸무게는 83%나 줄었지만 그들의 관성질량은 지구에서와 똑같다. 닐과 버즈가 가지고 있는 물질의 양은 달을 향한 32만 km의 여행에도 불구하고 조금도 변하지 않은 것이다.

무게는 힘이고 힘은 질량이 아니다. 물체에 작용하는 중력의 크기는 질량에 따라 달라지지만 중력장의 세기에 의해서도 달라진다. 이것이 뉴턴이 중력에 대해 생각한 방법이다. 달 표면의 중력장 세기는 지구 표면 중력장 세기의 6분의 1이다. 따라서 닐과 버즈가 달에서 경험한 중력은 지구에서 경험한 중력의 6분의 1이다. 만약 NASA가 달에 저울을 보냈다면 이 저울의 바늘은 지구에서 측정한 눈금의 6분의 1 되는 지점을 가리키고 있을 것이다. 저울은 질량을 측정하는 것이 아니라 우리에게 작용하는 중력을 측정한다. 그러나 물질의 양, 즉 닐과 버즈를 구성하고 있는 관성질량은 비싼 달 여행에서도 변하지 않는다. 이를 확인하기 위해 저울을 달에 보내는 비용은 400만 달러 정도 들 것이다(1969년에!).

질량 측정은 어렵다

지구에서와 같이 일정한 중력장에서 질량을 측정하는 가장 좋은 방법은 우리가 잘 알고 있고, 고대부터 알려져온 방법이다. 바로 '저울'을 이용하는 것이다. 막대 저울은 단순하게 물체의 질량을 비교한다. 예를 들면 금괴를 이미 정해진 표준 질량과 비교하는 것이다. 표준을 정하려면 대표를 뽑아 서유럽 어디에서 열리는 회의에 보내야 하고 거기에서 '질량의 표준'을 정해야 한다. 예를 들어 우리는 표준 온도(20℃)와 압력(1기압)에서 한 변의 길이가 10cm인 정육면체를 이루는 물의 질량을 '1kg'이라고 정할 수 있다. 그리고 저울을 이용하여 다른 물질의 양을 새롭게 정한 kg과 비교하여 측정할 수 있다. 막대 저울 한쪽에는 금괴를 얹어놓고 반대편에는 10×10×10cm 크기의 물을 얹으면 어떤 것의 질량이 더 큰지 쉽게 결정할 수 있다. 저울이 금괴 쪽으로 기울면 금괴의 질량은 1kg 이상이고, 저울이 물 쪽으로 기울면 물의 질량이 더 크다. 만세! 이렇게 해서 우리는 대략적으로나마 금괴의 양, 즉 금괴의 질량을 결정했다.

우리는 이것을 다양한 방법으로 정교하게 다듬을 수 있다. 흘러내리거나 쏟아지기 쉬운 물은 저울 추로 사용하기에 적당하지 않다. 그리고 물을 담는 용기의 질량도 감안해야 한다. 따라서 물을 이용해 측정한 작은 납 조각으로 편리하게 사용할 수 있는 추를 만들 수 있다. 납을 조금씩 더하거나 빼서 정확한 균형을 이루게 한 다음 그 납을 녹여 좀 더 편리한 원통 모양의 추를 만들 수도 있다. 그런 후에 만들어진 추의 질량을 물을 이용하여 두 번 세 번 다시 측정해볼 수 있을 것이다. 정확한 추를 만들 때까지는 여러 차례 수정해야 할 것이다. 그러나 결국에는 정확히 1kg을 나타내는 데 물 대신 사용할 수 있는 추를 갖게 될 것이다. 우리는 대장장이에게 같은 것을 여러 개 만들어달라고 요청할 수 있으며 또 정확히 10분의 1의 납을 포함하고 있는 작은 추 열 개를 만들어달라고 주문할 수도 있다. 우리는 이 추들이 모두 같은지 시험해볼 수 있고, 열 개의 추가 맨 처음 만들었던 1kg짜리 추와 정확히 균형을 이루는지 확인해볼 수 있다. 이런 방법으로 '0.1kg짜리 추', 즉 100g짜리 추를 만들 수도 있고 '1g'짜리 추도 만들 수 있으며, '0.1g', '0.01g' 짜리 추도 만들 수 있다. 이 과정은 더 작은 추를 만드는 것이 불가능할 때까지 계속할 수 있다. 이로써 넓은 범위의 질량을 측정할 수 있는 추를 가지게 되었다.

이제 금괴의 무게를 꽤 정확히 측정할 수 있게 되었다. 질량의 측정은 금괴와 평형상태에 이를 때까지 납으로 만든 추를 더하거나 빼는 것으로 충분하다. 그런 다음 평형상태를 만들기 위해 얼마나 많은 추를 사용했는지만 알아보면 된다. 예를 들어 1kg짜리 추 하나와 100g짜리 추 세 개, 10g짜리 추 5개, 1g짜리 추 두 개가 금괴와 정확하게 평형을 이루었다면 금괴의 질량은 1.352kg이다! 그리고 더 작은 크기의 추를 만들어 사용한다면 1.35274kg과 같이 더 정확한 질량값을 얻을 수도 있다.

이 시점이 되면 방 안 공기의 운동, 오늘의 대기압, 저울에 농축되는 수분의 양까지 감안해야 할 것이다. 이런 것들은 모두 금괴의 질량에 작은 오차를 만들어내기 때문이다. 따라서 우리가 측정한 금괴의 질량은 1.35274 ± 0.00003kg으로 나타내야 할 것이다. 여기서 ±는 측정오차를 나타낸다.

이 경우 어떤 실험도 무한히 정확한 측정을 할 수 없다는 것을 이해하는 것이 매우 중요하다. 다시 말해 모든 과학적 측정에는 오차가 포함되어 있다. 이 점은 다른 무엇보다도 과학과 세상이 항상 정확하게 사실이라고 생각하는 별난 믿음이나 미신을 구별하는 과학의 특징이다.

여기서의 요점은 저울을 이용하면 질량을 비교할 수는 있지만 '절대적 질량'을 측정할 수는 없다는 것이다. 저울은 달에서도 잘 작용할 수 있다. 다시 말해 달의 중력이 지구 중력의 6분의 1이므로 금괴의 무게가 6분의 1이 된다고 해도 달에서 금괴의 무게를 측정하는 데에는 정확히 같은 추들이 필요하다.

따라서 궁극적으로 금괴의 질량을 나타내기 위해서는 1kg의 물의 질량과 비교해야 한다. 1kg의 금괴나 납 그리고 물은 모두 같은 질량을 가지고 있으므로 이들이 가진 물질의 양은 모두 같다. 막대 저울 대신 물건을 얹었을 때 스프링이 늘어나는 길이가 달라지는 '스프링 저울'을 사용할 수도 있다. 이 저울은 물체가 스프링을 누르는 힘을 측정하기 때문에 질량이 아닌 무게를 측정하는 것이다. 따라서 스프링 저울은 달에서 6분의 1의 힘을 측정할 것이다.

질량은 에너지가 아니다

그리고 질량에 관한 혼동이 또 있다. 이 혼동은 매스컴에서 원자력 에너지나 힉스 입자 또는 톱 쿼크를 다룰 때 자주 등장하는 것으로, "아인슈타인이 질량과 에너지는 같다는 것을 증명했다"는 것이다. 하지만 그것은 사실이 아니다! 아인슈타인은 그런 증명을 한 적이 없다. 우리는 우선 에너지에 대해 알아보아야 한다. 에너지를 어느 정도 이해하고 있는 독자는 이 부분을 건너뛰어도 된다.

에너지는 실제로 존재하는 것이지만 만질 수 없다. 대부분의 물리학자들이 특정한 형태의 에너지를 정의할 수 있지만 일반적으로 에너지를 정의하는 것은 쉬운 일이 아니다. 고등학교 물리 교과서에는 에너지를 "일할 수 있는 능력"으로 정의해놓고 있다. 좋다! 그러나 에너지를 이렇게 정의하려면 우선 '일'을 정의해야 한다. 이제 에너지를 정의하는 것이 일을 정의하는 것으로 바뀌었다. 그렇게 되면 에너지의 정의는 바로 제자리를 맴돌게 된다. 그러나 잠시 다양한 형태의 에너지에 대한 정의가 있다고 믿기로 하자. 그리고 어떤 것의 에너지를 결정하는 과정을 규정하는 물리학의 정밀한 수학식이 있다고 가정하자. 운동에너지로 알려진 에너지 즉 운동에너지는 운동하는 물체가 가지고 있는 에너지로, 질량과 속도에 따라 달라진다. 질량을 가진 물체를 움직이게 하려면 에너지가 필요하다. 질량이 큰 물체를 빠르게 움직이려면 더 많은 운동에너지가 필요하다.

운동에너지의 간단한 예로 우리에게 익숙한 자동차의 운동에너지를 생각해보

자. 자동차의 질량이 1000kg이라 가정한 다음 이 자동차가 96km/h, 즉 30m/s의 속력으로 달린다고 생각하자. 물리학자들은 이 자동차의 운동에너지가 45만 J이라는 것을 쉽게 계산해낼 것이다. 이 값은 자동차의 질량에 속력의 제곱을 곱한 다음 반으로 나누어 얻은 값이다. 이 식을 $E = \frac{1}{2}mv^2$로 나타낸다는 것은 이미 알고 있을 것이다. 에너지의 단위는 19세기에 열 및 열역학과 관계된 에너지를 측정하는 데 많은 시간을 보낸 제임스 프레스콧 줄^{James Prescott Joule}의 이름에서 따왔다. 줄은 전기 아크 용접을 발명하기도 했다. 자동차가 45만 J의 운동에너지를 가지고 있다고 말하면, 이는 운동하는 자동차의 운동에너지를 과학적으로 설명한 것이다.

이와 비교하기 위해 전혀 다른, 조금은 이상한 물리 체계인 현재 세계에서 가장 고에너지 입자가속기인 CERN의 LHC에서의 양성자 펄스 운동에 대해 알아보자. LHC에서 한 펄스는 세포 하나에 포함된 원자의 수와 비슷한 3조 개의 양성자를 포함하고 있다. 이 펄스는 빛 속도의 99.9999995%에 이를 때까지 가속된다. 양성자의 경우에는 자동차의 운동에너지 계산에 썼던 간단한 식을 사용할 수 없다. 왜냐하면 자동차의 운동에너지 계산에 썼던 식은 갈릴레이와 뉴턴이 확립한 '고전 물리학'에서 유도된 식이기 때문이다. 고전 물리학의 식은 물체가 빛의 속도에 가깝게 운동하면 더 이상 성립하지 않는다. 다행히 과학자들은 이런 경우에 어떻게 해야 하는지 알고 있다. 아인슈타인의 특수상대성이론을 이용하면 양성자 펄스의 운동에너지를 정확히 계산할 수 있다. 그러므로 LHC 안에서 빛의 속도에 가까운 속도로 운동하고 있는 양성자 펄스와 같이 우리 생활과 멀리 떨어져 있는 물체의 경우에도 정확한 값의 에너지를 갖는다. 놀랍게도 아인슈타인의 이론을 이용하면 양성자 펄스의 에너지는 짐을 잔뜩 싣고 96km/h의 속도로 고속도로를 달리는 트럭의 운동에너지와 비슷한 약 300만 J이다.

에너지는 잘 정의된 물리량으로, 우주의 모든 것을 설명하는 데 사용되며 물리학에서 항상 정확한 의미를 가진다. 모든 과정에서 에너지는 보존되기 때문에 과정에 투입되는 에너지의 양과 나오는 에너지의 양은 항상 같다. 만약 완전한 에너지 변환이 가능하다면 LHC의 양성자 펄스 에너지로 트럭을 96km/h의 속력으로 가속시킬 수 있다. 물론 그 반대도 가능하다.

많은 혼동을 불러오는 것은 이 부분이다. 풍차, 화석연료 발전소, 원자력발전소와 같은 에너지원이 있다면 이 에너지를 집이나 공장에서 전기에너지로 바꾸는 일은 쉽다. 그러나 바람이나 화석연료 또는 원자핵은 처음부터 가지고 있던 에너지를 사용하는 것이지 에너지를 창조하는 것이 아니다. 언제 어디에서도 에너지를 만들어낼 수는 없다. 전기에너지를 이용하여 물 분자를 순수한 수소 기체와 산소 기체로 분리할 수 있다. 분리된 수소는 자동차의 연료로 사용할 수 있다. 어쩌면 수소를 에너지 효율이 높은 '깨끗한' 에너지라고 생각할 수도 있다. 하지만 그것은 풍차나 화력발전소 또는 원자력발전소에서 만들어낸 에너지가 변환된 것이다. 원래의 에너지를 어디에서 얻느냐에 따라 수소 에너지도 그리 깨끗하지 않을 수도 있다. 공짜로 에너지를 얻을 수 있는 방법은 없다.

에너지가 아무것도 없는 데에서 만들어지거나 사라질 수 있다면 에너지가 보존된다는 말을 할 수 없다. 하지만 그런 일이 가능한지를 알아보는 모든 실험에서 처음 시작할 때 가지고 있던 총에너지가 마지막에도 그대로 남아 있다는 것을 확인했다. 그러므로 자연에서 에너지는 항상 보존된다. 물론 우리 일상생활과 관련된 많은 것들이 보존되지 않는다. 지구 위에 살고 있는 생명체의 수나 증권시장은 보존되지 않는 예이다. 에너지는 여러 가지 형태를 가질 수 있다. 움직이는 물체가 가지고 있는 운동에너지는 매우 분명하다. 그러나 산 위에 정지해 있는 물체가 가지고 있는 위치에너지는 그만큼 명확하지 않다. 위치에너지는 기준점이 어디냐에 따라 달라진다. 물체가 아래로 떨어질 때 위치에너지는 운동에너지로 변환된다.

물리적 과정에서 에너지는 열이나 소리와 같이 쓸모없는 에너지로 변환되어 사라진다. 물체를 찌그러뜨리거나 움푹 들어간 흠집을 내는 데 사용되어 없어지기도 한다. 이때 사라진 에너지는 물질을 구성하는 원자들을 재배열하는 데 사용된다. 에너지는 화학에너지 형태로 흡수될 수도 있고, 고체를 액체로, 그리고 액체를 기체로 변하는 것과 같이 물리적 상태를 변화시킬 수도 있다. 에너지는 빛이나 다른 형태의 방사선으로 방출될 수도 있다. 거대한 별은 수축하면서 중력 위치에너지를 빛으로 전환시킬 수 있다. 중력 에너지가 모두 소모되면 갈색 왜성이나 블랙홀이 된다.

물리학자, 화학자 그리고 생물학자들이 에너지 보존법칙이 정확하고, 항상 어디에서나 성립하는 것을 이해하는 데는 오랜 시간이 걸렸다. 에너지 보존법칙은 모든 것을 지배하고 있다. 심지어 생명체도 에너지 보존법칙의 지배를 받는다. 생명체를 위한 특별한 에너지가 따로 있는 것이 아니다. 모든 에너지는 전 우주에서 같은 단위로 측정된다. 만약 모든 형태의 에너지를 전부 감안한다면 어떤 과정에서도 에너지가 보존된다는 것을 알 수 있다.

우리가 알게 된 것은 물리법칙이 시간에 따라 달라진다면 에너지 보존법칙도 성립하지 않는다는 것이다. 만약 자연에 존재하는 힘이 시간에 따라 달라진다면 같은 물리 과정에 필요한 에너지의 양도 시간에 따라 달라질 것이다. 그러나 우리는 다양한 관측을 통해 물리법칙이 우주의 나이와 같은 오랜 시간 동안에도 변하지 않았다는 것을 알게 되었다. 따라서 우리가 어제, 오늘, 내일 그리고 100억 년 전에 행한 물리 실험의 결과는 항상 같아야 한다. 물리법칙, 다시 말해 물리학의 모든 올바른 방정식은 우주 역사의 어느 시점에서든 자연현상을 올바로 기술할 수 있어야 한다. 이것은 실험적인 사실이다. 우리가 실험을 통해 확인한 바에 의하면, 물리법칙은 영원불변이다.

지금까지 자연의 가장 중요한 관계에 대해 살펴보았다. 에너지 보존은 물리법칙이 변하지 않는다는 사실과 밀접한 관련이 있다. 이것은 '뇌터의 정리$^{Noether's}$ ^{theorem}'로 불리는 정리가 가지는 좀 더 일반적이고 심오한 의미의 한 예이다. 이 놀라운 수학적 원리는 기본적인 대칭 원리를 기반으로 물리학의 보존법칙과 연결된다. 대칭성이 보존법칙과 관련 있다는 이 원리는 20세기 초의 가장 위대한 물리학자 겸 수학자인 에미 뇌터에 의해 증명되었다. 이 원리의 핵심은 물리법칙의 불변성은 물리법칙의 연속적 대칭성에 근거한다는 것이다. 다시 말해 뇌터의 정리에 의하면, 자연의 모든 연속적 대칭성에는 이와 관련된 보존되는 양이 존재한다.

상대론적 에너지

앞에서 살펴보았듯이 아인슈타인의 상대성이론은 에너지와 질량의 성격에 대한 심오한 통찰을 가능하게 했다. 에너지, 속도 그리고 질량은 뉴턴의 고전 물리학에서 서로 관련이 있다. 고전 물리학에서는 물체가 어떤 속도로도 달릴 수 있다. 뉴턴역학에서는 빛의 속도를 특별하게 생각할 필요가 없다. 아주 좋은 로켓엔진만 있다면 빛의 속도보다 더 빠르게 달리는 것도 문제 될 것이 없다. 하지만 아인슈타인은 뉴턴의 시간과 공간의 개념을 무너뜨렸고, 그 무엇도 빛의 속도보다 더 빠르게 달릴 수 없다는 것을 발견했다. 아인슈타인은 자신의 상대성이론과 모순이 없는 에너지, 질량, 속도 사이의 새로운 관계를 발견했다.

뉴턴은 정지해 있는 물체의 에너지는 0이라고 결론지었다. 그러나 아인슈타인은 정지해 있는 질량이 m인 물체의 에너지는 0이 아니라는 것을 알아냈다. 그는 질량이 m인 정지해 있는 물체의 에너지를 계산할 수 있는 식을 제안했다. 이 식은 모든 물리법칙을 나타낸 식 중에서 가장 유명하다.

$$E=mc^2$$

이 식의 의미는 말 그대로 지구를 뒤흔들 만한 것이었다. 질량과 에너지는 같은 것이 아니다. 그러나 이 간단한 식은 질량이 에너지로 변환될 수 있고, 그 반대 역시 가능하다는 것을 말해주고 있다. 질량과 에너지가 상호 변환될 수 있다는 것이 질량과 에너지가 같다는 것은 아니다. 질량과 에너지의 관계를 나타내는 이 방정식은 너무 유명해 TV 방송, 티셔츠, 자동차 번호판, 할리우드 작품들, 지하철, 화장실 벽, 브로드웨이에서 상영하는 뮤지컬, 미국 대통령 집무실 벽 등 수많은 곳에서 발견할 수 있다. 이 식은 말 그대로 우주의 모든 에너지에 적용된다.

예를 들어 1kg의 질량을 에너지로 전환하면 얼마나 될까? 아인슈타인의 식을 이용해 1kg의 질량을 에너지로 전환했을 때 10,000,000,000,000,000,000J이 된다는 것을 알 수 있다. 이것은 엄청난 양의 에너지로, 질량이 1만 kg(10톤)인 우주선을 빛 속도의 99%로 가속시킬 수 있는 에너지이다.

질량을 에너지로 전환하는 것은 원자핵물리학에서는 항상 일어나는 일이다. 아인슈타인의 에너지 질량 등가원리는 원자로에서 생산되는 에너지가 어떻게 만들어지는지도 설명한다. 원자로에서 소모되는 U^{235} 원자핵의 질량은 U^{235}가 분열하면서 생성되는 딸 원자핵과 중성자들의 질량을 합한 것보다 크다. 이 사라진 질량이 에너지로 바뀐 것이 원자력발전소에서 우리가 얻는 에너지이다. 질량이 에너지로 전환되는 모든 과정, 다시 말해 전체 관성질량이 보존되지 않는 모든 과정은 아인슈타인의 상대성이론으로 설명할 수 있다. $E=mc^2$은 원자핵물리학에서 가장 널리 알려진 식이다. 그리고 이 식은 전 우주의 모든 것에 적용되는 법칙이다.

그렇다면 질량은 무엇인가?

우리는 질량이 아닌 여러 가지에 대해 이야기했다. 질량은 무게가 아니다. 질량과 에너지는 상호 변환될 수 있지만 질량이 에너지는 아니다. 그리고 우리는 가장 단순하게 질량이 물질의 양이라는 것에 대해 이야기했다. 그렇다면 질량이란 무엇인가? 우리는 아직 이 질문에 대답하지 않았다. 어쩌면 우리는 이 질문이 의미 없는 것이 아닌가 하는 생각을 하게 되었는지도 모른다.

질량은 물리적 현상으로, 어떤 반응이 우리가 질량이라고 느끼는 현상을 만들어내고 있다. 질량은 더 깊고 근본적인 것으로부터 '나타난다'. 이제 우리는 가장 깊은 영역은 아니라 해도 더 깊은 영역인 입자물리의 세계로 들어가고 있다. 이것은 앨리스가 토끼 굴에 떨어져 놀라운 세상을 여행하는 것과 같다.

원자보다 작은 놀라운 세상에서는 우리에게 익숙한 개념이 바뀐다. 많은 경우 우리가 묻고 있는 질문이 우리가 묻고 싶었던 질문과 아무 관계 없어 보이는 다른 질문으로 바뀌기도 한다. 결국 첫 번째 질문에 대한 답을 얻었다 해도 이 답이 더 심오하고, 더 알 수 없는 수수께끼를 만들어내는 경우가 많다. 그러면 이제부터는 입자물리학에서 '질량은 무엇인가?'라는 질문의 답을 찾아보기로 하자.

안전벨트를 매고 다음 장을 넘겨라. 그리고 토끼 굴로 떨어질 준비를 하라.

제5장

현미경 아래 놓인 질량

물질의 양이라는 질량 개념은 우리가 일상에서 접하는 모든 물체, 즉 위로는 우주를 구성하는 천체를 비롯해 아래로는 생물학과 화학에서 다루는 작은 원자나 분자에 이르기까지 모든 물체에 적용할 수 있다. 예를 들어 약간의 노력만 들이면 물 분자의 질량을 측정할 수 있다. 우리가 예상한 것처럼 물 분자의 질량은 매우 작아 약 0.0000000000000000000000003kg(3.0×10^{-26}kg)이다. 이 값을 보면 과학자들이 지수를 이용한 표기법을 선호하는 이유를 알 수 있을 것이다. 이 방법이 잉크를 절약하기 때문이다. 따라서 물 분자는 아주 작은 질량을 가지고 있다. 데모크리토스가 주장한 것처럼 커다란 자연물의 질량은 그것을 구성하고 있는 모든 원자 질량의 합이다. 고대인들이 올리브유를 담는 항아리나 금괴 같은 큰 물체를 설명하기 위해 만든 질량이라는 개념이 2000년대인 오늘날에도 바이러스, 분자, 원자, 원자핵 그리고 소립자에 이르기까지 모든 물체에 적용된다는 것은 참으로 놀라운 일이 아닌가?

그러나 우리는 지난 몇 년 동안 질량에 대해 새로운 많은 것을 알게 되었다. 예를 들면 앞 장에서 살펴보았듯이 질량은 에너지로 변환될 수 있다. 이것은 아인슈타인의 상대성이론에서 이끌어낸 위대한 통찰로 $E=mc^2$라는 식에 잘 나타나 있다. 이 식은 질량이 m인 물체가 정지 상태에서 가지고 있는 에너지를 나타낸다. 좀 더 복잡한 식은 움직이고 있는 입자의 에너지가 어떻게 결정되는지도 말해준다. 움직이는 입자의 에너지는 질량과 속도, 즉 운동량에 의해 결정된다. 이 식을 반대로 적용하여, 만약 에너지와 운동량을 알면 질량을 계산할 수 있다. 따라서 CERN의 LHC가 발견한 힉스 입자나 페르미 연구소의 테바트론에서 발견된 톱 쿼크와 같은 신비한 소립자의 경우에도 대형 입자 검출기를 이용해 측정한 에너지와 속도를 좀 더 복잡한 식에 대입하면 질량을 계산할 수 있다.

아인슈타인의 상대성이론에서도 고대 그리스로부터 물려받은 개념인, 질량은 물질의 양이라는 오래된 아이디어가 사용되고 있다. 이것은 톱 쿼크나 블랙홀에서도 성립하는 든든한 개념이다. 그러나 진정한 소립자 수준에서는 질량의 개념에 대해 좀 더 자세히 조사해볼 필요가 있다. 그리고 실제로 놀라운 일이 기다리고 있다.

소립자의 질량

20세기 초에 양자물리학의 새로운 법칙으로 데모크리토스가 주장했던 원자의 성질을 마침내 이해할 수 있게 되었다. 물리학은 자연에서 가장 짧은 거리에서 일어나는 일들을 실험적으로 연구하기 시작했다. 자연을 연구하는 것은 인형 안에 또 다른 인형이 들어 있고, 그 안에 더 작은 인형이 들어 있는 러시아 인형의 껍질을 벗기는 일과 같다.

첫 번째 러시아 인형: 원자 안에는 무엇이 들어 있을까? 원자의 중심에는 원자핵이 자리 잡고 있으며, 전자들은 양자 운동을 통해 원자핵 주위를 돌고 있다. 양자운동이 아니라면 전자는 태양계의 행성과 같다.

두 번째 러시아 인형: 원자핵 안에는 무엇이 들어 있을까? 원자핵은 강력으로 단단히 결합된 양성자와 중성자로 이루어져 있다.

세 번째 러시아 인형: 무엇이 강력을 작용하게 할까? 강력은 유카와 히데키의 이론이 설명하는 것처럼 양성자와 중성자 사이에 파이온을 교환하면서 작용한다. 많은 새로운 입자들이 강력에 관련되어 있기 때문에 복잡해지기 시작한다. 양성자, 중성자, 파이온은 소립자가 아니다.

네 번째 러시아 인형: 양성자, 중성자 그리고 파이온 안에는 무엇이 들어 있을까? 양성자나 중성자 그리고 파이온은 '쿼크'들로 이루어져 있고 쿼크는 '글루온'에 의해 단단히 결합되어 있다(부록의 '쿼크, 렙톤 그리고 보존의 형태' 참조). 이런 질문은 끝없이 계속된다.

가장 작은 러시아 인형의 목록은 조금 길다. 여기에는 6개의 쿼크, 8개의 글루온, 6개의 렙톤, 4개의 전약 게이지 보존(γ, W^+, W^-, Z^0), 그리고 아직 발견하진 못했지만 존재하는 것이 확실한 중력 양자인 그래비톤(중력자)과 이 입자들의 반입자들이 포함된다. 이 모든 입자들은 알려진 모든 소립자들의 완전한 목록을 만든다(부록의 그림 A. 35와 A. 36 참조). 이것들은 모두 점 입자들이다. 다시 말해 이 입자들은 우리가 알고 있는 범위 안에서는 구별할 수 있는 내부 구조를 가지고 있지 않다. 이 입자들은 '진정한 소립자'들이다(역자 주: 여기서 소립자는 작은 입자^{小粒子}라는 의미가 아니라 더 이상 나눌 수 없는 가장 작은 입자^{素粒子}라는 뜻이다).

러시아 인형의 경험을 활용하여 데모크리토스의 정신으로 다음과 같은 질문을 할 수 있을 것이다. "좋다. 그렇게 많은 소립자들이 있다면 쿼크와 렙톤 그리고 이 모든 보존은 무엇으로 만들어졌을까?" 이 질문에 대해 이론적인 추론 외에 우리가 해줄 만한 대답은 아무것도 없다. 우리는 "모든 것은 끈으로 이루어졌다"라고 말하는, 최근에 한창 뜨는 이론가들을 소개해줄 수 있다. 그러나 수십 년 안에 다른 세대의 이론가와 또 다른 추상적인 이론이 등장할 것이다. 그들은 "모든 것은 스미더린으로 이루어졌다"라고 말할지도 모른다. 어쩌면 이런 이론이 옳을 수도 있고 틀릴 수도 있다. 디스커버리 채널이 스미더린에 대한 다큐멘터리를 얼마나 많이 만들지는 모르지만 어쩌면 어떤 것이 옳은지 영원히 모를 수도 있다.

앞에서 이야기했듯이 우리는 지금 '거의 완전한 소립자 목록'을 가지고 있다. 적어도 2012년 7월 3일까지는 그렇게 생각했다. 그러나 2012년 7월 4일에 힉스 입자가 발견되었다는 발표로 극적인 변화가 일어났다. 그날 마치 이론의 '대멸종'이라도 벌어진 것처럼 힉스 입자에 대한 10여 가지 다른 이론들이 사라졌다. 그것은 나쁜 일이 아니라 진전이었다. 과학이 스미더린처럼 시험할 수 없는, 거의 종교적 수준의 순수한 추정에만 머문다면 진전은 더 이상 이루어질 수 없다. 이제 우리는 목록에 힉스 입자를 첨가할 수 있게 되었다. 그렇다면 힉스 입자는 무엇이며, 왜 존재해야 하는가? 그리고 힉스 입자가 더해지면 우리의 목록이 완전해지는가? 이제 힉스 입자에 대해 물을 차례이다. 간단히 말해 이번에는 뮤온이 아니라 힉스 입자에 대해 "누가 이걸 주문했지?" 하고 물어야 한다.

기본 입자 수준에서는 모든 것이 신비스러운 양자역학 영역의 한가운데 있게 된다. 양자역학에서는 질량과 관련된 현상의 성격도 불가사의한 수수께끼가 된다는 것을 발견할 수 있다. 어쩌면 좀 더 흥미로워진다고 할 수도 있을 것이다. 이곳에서는 질량이 단지 물질의 양이라는 수천 년간 이어져 내려온 개념이 깨지기 시작한다.

질량이 없다

과학자들은 입자물리학에서 처음으로 전혀 새로운 것을 만났다. 질량을 가지고 있지 않은 입자가 존재한다는 사실을 알게 된 것이다. 에너지가 0이 아니면서도 질량을 가지고 있지 않은 입자는 이전에는 어느 곳에도 없던 것이었다. 전통적인 질량의 개념에 비추어보면 이런 입자는 '물질의 양'이 0이다. 그러나 질량이 없는 입자는 존재한다. 이들은 에너지를 가지고 있어 셀 수 있다. 따라서 질량은 없어도 물질의 양은 0이 아니다. 이제 입자물리학에서 질량은 커다란 물체를 다루는 데 편리하게 이용되던 예전의 '물질의 양'이라는 개념에서 새로운 개념으로 진화해야 한다. 질량의 개념은 이제 힘 그리고 우주의 모든 물질을 구성하는 기본 요소들을 지배하는 기본적인 대칭성과 직접 연결되었다. 이런 의미에서 우리가 일상에서 접하는 커다란 물체들과 자연의 가장 작은 구성 요소들 사이에는 큰 차이가 있다. 따라서 더 깊은 수준에서 기본 입자들의 물리적 현상으로서의 질량을 이해하기 위해 우선 '질량 없음'이 무엇을 의미하는지를 이해해야 한다.

질량이 없으면서도 입자가 존재한다는 것은 무슨 의미일까? 이것은 아마 햄릿이 던졌던 질문과 비슷할지도 모른다.

말장난 같아 보이는 이 문제를 이해하기 위해 빛에 초점을 맞추어 보자. 빛은 포톤 입자로 이루어졌다. 이 입자들은 대리석이나 당구공 같은 물체와는 다른 특별한 성질을 가지고 있다. 포톤은 '점 같은' 입자이다. 다시 말해 우리가 알고 있는 한, 어떤 내부 구조나 크기를 가지고 있지 않다. 게다가 포톤은 항상 물리학자들이 빛의 속도라고 부르며 보통 기호 'c'로 나타내는 특정한 속도로 이동하고 있다. 빛의 속도는 아주 빨라 초속 30만 km나 된다. 실제로 포톤이 지구에서 달까지 가는 데는 1초보다 조금 더 걸린다. 빛의 속도가 아주 빠르기 때문에 실험을 통해 빛의 속도를 측정하기까지는 오랜 시간이 걸렸다. 빛의 속도를 측정하기 위해서는 여러 가지 기발한 방법과 새로운 기술을 도입해야 했다. 오늘날 우리는 c의 값을 매우 자세히 알고 있다.

포톤은 양자물리학의 세계를 처음으로 보여준 입자였다. 포톤은 입자처럼 행동하면서 동시에 파동처럼 행동하기도 한다. 파동처럼 이동하지만 입자처럼 행동해 우리가 그 수를 '셀' 수 있다. 이해하기 어려운 역설처럼 보이지만 이것은 사실이다. 포톤의 이런 '이중성'을 양자 상태라고 부른다. 파동-입자 행동은 전자, 쿼크, 뮤온 등과 같은 모든 입자에서도 나타난다. 이것은 '양자물리학'의 기초가 된 새로운 사실이다. 시인이나 예술가, 음악가, 변호사, 정치가들처럼 물리학과 깊은 관련이 없는 독자들은 수수께끼 같지만 심오한 양자의 세계를 소개한 《시인을 위한 양자물리학》을 읽어보기를 권한다.

포톤은 우스꽝스러운 파동의 성질을 가지고 항상 빛의 속도로 달리고 있음에도 불구하고 입자처럼 행동한다. 그리고 빛의 속도로 달리는 동안 대리석이나 당구공과 마찬가지로 에너지를 가지고 있다. 포톤은 큰 에너지를 가질 수 있다. 우리는 큰 에너지를 가진 포톤을 'X-선'이라고 부르고 방사성 붕괴나 초신성 폭발 때 방출되는, 더 큰 에너지를 가진 포톤을 '감마선'이라고 부른다. 감마선을 가이거 카운터로 측정하면 '틱…… 틱…… 틱' 하는 소리가 난다. X-선이나 감마선은 DNA와 같은 생체 조직을 파괴할 수 있기 때문에 생명체가 이런 포톤에 너무 많이 노출되면 위험하다. 그러나 포톤은 작은 에너지를 가질 수도 있다. 작은 에너지를 가진 포톤은 우리가 눈으로 볼 수 있는 가시광선이 된다. 그리고 에너지가 가시광선보다 작아지면 난로에서 방출되어 추운 겨울 우리를 따뜻하게 데워주는 적외선이되고, 그보다 더 작아지면 마이크로파나 전파가 된다.

포톤에 관한 흥미로운 새로운 사실은 이들이 질량을 전혀 가지고 있지 않다는 것이다. 앞에서 이야기했듯이 포톤은 질량이 없는 입자이다. 실제로 우리가 실험실에서 직접 관측한 바에 의하면 질량 없이 자유롭게 이동하는 유일한 입자이다. 우리는 아직까지 관측되지 않은 중력자인 '그래비톤'처럼 질량이 없는 다른 입자가 존재할 것으로 기대하고 있다. 쿼크를 결합시키는 입자인 글루온도 질량이 없지만 강입자 안에 영원히 구속되어 있기 때문에 공간에서 자유롭게 이동하는 글루온을 볼 수는 없다(부록의 그림 A. 37과 관련된 내용 참조).

"잠깐만!" 변호사 시험을 준비하느라 법대 시절의 노트를 보고 있던 캐서린이 소리쳤다. "부스스한 흰머리에 항상 담배 파이프를 물고 있던 할아버지 같은 사람이 에너지는 질량과 같다고 하지 않았나요?"

에너지와 질량이 같다면 포톤이 에너지를 가지고 있으면서 어떻게 질량을 가지고 있지 않을 수 있을까? 만약 질량을 가지고 있지 않으면 $E=mc^2$에 의해 에너지도 0이 되어야 하는 것 아닌가? 그리고 에너지가 항상 0이라면 어떻게 포톤이 존재할 수 있는가?

"캐서린, 그래요. 포톤은 질량이 없어요. 하지만 에너지는 가지고 있어요."

포톤은 절대로 정지하지 않는다는 성질을 이용하여 이 어려운 문제를 해결했다. 항상 빛의 속도로 달리고 있기 때문에 포톤을 잡아 속도가 0인 정지 상태로 만들 수는 없다. 질량 없는 입자가 항상 빛의 속도로 달리게 하여 에너지와 운동량을 가질 수 있도록 허용한 포톤은 아인슈타인이 제안한 상대성이론의 합법적 도피처이다. 실제로 이것은 상대성이론의 핵심이다. 우리가 아무리 빠른 속도로 추적해도 포톤은 항상 정확하게 빛의 속도로 우리로부터 멀어진다. 우리는 절대로 포톤의 속도를 늦출 수 없으며, 정지시켜 저울 위에 무게를 달아볼 수 없다. 포톤은 질량이 없으며 항상 빛의 속도로 달려야 한다.

"알겠어요. 포톤은 질량이 없군요. 따라서 항상 빛의 속도로 달리는군요. 자연의 법적 계약은 참으로 영리하네요! 하지만 왜 그래야 하죠?"

포톤은 예외적인 경우이다. 대부분의 입자들은 질량을 가지고 있다. 실제로 지금까지 알려진 모든 기본 입자들은 질량을 가지고 있다. 강입자 안에 영원히 잡혀 있는 글루온과 아직 관측하지 못한 그래비톤만 예외이다. 따라서 원리적으로 기본 입자는 정지 상태에 있을 수 있고 그렇게 되면 아인슈타인의 유명한 식 $E=mc^2$으로 나타내는 '정지 에너지'를 가질 수 있다. 그러나 포톤은 그렇지 않다. 포톤은 절대로 정지 상태를 만들 수 없는 특별한 입자이다.

이제 빛의 속도에 대해 잠시 생각해보자. 우리는 빛의 속도에서 매우 흥미로운 사실을 발견할 수 있다. 정지 상태에 있는 무거운 입자를 이야기하는 경우에도 이 입자의 총에너지를 나타내는 식 $E=mc^2$에 빛의 속도를 나타내는 c가 포함되어 있다. 빛의 속도는 기본적인 물리량으로 질량과 관련된 모든 현상에 기본적으로 포함되어 있다. 우리는 c를 자연의 기본 상수라고 부른다. 빛의 속도는 우리가 정지해 있거나 빛의 속도로 달리거나 운동과 관련된 모든 성질을 지배한다.

질량을 가지고 있는 무거운 물체가 운동하면 운동에너지라고 부르는 에너지를 얻는다. 천천히 운동할 때는 적은 양의 운동에너지를 얻는다. 그러나 입자의 속도가 커지면 운동에너지도 커진다. 그리고 무거운 입자의 속도가 빛의 속도에 가까워지면 총에너지는 무한대가 된다. 따라서 질량을 가진 모든 입자는 빛의 속도로 달릴 수 없다. 질량을 가진 입자가 빛의 속도로 달리려면 무한대의 에너지가 필요하기 때문이다. 포톤은 질량이 없기 때문에 빛의 속도로 달릴 수 있다. 그러나 포톤은 절대로 정지할 수 없으며 모든 포톤은 항상 빛의 속도로 달려야 한다.

질량 없는 곳에서의 대칭성

질량이 없는 입자의 존재는 재미있는 의문을 불러온다. 왜 질량은 존재해야 하는가? 만약 모든 소립자들이 질량을 가지고 있지 않다면 세상은 어떻게 되었을까?

그런 세상은 우리가 살아가기에 적당하지 않으리라는 것은 확실하다. 아인슈타인의 특수상대성이론의 결론 중 하나가 빛의 속도로 여행하는 물체에는 시간이 사라진다는 것이다. 다시 말해 포톤이 시계를 차고 지구에서 비추는 플래시를 떠나 멀리 있는 은하를 향해 달린다면 포톤은 시간의 흐름을 느끼지 못하고 떠난 즉시 목적지에 이를 것이다. 은하 사이의 엄청난 거리도 포톤의 입장에서 보면 별문제가 되지 않는다. 안드로메다 은하에서 우리 은하로, 그리고 지구에서 지금까지 관측된 은하 중 가장 멀리 있는 은하 가운데 하나인 UDFj-39546284로 여행하는 동안 포톤이 찬 시계는 정지해 있을 것이다. 따라서 이런 먼 여행 중에도 포톤은 책을 읽거나 잠을 잘 여유는 즐기지 못할 것이다. 만약 우리가 질량이 없는 입자라면 항상 빛의 속도로 달리고 있어야 하고, 따라서 우리가 어떤 일을 하는 데 사용할 수 있는 시간은 항상 0일 것이다. 그런 세상에서는 우리가 경험하는 일들이 전혀 일어날 수 없을 것이다. 그런 세상은 어떤 세상일까? 무엇보다도 그런 세상에서는 나이를 먹지 않을 것이다. 하지만 불행하게도 시간이 없는 세상은 아무것도 경험할 수 없기 때문에 늙지 않는 대신 살아갈 수도 없을 것이다.

그러나 순수하게 수학적인 관점에서 보면 모든 입자가 질량을 가지지 않는 세상에는 특별한 무엇이 있다. 예를 들면 그런 세상에서는 뮤온과 전자가 모두 질량을 가지고 있지 않고 같은 전하량을 가지고 있는 입자여서 이들을 구별할 방법이 없다. 따라서 상자 안의 뮤온을 모두 전자로 바꿔치기해도 그것을 알아차릴 수 없다. 이처럼 두 체계가 동등한 성질을 가질 때 우리는 서로 대칭성을 가지고 있다고 말한다.

대칭성은 자연에 대한 이해의 중심에 있다. 우리는 근본적으로 대칭성의 지배를 받는 세상에 살고 있다. 대칭성에 대해서는 《대칭성과 아름다운 우주》(애머스트, NY: 프로메테우스 북스, 2007)를 읽어보기 바란다. 그러나 종종 대칭성은 숨어 있거나, 없는 것처럼 보이기도 하고, '깨지기도' 한다. 이러한 사실은 자연의 모든 힘들을 하나의 공통적인 논리 체계로 결합하는 표준모델을 통해 알게 된 것이다. 표준모델은 질량이 없는 입자들만 존재하는 완전히 대칭적이고 손상되지 않은 세상에서의 통합을 이루어냈다. 그런 세상에서는 통합 원리가 적용된다.

반면에 행성과 별 그리고 휴대전화와 인류가 존재하는 실제 세상은 대칭성이 붕괴된 세상이다. 우리는 마치 고대 문명의 폐허 위에 살아가고 있는 것처럼 보인다. 그곳에서는 넘어진 오래된 기둥들과 목이 잘린 황제의 동상 그리고 진흙 속에 반쯤 묻혀 있는 아치의 머릿돌을 발견할 수 있다. 이 세상은 물체들이 질량을 가지고 있는 세상이다. 전자는 질량 때문에 뮤온과 구별할 수 있다. 입자나 원자들의 질량과 목성의 엄청난 질량은 모두 표준모델의 대칭성이 깨져서 나타난 현상이다. 고대의 인도, 중국, 중남미, 페르시아, 그리스 그리고 로마의 문화가 역사 속에 숨은 것처럼 질량이 존재하지 않는 표준모델 세상의 위대한 대칭성은 세상 뒤로 숨어버렸다.

빅뱅의 최초 순간에는 이러한 대칭성이 온전히 존재했고 미래 우주를 만드는 작업에 관여했다는 것을 생각하면 이러한 비유가 훨씬 적절하게 들릴 것이다. 빅뱅의 최초 순간에는 모든 입자들이 질량을 가지고 있지 않았고, 표준모델의 위대한 대칭성 탑이 손상되지 않은 채 세상 중심에 우뚝 서 있었다. 우주가 팽창하면서 식고 대칭성이 돌무더기 위에 쓰러지자 입자들이 질량을 가지게 되었고, 우리가 살아가는 세상의 밑바탕을 이루는 표준모델은 무대 뒤에 숨어 찾아보기 어려워진 저에너지 세상이 나타났다. 비유적으로 말하면 이 대칭적인 세상은 오딘의 발할라라고 할 수 있다. 그리고 대칭성이 붕괴되는 신들의 황혼이 있었고, 결국 발할라가 파괴되었다. 발할라가 붕괴된 사건 뒤에 오딘의 딸인 발키리 브륀힐데가 있었던 것처럼 초기 우주에서 표준모델의 대칭성이 파괴되는 사건 뒤에는 힉스 입자가 있었다.

양자 영역

20세기 초반에 고전 물리학이 붕괴되는 신들의 황혼이 또 한 번 나타났다. 고전 물리학은 역사의 안개 속에서 나타나 케플러, 갈릴레이, 뉴턴, 맥스웰 그리고 깁스의 이성적인 정신을 거쳐 19세기의 발전을 이루어냈다. 고전 물리학은 항상 많은 원자들로 이루어진 거시적인 물체와 관련된 현상을 기술한다. 모래 한 알에도 수조 개의 원자가 들어 있다. 그러나 수많은 원자들로 이루어진 물체의 행동을 기술하는 데 성공하여 400년 역사를 자랑하는 유럽의 왕국 같았던 고전 물리학은 20세기 초에 붕괴되었다.

19세기 말과 20세기 초에 새로 실시된 정밀한 실험을 통해 혁명이 일어났고, 그 결과 개별 원자의 성질이 밝혀졌으며 원자보다 작은 입자들이 등장했다. 개개 원자의 행동은 갈릴레이나 뉴턴이 알아낸 것과 같지 않다는 것이 밝혀졌다. 갈릴레이와 뉴턴의 전통 속에 고전 물리학으로 훈련받은 20세기 초반의 과학자들에게 이것은 충격적인 사건이었고 이해할 수 없는 일이었다.

원자에 대한 자료가 하나하나 쌓이면서 혼란스러운 상태가 나타났지만 새로 발견된 영역에서 질서와 논리를 되찾기 위한 과학자들의 필사적인 노력 덕분에 점차 길이 보이기 시작했다. 1920년대 말에는 일상생활에서 마주치는 모든 물질의 화학적 성질을 결정하는 원자의 성질에 대한 기본적인 논리 체계가 만들어졌다.

그 논리 체계는 이해할 수 없을 정도로 비논리적인 것처럼 보였지만 원자의 세계를 이해하고 예측하는 데 성공하여 현대 물리학의 아버지라 할 수 있는 아인슈타인을 포함한 많은 사람들의 공격을 견디고 살아남았다. 과학자들은 이제 양자 세계라고 부르는, 원자보다 작은 입자들로 이루어진 이상하고 새로운 세상을 이해하기 시작했다.

원자를 지배하는 이 새로운 양자 법칙은 기초적이고 근본적인 법칙이다. 그리고 우주 어느 곳에서든 항상 적용된다. 우리는 모두 원자로 이루어졌기 때문에 원자 영역의 초현실적인 실재의 영향을 받지 않을 수 없다. 원자 영역에서 단단한 것은 아무것도 없고, 원자는 대부분 빈 공간이다. 그리고 '불확정성'이 자연법칙 안에 내재되어 있다.

이 새로운 양자 세계, 즉 자연의 가장 작은 구성 요소인 '기본 입자'의 세계에서는 질량의 개념 역시 급진적으로 변하여 질량의 새로운 측면이 등장한다. 따라서 질량이 '물질의 양'이라는 생각은 마음속에 묻어야 한다.

기본 입자에 대한 이 모든 새로운 통찰은 제2차 세계대전이 끝난 1950년대에 새로운 입자가속기가 개발되면서 시작되었다. 가속기는 세계에서 가장 강력한 현미경으로, 물질의 새로운 층을 보여주었다. 원자핵보다 작은 입자 자신의 지름을 빛이 가로질러 지나가는 시간보다 짧은 수명을 가진 입자들이 실험가들의 검출기 안에 그 모습을 드러냈다.

질량에 대한 양자적 아이디어의 등장

질량에 대한 새로운 아이디어는 입자물리학 밖에서 다른 분야를 연구하고 있던 이론물리학자들이 처음 생각해냈다. 과학자들은 이 새로운 아이디어를 납이나 니켈처럼 그다지 크지 않은 전기전도율을 가진 물질이 낮은 온도에서 완전한 전도체인 '초전도체'로 바뀌는 현상을 양자 이론을 이해하는 과정에서 이끌어냈다. 완전한 초전도체는 전기 저항이 0이다. 이것은 거시적인 물체에서 나타나는 유령 같은 놀라운 양자역학적 현상이다.

초전도체는 1900년대 초에 실험실에서 최초로 관측되었고, 1930년대에 프리츠 런던$^{Fritz\ London}$이 처음으로 초전도체에 대한 이론적인 설명을 제안했다. 그러나 존 바딘$^{John\ Bardeen}$, 리언 쿠퍼$^{Leon\ Cooper}$ 그리고 존 로버트 슈리퍼$^{John\ Robert\ Schrieffer}$가 아름다운 이론으로 초전도 현상을 자세히 설명한 것은 1950년대의 일이었다. 이들의 이론과 비탈리 긴즈부르크$^{Vitaly\ Ginzburg}$와 레프 란다우$^{Lev\ Landau}$의 연구가 질량에 대한 새로운 아이디어의 기초를 마련했다.

성능 좋은 냉각장치만으로 쉽게 만들 수 있는, 온도가 아주 낮은 납 막대와 같은 초전도체 안에서는 질량을 가지고 있지 않던 빛 입자인 포톤이 질량을 얻어 무거워진다. 우리는 적어도 원리적으로는 초전도체 안에서 포톤을 정지시킬 수 있다! 이것은 진공상태를 납이나 니켈 또는 니오븀으로 채우고 온도를 절대온도 $2°K$ 이하로 유지한 상태의 새로운 미니 우주를 만든 것과 같다. 이 우주에서는 양자역학이 질량을 가지고 있지 않던 포톤을 무거운 입자로 변하게 한다. 초전도체는 우리가 실험실 안에 조그만 인공 우주를 만들 수 있도록 하여, 질량을 가지고 있지 않은 입자에 질량을 부여하거나 제거하는 것을 가능하게 했다.

여기서 초전도체의 메커니즘을 자세히 설명할 수는 없다. 그러나 초전도체의 메커니즘은 물질의 양인 입자의 질량이 어떻게 양자 효과를 통해 만들어질 수 있는지에 대해 이해할 수 있도록 한다. 질량이 없는 포톤과 관련된 대칭성은 초전도체에서는 숨는다. 포톤은 초전도 상태에서 입자들과 섞여 질량을 가진 새로운 종류의 포톤이 된다. 이것은 자연의 양자 진공의 성질이 입자와 입자가 가지는 질량의 성질과 불가분의 관계임을 말해준다.

우리는 오늘날 초전도 현상을 매우 잘 이해하고 있고, 공업적으로도 이용하고 있다. CERN의 거대 강입자 충돌가속기(LHC)의 커다란 자석들과 페르미 연구소에 있던 테바트론의 거대한 자석들은 가장 적은 비용으로 강력한 자기장을 만들어내기 위해 초전도체를 이용하고 있다. 페르미 연구소의 테바트론에서 해체된 자석은 MRI 영상 장치에 사용되고 있다. 머지않은 미래에 우리 가정의 부엌에서도 초전도체로 만든 커피 메이커를 사용하게 될 것이다.

1950년대 후반에서 1960년대 초 사이에 제프리 골드스톤[Jeffrey Goldstone], 조반니 요나라시니오[Giovanni Jona-Lasinio], 난부 요이치로[南部陽一郎]를 비롯한 몇몇 과학자들이 초전도체의 이론적 아이디어를 입자물리학에 적용했다. 적어도 강한상호작용을 하는 양성자나 중성자와 같은 기본 입자들의 질량이 공간 자체와 관련 있는 역학적 현상처럼 보이기 시작했다.

진공 안에 모든 것이 있다

양자 세상만큼이나 이상한, 그래서 가장 이상한 생각 중 하나가 진공은 빈 공간이 아니라 복잡한 구조를 가지고 있다는 생각이다. 진공은 양자 상태이다. 우리는 진공을 '바닥상태'라고 부르는 가장 낮은 에너지 상태로 생각하고 있다. 그리고 바닥상태를 포함한 모든 양자 상태는 비어 있는 것이 아니라 복잡한 특징을 가질 수 있다. 예를 들면 수소 원자의 바닥상태는 하나의 전자가 구형 구름 같은 파동 안에서 원자핵 주위를 돌고 있다. 그것은 비어 있는 것이 아니다.

그리고 초전도체의 바닥상태는 효과적으로 포톤에 질량을 부여하는 입자로 이루어져 있다. 진공의 특정한 구조는 입자의 성질과 불가분의 관계를 가지고 있다. 입자들은 진공의 '들뜬상태'로 취급된다. 공간과 시간의 진공 개념이 기본 입자와 하나로 결합되는 것이다. 그것은 마치 셰익스피어의 햄릿이 무대 위의 다른 배우들과 관련이 있는 것만큼 그들이 연기하는 무대와도 관련되어 있는 것과 마찬가지이다. 셰익스피어가 원래 양자 이론가였는지도 모르겠다.

어떻게 진공에서 탈출할 수 있을까?

따라서 이제 분리할 수 없는 진공과 물질의 관계라는 새로운 복잡한 실체를 해부하지 않을 수 없게 되었다. 이것들은 분리되는 것이 아니라 정신과 육체처럼 서로 밀접한 관계를 가지고 있다. 이제 물리학자들은 자연을 해부해야 한다. 그러기 위해서는 진공과 물질 중 하나는 켜놓고 하나는 끌 수 있는 도구가 필요하다.

질량을 이해하는 출발점은 진공 구조의 영향을 받지 않는 입자를 생각하는 것이다. 그것은 에너지는 가지고 있지만 질량은 가지고 있지 않은 포톤과 같은 입자이다. 이런 입자는 항상 빛의 속도로 달리고 있기 때문에 어떤 목적지든 순간적으로 도달할 수 있어 이동하는 도중에 진공을 경험하지 못한다.

앞에서 지적한 것처럼 입자들이 질량을 가지고 있지 않은 세상은 심오하고 우아한 단순성이 지배하는 세상이다. 그리고 물리학에서 단순성은 대칭성에 기인한다. 반면에 질량을 가진 우리가 살고 있는 세상은 대칭성이 깨진 세상이다. 그러나 보통의 입자가 빛의 속도에 가까이 가면 이 입자들도 질량이 없는 입자들처럼 행동한다. 빛의 속도에 가까운 속도로 비행하는 로켓을 타고 지구에서 안드로메다로 여행한다고 했을 때 우리가 손목시계로 측정한 여행 시간은 빛의 속도인 c에 얼마나 가까운 속도로 달리느냐에 따라 원하는 만큼 줄일 수 있다. 빛의 속도에 다가감에 따라 포톤과 비슷해져서 전체 우주를 가로질러도 시간이 걸리지 않는다. 그렇게 되면 실험실에 정지한 관측자가 볼 때는 거의 질량이 없는 입자가 된 것처럼 보인다! 실험실에서 빛의 속도에 가까운 속도로 달리는, 거의 질량이 없는 입자의 행동을 조사하여 대칭성이 다시 도입된 세상, 즉 질량이 없는 세상을 엿볼 수 있다. 진공 효과는 거의 빛의 속도로 달리는 입자로부터 분리된다. 따라서 우리는 적어도 마음의 눈으로 거의 질량이 없는 입자, 즉 아주 큰 에너지를 가지고 있는 입자를 조사하여 대칭적인 고대의 돔과 탑 그리고 벽을 다시 일으켜 세울 수 있다. 그것은 마치 고고학자가 고대 도시의 모습을 재건하는 것과 같다.

이제 질량이 없는 세상, 완전한 대칭성의 신성한 세상, 입자들이 항상 빛의 속도로 달리고 있는 완전한 세상으로의 여행을 시작해보자. 질량을 이해하기 위한 우리의 여행이 점점 흥미진진해지고 있다.

입자의 유토피아

이제부터는 그림을 그리는 일이 필요하다. 우리는 시공간에서 질량이 없는 물체의 운동을 그리는 일부터 시작할 것이다. 이것은 물리학자들이 질량에 대한 질문을 하기 시작했을 때 하는 일이다. 2차원 종이에 오래전부터 그려온 그림은 공간의 위치만을 나타내는 지도와 달리 공간의 세 방향과 함께 시간도 나타낸다.

아, 그런데 공간은 3차원이다. 우리는 언제나 공간을 그리는 데 어려움을 겪고 있다. 3차원 공간을 2차원 종이에 정확히 그릴 수 없기 때문이다. 더구나 우리는 2차원 중의 한 축을 네 번째 차원인 시간을 나타내는 데 사용하려고 한다. 따라서 시공간을 그리기 위해서는 하나의 축으로 모든 공간을 나타내야 한다. 동쪽과 서쪽 방향을 나타내는 축이 공간을 나타내도록 해보자. 공간의 다른 두 방향을 보기 위해서는 상상력을 동원해야 한다. 이 그림에서 수직축은 시간을 나타낸다. **그림 5.6**에 나타나 있는 우리의 기본적인 지도는 '시공간'이라 부르는 새로운 세상의 그림이다.

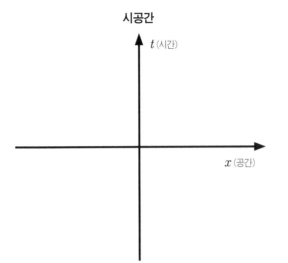

시공간

t (시간)

x (공간)

그림 5.6 공간-시간. 수평축은 공간의 세 방향을 모두 나타내고, 수직축은 시간의 흐름을 나타낸다.

그런데 시간에는 공간과 구별되는 다른 무엇이 있다. 공간에서 우리는 우리가 있을 곳을 결정할 수 있다. 과테말라의 안티과에 있고 싶다면 비행기를 타고 날아가 아름다운 해변과 놀라운 커피, 그리고 마야 문명으로부터 전해 내려온 요란한 색깔의 의복과 하늘을 나는 연을 즐길 수 있다. 그러나 우리는 시간을 통제할 수는 없다. 그냥 시간의 어느 지점에 '있을' 뿐이다. 물론 특정한 시간에 '있을' 때의 우리는 공간의 특정한 지점에 '있다'. 우리의 그림에서 특정한 시간과 공간은 시공간의 점으로 나타난다. 시공간에서의 점을 사건이라고 부른다.

예를 들면 1927년 7월 4일 오후에 꼬마 빌리 존슨이 베드퍼드 폴스 메인 스트리트에 있는 아버지의 철물점 앞에서 폭죽에 불을 붙였다. 폭죽은 큰 소리를 내며 터졌다. 특정한 지점에서 특정한 시간에 일어난 이 일은 시공간 안에서 일어난 '폭죽 사건'이다.

우리 세상은 수없이 많은 사건들로 짜여 있다. 2003년 9월 20일 오후 2시 31분에 지역 고등학교 체육관에서 열린 조카의 발레 리사이틀에서 모기가 펜스터

부인의 다리를 물었다. 정확하게 지구 중심에서 표준 시간으로 오전 5시 23분에 우라늄 원자핵이 자발적으로 붕괴했다. 80억 년 전에 지구에서 황소자리 방향으로 80광년 떨어진 곳에서 초신성이 폭발했다. 이 초신성에서 온 빛이 2015년 1월 12일 12시 9분에 칠레에서 망원경으로 감지될 것이다. 이런 것들은 우리 세상을 구성하는 수많은 사건들 중 몇 가지 예들이다. 어떤 것은 아주 먼 과거의 일이고, 어떤 것은 미래의 일이다. 빌리 존슨의 폭죽 사건에서 나온 빛을 여러 광년이나 떨어진 곳에 있는 영리한 외계인이 관측하는 것과 같이 어떤 사건들은 서로 관련이 있다. 물리학은 시공간에서 일어나는 사건과 이런 사건들의 관계를 나타내는 규칙들의 집합이라고 말할 수 있다.

시공간에서의 시간

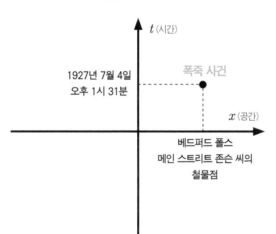

그림 5. 7 **시공간에서의 사건. 폭죽이 폭발한 사건은 특정한 시간**(1927년 7월 4일 오후 1시 31분)**에 공간의 특정한 지점**(베드퍼드 폴스의 메인 스트리트에 있는 존슨 씨의 철물점 앞)**에서 일어났다.**

빌리 존슨의 폭죽 실험으로 돌아가보자. 이때는 우리 시계를 폭죽이 터진 시간이 '0'이 되도록 맞추는 것이 편리하다. 그렇게 하면 시간 좌표축에서 폭죽 사건이 일어난 시간은 $t=0$이 된다. 그리고 폭죽이 폭발한 지점을 시공간 좌표축에서 0이 되도록 하자. 그렇게 하면 세상을 나타내는 시공간이 **그림 5.8**처럼 된다.

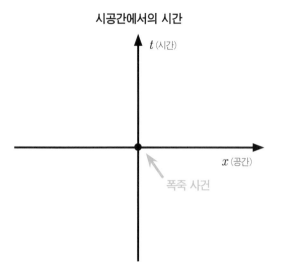

시공간에서의 시간

t (시간)

x (공간)

폭죽 사건

그림 5.8 원점에서 일어난 폭죽 사건. 편의를 위해 시간과 공간의 원점을 관심 있는 사건이 일어난 지점으로 잡자. 시계에 다시 맞추고 지도의 축을 다시 조정하면 폭죽이 터진 사건이 $t=0$, $x=0$에서 일어난 것으로 나타낼 수 있다.

폭죽이 터지고 난 후에는 그에 따른 물리적 결과가 뒤따랐다. 그 뒤에 일어난 일련의 사건을 그림으로 나타내보면 **그림 5.9**와 같다. 폭발 순간에 순간적인 가열과 공기의 압축이 있었을 것이고, 큰 소리가 났을 것이며, 충격파가 공기 중에 퍼져나가면서 수많은 다른 사건들을 유발했을 것이다. 예를 들면 아주 짧은 시간 후에 충격파가 폭죽이 터진 곳에서 10m 떨어진 철물점 앞에 있던 빌리의 동생 토미의 귀에 도달했을 것이다. 우리는 이 사건을 **그림 5.9**에 사건 (A)로 표시했다. 잠시 후에는 폭죽의 충격파가 철물점 뒷마당에서 상자를 내리고 있던 존슨 씨의 귀에 도달했다. 이 사건은 (B)라고 표시했다.

그리고 시간이 좀 더 흐른 후에 충격파는 더 멀리 퍼져나가 철물점 뒤 길 건너편에 있는 맥머로 부인의 집에서 자고 있던 두 마리의 닥스훈트 귀에 도달했다. 이 사건은 (C)로 표시했다. 음파는 계속 바깥쪽으로 퍼져나가면서 공기의 압력 파동이 공기 중으로 퍼져나가 세기가 약해진다. 이 충격파는 놀란 토미 존슨, 걱정하면서 철물점 앞으로 달려가는 존슨 씨, 요란스럽게 짖어대고 날뛰면서 울타리를 뛰어오르는 두 마리의 닥스훈트를 남긴다. 각각의 사건은 폭죽으로부터 충격파가 공간의 특정 지점에 도달하는 시간으로 나타난다. 폭죽의 충격파는 구형으로 공기 중에 퍼져나간다. 그러나 시간이 지날수록 세기가 약해진다.

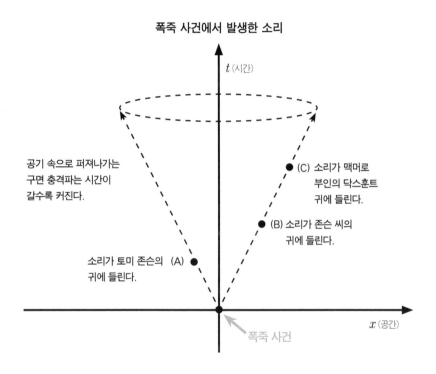

폭죽 사건에서 발생한 소리

t (시간)

공기 속으로 퍼져나가는
구면 충격파는 시간이
갈수록 커진다.

(C) 소리가 맥머로
부인의 닥스훈트
귀에 들린다.

(B) 소리가 존슨 씨의
귀에 들린다.

소리가 토미 존슨의 (A)
귀에 들린다.

x (공간)

폭죽 사건

그림 5.9 **폭죽 사건의 결과.** 충격파가 폭죽 사건으로부터 시공간 바깥쪽으로 퍼져나간다. 시간이 지날수록 충격파가 커지는 것을 볼 수 있다. 그것은 시공간에서 원뿔 모양의 표면을 만든다. 연속적인 사건 (A), (B), (C)는 충격파 원뿔 위에 있다.

우리의 그림에서는 이것이 시공간의 '원뿔'로 나타난다. 앞에서 이야기했던 것처럼 3차원 공간을 모두 나타낼 수 없기 때문에 이 그림을 이해하려면 약간의 상상력이 필요하다. 이 그림에는 원뿔 위쪽이 기울어진 원으로 그려져 공간적인 감각을 느낄 수 있도록 했다. 폭발이 일어난 후 특정한 시간에는 이 원으로 나타낸 소리와 함께 압축된 공기의 충격파가 퍼져나가는 원형 '파면'이 있다. 폭발이 일어난 지점부터 충격파 파면까지의 거리 x는 폭발 후 흐른 시간 t에 소리의 속도 $v_{소리}$를 곱하면 구할 수 있다($x = v_{소리} \times t$).

물론 폭죽이 폭발할 때는 빛도 나온다. 빛은 소리의 속도보다 훨씬 빠른 속도 c로 퍼져나간다. 따라서 우리는 이것을 매우 과장된 방법으로만 그림에 나타낼 수 있다. 빛의 파동과 소리의 파동을 같은 그래프 위에 나타내면 그림 5.10과 같다. 빛은 항상 소리보다 먼저 멀리 있는 관찰자에게 도달한다. 그러나 빛이 관측자에게 도달하는 시간은 매우 짧기 때문에 빛이 관측자에게 도달하는 사건들은 원점 부근에 모여 있다. 그림 5.10을 자세히 살펴보면 소리 사건과 마찬가지로 이 사건들이

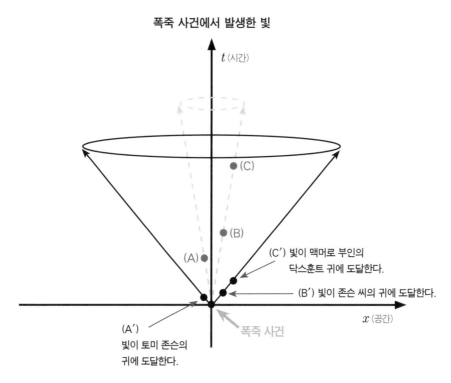

폭죽 사건에서 발생한 빛

그림 5.10 빛 사건들. 시공간에서 빛도 폭죽 사건으로부터 바깥쪽으로 퍼져나간다. 이 역시 시공간에서 원뿔 모양의 표면을 만든다. 일련의 사건들 (A′), (B′), (C′)는 빛 원뿔 위에 있다. 이 사건들은 같은 공간에서 일어나지만 (A), (B), (C)보다 훨씬 빠른 시간에 일어난다. 왜냐하면 빛의 속도가 소리의 속도보다 더 빠르기 때문이다.

공간의 같은 지점에서 일어난다는 것을 알 수 있다. 사건 A에서는 빛이 토미 존슨의 귀에 도달한다. 사건 (A′)와 사건 (A) 사이의 시간 간격은 아주 작아 토미는 폭발이 일어나는 것을 본 시간과 소리를 들은 시간 사이의 차이를 거의 알아차리지 못할 것이다. 폭발에서 나온 포톤이 도달하는 사건 (B′)가 일어났을 때 존슨 씨는 더 멀리 떨어진 철물점 뒷마당에 있었다. 소리는 아주 짧은 시간 간격을 두고 존슨 씨에게 도달했다(B). 마지막으로 길 건너편의 닥스훈트는 자고 있었지만 (C′)에서 폭죽 불빛을 보았고, 조금 뒤에 소리를 들었다(C). 닥스훈트가 놀라서 짖으며 맥머로 부인의 집을 뛰어다닌 것은 그 후의 일이다.

아주 빠른 빛은 초속 30만 km/s의 속력으로 계속 바깥쪽으로 퍼져나간다. 공

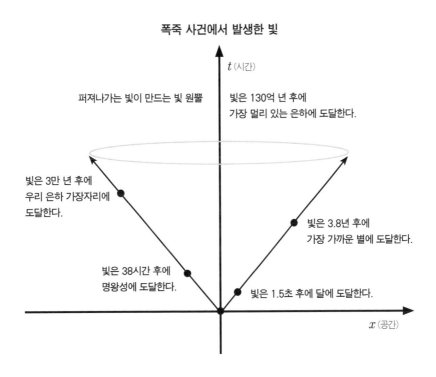

폭죽 사건에서 발생한 빛

그림 5.11 우주에서의 빛 사건. 빛은 폭죽으로부터 우주로 계속 퍼져나간다. 특정한 시간 t에 포톤 구의 반지름은 ct이다.

기를 통해 느리게 전달되기 때문에 진공 중에서는 전달될 수 없는 소리와 달리 폭죽에서 나온 빛은 지구를 벗어나 계속 퍼져나갈 수도 있다. 약 1.5초 안에 빛은 달에 도달한다. 따라서 이론적으로는 강력한 망원경만 있으면 달에서도 폭죽의 불빛을 관찰할 수 있다.

빛은 약 38시간 후에 명왕성 궤도에 도달하고, 약 3.8년 후에는 가장 가까운 별인 e-프록시마에 도달한다. 약 3만 년 후에는 우리 은하의 지름을 가로지르고, 130억 년 후에는 우리가 망원경으로 관측한 가장 멀리 있는 은하에 도달할 것이다.

시공간에서의 운동

우리는 시공간 그림을 모든 물리적 과정에서 일어나는 사건들을 나타내는 데 사용할 수 있다. 예를 들면 입자의 운동을 나타내는 데도 시공간 다이어그램을 사용할 수 있다. 빛은 항상 빛의 속도로 달리는 포톤으로 구성되어 있다. 우리는 플래시가 터지는 사건으로 포톤의 방출을 촉발시킬 수 있다. 포톤은 빛의 속도로 모든 방향으로 퍼져나간다. 시공간에서 포톤은 시간이 흐름에 따라 항상 플래시에서 거리가 멀어지는 방향으로 진행한다. 포톤의 운동은 시공간 그래프에서 원점으로부터 퍼져나가는 '빛 원뿔'로 나타난다.

뮤온과 같은 무거운 입자들도 원리적으로는 빛의 속도에 가까운 속도로 운동할 수 있다. 또한 질량을 가지고 있기 때문에 뮤온은 정지할 수도 있다. 이런 가능성은 **그림 5.13**에 나타나 있다. 정지해 있는 뮤온은 공간의 변화 없이 시간 축에서만 앞으로 진행한다. 반면에 매우 빠른 뮤온은 시간과 함께 공간에서도 일정한 방향으로 멀어진다.

우리는 뮤온이 아주 빠르게 운동하도록 할 수 있다. 그러나 질량을 가진 입자를

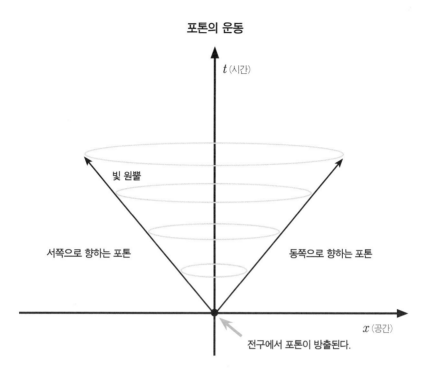

포톤의 운동

t (시간)

빛 원뿔

서쪽으로 향하는 포톤

동쪽으로 향하는 포톤

x (공간)

전구에서 포톤이 방출된다.

그림 5.12 두 포톤의 운동이 화살표로 나타나 있다. 원점을 출발한 포톤들의 경로는 포톤을 방출한 사건으로부터 미래로 퍼져나가는 '빛 원뿔' 위에 놓여 있다. 포톤은 항상 빛의 속도 *c*로 달린다.

빛의 속도로 달리게 할 수는 없다. LHC에서 양성자는 빛의 속도의 99.999999%나 되는 속도로 가속시킬 수 있다. 뮤온의 자매인 전자는 CERN의 LEP 싱크로트론에서 빛 속도의 99.9999999925%의 속도로 달렸다. 그리고 언젠가는 뮤온이 빛 속도의 99.99999999%나 되는 속도로 달리는 뮤온 충돌가속기를 만들 수 있을 것이다. 자연은 빛의 속도라는 속도의 한계를 가지고 있다. 그리고 아인슈타인의 상대성이론에 의하면, 질량을 가지고 있는 입자를 빛의 속도 '*c*'로 달리게 하려면 무한대의 에너지가 필요하다.

그러나 우리가 뮤온이 0의 질량을 가지도록 하는 실험을 할 수 있다. 어떻게 그런 실험이 가능할지 모르지만 우리는 뮤온이 빛의 속도에 아주 가까운 속도로 달리게 하여 질량이 0인 상태에 초근접하도록 만들 수 있다고 가정해보자. 우리가 실험실에서 관측할 때 뮤온의 속도가 빛의 속도에 가까워지면 점점 더 질량이 없는 입자처럼 행동한다. 우리는 매우 강력한 미래 뮤온 충돌가속기에서 이런 상태를 만들 수 있을 것이다. 뮤온의 속도가 빛의 속도 c에 가까워지면 질량의 효과를 측정할 수 없다. 아주 빠른 뮤온이 질량 없는 입자처럼 행동하기 시작하면 무슨 일이 일어날까?

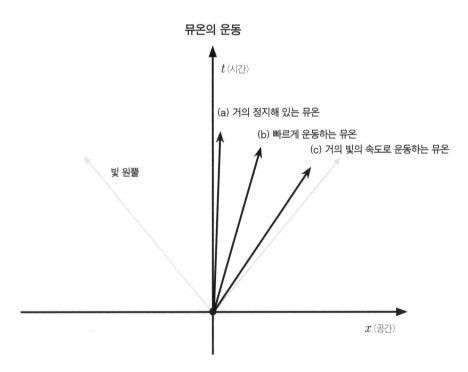

그림 5. 13 뮤온의 운동. 뮤온은 빛의 속도보다 느린 속도로도 운동할 수 있다. (a) 정지해 있어 시간에서는 앞으로 가지만 공간에서는 거의 정지해 있는 뮤온, (b) 빠르게 운동하는 뮤온, (c) 거의 빛의 속도로 운동하는 뮤온을 나타낸다.

빛 속도에서의 뮤온

멀리서 프로펠러 비행기 한 대가 날아가는 것을 본다. 비행기는 햇빛이 밝은 하늘에서 직선으로 날고 있는 것처럼 보인다. 그러나 프로펠러의 운동은 어떻게 할 것인가? 프로펠러도 같은 직선을 따라 이동하지만 프로펠러의 끝은 나선운동을 한다. 이것은 시공간을 이동하면서 일정하게 회전하는 모든 물체가 하는 운동이다.

뮤온이 스핀을 가지고 있다고 한 말을 기억할 것이다. 우리는 뮤온의 스핀을 정지시킬 수 없다. 뮤온의 스핀은 항상 일정한 축을 기준으로 '업' 또는 '다운'이다. 따라서 우리가 조심스럽게 관찰하면 빠른 속도로 이동하는 뮤온이나 전자 또는 쿼크가 시공간에서 프로펠러와 같은 운동을 하고 있음을 발견할 수 있다.

뮤온은 포도주 병 안으로 들어가는 코르크스크루나 나무를 뚫는 데 사용하는 드릴처럼 공간을 진행하면서 시계 방향이나 반시계 방향으로 회전한다. 이것이 뮤온의 '업'과 '다운' 스핀이 뮤온의 직선운동과 결합할 때 나타나는 두 가지 운동 상태이다. 그러나 뮤온이 빛의 속도에 가까워지면 시간이 얼어붙는다. 시간이 얼어붙으면 뮤온이 어떻게 스핀을 가질 수 있을까?

이에 대해서는 시공간에서의 뮤온의 경로를 우측이나 좌측으로 도는 코르크스크루의 운동처럼 생각하는 것이다. 두 개의 다른 코르크스크루 경로는 스핀의 두 가지 양자 상태인 '업'과 '다운'을 나타낸다. 뮤온이 빛의 속도에 가까워지면 이 두 가지 양자 상태는 서로 완전히 독립적이 된다. 뮤온이 빛의 속도에 다가가면 정신분열증 환자처럼 두 가지 다른 인격을 가지게 된다!

이 같은 두 가지 뮤온으로의 분리는 빛의 속도에 가까워지면서 뮤온의 질량 효과가 사라져 시간이 얼어붙은 결과이다.

뮤온의 질량은 두 개의 인격을 하나로 결합하여, 실험실에 정지해 있는 무거운 뮤온을 만든다. 그러나 질량이 없으면 뮤온은 항상 빛의 속도로 운동해야 하고, 좌측이나 우측으로 회전하는 두 개의 독립적인 존재로 분리된다.

이 시점에서 조금 불편하다는 느낌이 들 것이다. '물질의 양'이라는 우아하고 단순한 질량이 영원히 사라질 것 같아 불안하기도 할 것이다. 그렇다면 코르크스크루를 이용해 좋은 포도주 한 병을 따기를 권한다. 물론 코르크스크루는 코르크로 들어가는 동안 한 방향으로만 회전할 것이다. 우리 집에 있는 코르크스크루는 앞으로 나가는 동안 시계 방향으로 회전한다.

여기서 '시계 방향'이 무엇을 의미하는지 정확히 살펴볼 필요가 있다. 우리는 아래에 있는 병 안으로 들어가고 있는 코르크스크루가 회전하는 방향을 위에서 볼 때 시계 방향이라고 정의한다. 그리고 코르크스크루를 빼낼 때는 반대 방향인 반시계 방향으로 돌린다. 이것은 드릴이나 코르크스크루의 중요한 특징이다. 한 방향으로 돌리면 앞으로 나가고 반대 방향으로 돌리면 뒤로 간다! 새로 딴 포도주를 시음하면서 병을 따는데 사용한 코르크스크루는 어느 방향으로 돌려야 코르크 안으로 들어가는지 살펴보기 바란다.

보통 모든 코르크스크루를 시계 방향으로 돌리면 앞으로 가도록 만든 데는 별다른 이유가 없다. 원리적으로는 반대 방향으로 작동하는 코르크스크루를 만들지 못할 이유가 없다. 단지 어떻게 만들어졌는지의 문제일 뿐이다. 아마 일부 코르크스크루는 대부분의 코르크스크루와 달리 반시계 방향으로 작동하고 있을지도 모른다. 따라서 시계 방향과 반시계 방향으로 작동하는 코르크스크루가 있다면 그것들은 질량이 사라졌을 때 분리되어 독립적인 존재가 된 두 가지 뮤온처럼 독립적인 물체이다.

카이럴리티

이를 보여주는 더 좋은 정교한 방법이 있다. 여러분이 오른손잡이라 생각하고 설명하겠다. 왼손잡이에게는 미안한 일이지만, 이것은 단지 정의의 문제일 뿐이니 이해해주기 바란다. 그림 5.14에서 보여주는 것처럼 오른손 손가락으로 코르크스크루 손잡이를 말아 쥐고 시계 방향으로 돌리면 병따개는 엄지손가락 방향으로 나아간다. 이것은 대부분의 스크루드라이버로 나사를 고정할 때도 마찬가지이다. 이를 '오른나사의 법칙'이라고 부른다. 오른나사의 법칙은 "오른손 손가락을 말아 쥐는 방향으로 나사를 돌리면 엄지손가락 방향으로 나간다"는 것이다.

병진운동과 회전운동을 함께하는 경우에는 항상 '카이럴리티'를 가지고 있다. 앞서 예를 든 코르크스크루는 '우선성(R)' 카이럴리티를 가지고 있다고 말한다. 그러나 반시계 방향으로 돌릴 때 앞으로 나아가는 코르크스크루도 얼마든지 만들 수 있다. 이런 경우에는 왼손 손가락을 말아 쥐는 방향으로 손잡이를 돌리면 엄지손가락 방향으로 나아간다. 이를 '좌선성(L)' 카이럴리티를 가진 코르크스크루라

오른손 스크루드라이버

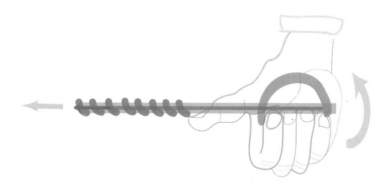

그림 5.14 **코르크스크루**. 오른 코르크스크루는 오른손 손가락을 말아 쥐는 방향으로 손잡이를 돌리면 엄지손가락 방향으로 나아간다.

고 한다. 우선성 카이럴리티는 'R'로 나타내고 좌선성 카이럴리티는 'L'로 나타낸다. 우선성 스크루드라이버와 마찬가지로 좌선성 스크루드라이버도 얼마든지 만들 수 있다. 이런 드라이버는 앞으로 가기 위해서 반시계 방향으로 돌려야 한다.

카이럴리티를 가지는 시공간의 그림

빛의 속도에 가까운 속도로 달려 거의 질량이 없는 뮤온은 L 카이럴리티나 R 카이럴리티를 가지고 시공간에서 앞으로 나간다. 따라서 빛의 속도로 달리는 질량이 없는 뮤온의 운동을 시공간 그래프 위에 나타낼 수 있다. 이런 뮤온은 우선성 R 입자이거나 좌선성 L 입자이다. 입자의 스핀이 동쪽을 가리키면서 동쪽으로 운동하고 있다면 R 입자이고, 스핀의 방향은 동쪽으로 가리키고 있지만 서쪽으로 운동하고 있으면 L 입자이다. R 뮤온 상태는 L 뮤온 상태와 완전히 독립적이다. 뮤온은 기본적으로 L과 R의 두 가지 다른 상태로 분리되었다. 빠르게 운동하고 있는 고에너지 뮤온이 가지는 L과 R의 양면성은 스핀의 양자적 현상에 기인한다.

하지만 정지해 있거나 천천히 이동하는 뮤온의 두 가지 스핀 상태는 쉽게 연결될 수 있다. 뮤온을 돌리기만 해도 '업'이나 '다운' 스핀 상태가 '다운'이나 '업' 상태로 바뀐다. 그리고 정지해 있는 뮤온은 카이럴리티를 가지고 있지 않다. 정지해 있는 뮤온에게는 스핀과 관련된 '공간에서의 진행 방향'이 존재하지 않기 때문이다. 그러나 뮤온이 빛의 속도에 가까운 속도로 달리면 우리는 한 카이럴리티 상태를 다른 카이럴리티 상태로 전환시킬 수 없다. 그렇게 하려면 뮤온을 정지시켜야 한다.

동쪽으로 달리는 뮤온의 경우 뮤온의 두 가지 스핀 상태는 '업'과 '다운'이었지만 이제는 '카이럴리티 R'과 '카이럴리티 L'을 가지는 두 개의 독립적인 입자가 되었다. 카이럴리티 L과 R은 운동 방향과 스핀 방향의 결합이라는 것을 주의하기 바란다. 카이럴리티는 선형 운동과 스핀을 동시에 결합한 개념이다.

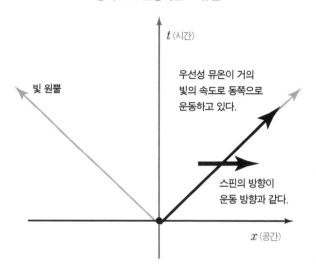

동쪽으로 운동하는 R 뮤온

우선성 뮤온이 거의
빛의 속도로 동쪽으로
운동하고 있다.

빛 원뿔

스핀의 방향이
운동 방향과 같다.

그림 5. 15a **우선성 입자**는 오른손 법칙에서 정의한 것처럼 스핀 방향과 운동 방향이 같다. 입자가 빛의 속도에 가까워지면 우리는 이것을 '우선성 카이럴리티(R)'라고 부른다. 여기서는 입자가 동쪽으로 운동하는 동안 스핀도 '동쪽'을 향하고 있다.

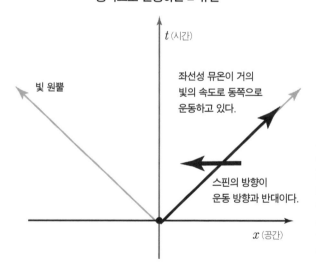

동쪽으로 운동하는 L 뮤온

좌선성 뮤온이 거의
빛의 속도로 동쪽으로
운동하고 있다.

빛 원뿔

스핀의 방향이
운동 방향과 반대이다.

그림 5. 15b **좌선성 입자**는 오른손 법칙에서 정의한 것처럼 스핀의 방향이 운동 방향과 반대이다. 입자의 속도가 빛의 속도에 가까워지면 우리는 이것을 '좌선성 카이럴리티(L)'라고 부른다. 여기서는 입자가 '동쪽'으로 운동하고 있는데 스핀은 '서쪽'을 향하고 있다.

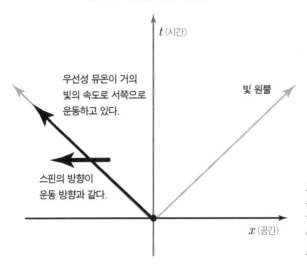

서쪽으로 운동하는 R 뮤온

t (시간)

우선성 뮤온이 거의
빛의 속도로 서쪽으로
운동하고 있다.

빛 원뿔

스핀의 방향이
운동 방향과 같다.

x (공간)

그림 5.15c 우선성 입자는 오른
손 법칙에서 정의한 것처럼 스핀 방
향과 운동 방향이 같다. 여기서는
입자가 '서쪽'으로 운동하는 동안
스핀도 '서쪽'을 향하고 있다.

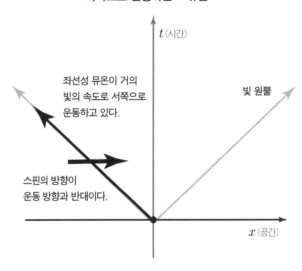

서쪽으로 운동하는 L 뮤온

t (시간)

좌선성 뮤온이 거의
빛의 속도로 서쪽으로
운동하고 있다.

빛 원뿔

스핀의 방향이
운동 방향과 반대이다.

x (공간)

그림 5.15d 좌선성 입자는 오른
손 법칙에서 정의한 것처럼 스핀의
방향이 운동 방향과 반대이다. 입
자의 속도가 빛의 속도에 가까워
지면 우리는 이것을 '좌선성 카이
럴리티(L)'를 가진 입자라고 부른
다. 여기서는 입자가 '서쪽'으로 운
동하고 있는데 스핀은 '동쪽'을 향
하고 있다.

자연의 힘은 카이럴리티를 알고 있다

자연에 존재하는 힘은 모든 것을 지배하는 특정한 법칙 안에서 작용한다. 아마도 이런 법칙들 중에서 가장 중요한 것이 에너지 보존법칙일 것이다. 반응이 일어나기 전에 계^{System}가 가지고 있던 전체 에너지는 반응이 일어난 후의 전체 에너지와 같다. 운동량 보존법칙도 잘 알려진 법칙이다. 미끄러운 곳에서 멈추기 어려운 것은 이 때문이다. 그리고 각운동량 보존법칙도 있다. 자이로스코프가 항상 같은 방향을 가리키는 것과, 자전거나 오토바이를 탈 수 있는 것은 각운동량 보존법칙 때문이다.

이제 조금은 분명하지 않지만 새로운 보존법칙을 배울 차례이다.

입자들 사이에 작용하는, 자연에 존재하는 알려진 모든 힘들이 공통적으로 특별한 성질을 가지고 있다는 것은 놀라운 사실이다. 이 힘들은 '카이럴리티'를 보존한다.

예를 들어 포톤이 R입자와 상호작용하면 입자는 R 카이럴리티에 머문다(그림 5.16a). 포톤은 R입자를 L입자로 전환할 수 없다. 이것은 전자기력과 관련하여 R입자가 L입자와 독립적임을 의미한다. 포톤을 글루온으로 바꾼 쿼크 사이에 작용하는 강력이나 후에 자세히 다룰 약력의 경우에도 마찬가지이다. 포톤은 상호작용을 통해 R과 L의 카이럴리티를 바꿀 수 없지만 R 뮤온과 L 뮤온이 가지고 있는 전하는 정확히 같다.

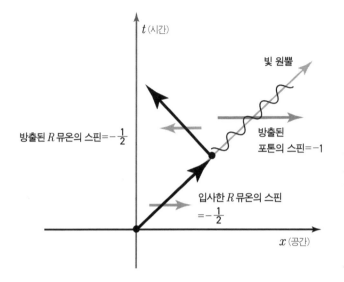

R 뮤온에서 방출된 포톤

그림 5.16a 입사하는 우선성 카이럴리티 뮤온이 방출하는 포톤. 뮤온은 방향을 바꾸면서 동시에 스핀도 바뀐다. 따라서 나아가는 뮤온 역시 우선성 카이럴리티를 갖는다. 처음 스핀은 $+\frac{1}{2}$이었다. 방출된 포톤은 $+1$의 스핀을 가지고 있고 나가는 뮤온은 $-\frac{1}{2}$의 스핀을 갖는다. 따라서 $+\frac{1}{2}=+1+\left(-\frac{1}{2}\right)$이므로 전체 스핀 각운동량은 보존된다.

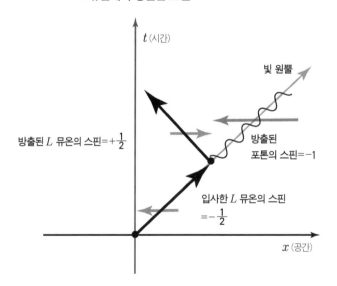

L 뮤온에서 방출된 포톤

그림 5.16b 입사하는 좌선성 카이럴리티 뮤온이 방출하는 포톤. 뮤온은 방향을 바꾸면서 동시에 스핀도 바뀐다. 따라서 나아가는 뮤온 역시 좌선성 카이럴리티를 갖는다. 처음 스핀은 $-\frac{1}{2}$이었다. 방출된 포톤은 -1의 스핀을 가지고 있고 나가는 뮤온은 $\frac{1}{2}$의 스핀을 갖는다. 따라서 $-\frac{1}{2}=-1+\frac{1}{2}$ 이므로 전체 스핀 각운동량은 보존된다.

뮤온에 질량 돌려주기

이제 뮤온에 질량을 돌려주자. 물론 뮤온은 항상 질량을 가지고 있었다. 그러나 빛의 속도에 가까운 속도로 가속시켜 질량의 효과가 눈에 띄지 않도록 했었다. 뮤온의 경우에도 질량은 뮤온을 빛보다 느린 속도로 달리거나 정지할 수 있도록 한다.

동쪽 스핀을 가지고 정지해 있는 뮤온

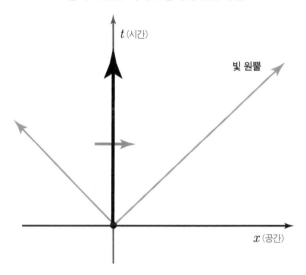

그림 5.17 정지해 있는 뮤온은 스핀의 방향은 있지만 공간에서의 속도는 없다. 따라서 카이럴리티를 가지지 않는다. 카이럴리티는 뮤온이 빛의 속도로 달려 질량을 가지지 않을 때만 대칭으로서의 의미를 가진다. 그런 상태에서는 R과 L 뮤온이 서로 다른 입자가 된다. 그러면 카이럴리티가 보존된다.

그림 5.17에서 우리는 정지해 있는 무거운 뮤온을 본다. 이 뮤온은 시간을 통해서만 나아가고 공간에서의 이동은 없다. 이 뮤온은 스핀을 가지고 있지만 카이럴리티는 가지고 있지 않다. 스핀 방향과 비교할 공간에서의 속도가 없기 때문이다. 어찌 되었든 뮤온의 두 가지 독립적인 상태인 L과 R은 아직 그곳에 있어야 한다. 카이럴리티를 가지고 있지 않은 정지해 있는 뮤온을 만들기 위해서는 L과 R 상태의 뮤온을 서로 섞어야 한다. 어떻게? 자연은 질량의 효과를 통해 이 일을 한다. 입자물리학에서의 질량은 다른 의미를 가지고 있다. 질량은 스핀 방향을 바꾸

지 않고 L 입자를 R 입자로, 그리고 R 입자를 L 입자로 진동하도록 한다. 스핀은 보존된다는 것, 즉 각운동량 보존 법칙에 의해 어떤 상호작용을 통해서도 뮤온의 스핀을 바꿀 수 없다는 것을 기억하자. 질량은 카이럴리티를 L에서 R로, 그리고 R에서 L로 바꾸도록 한다.

일정한 스핀을 가지고 R-L 진동하는 무거운 뮤온

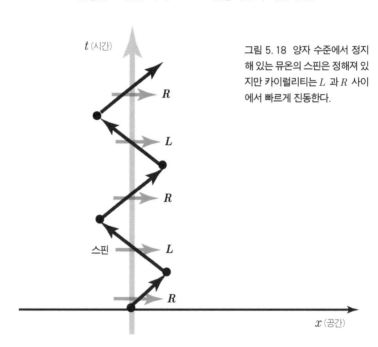

그림 5. 18 양자 수준에서 정지해 있는 뮤온의 스핀은 정해져 있지만 카이럴리티는 L 과 R 사이에서 빠르게 진동한다.

그러므로 정지해 있거나 천천히 움직이는 무거운 뮤온의 운동은 카이럴리티의 입장에서 보면 행진을 하는 것과 같다. 뮤온은 조교의 '질량'이라는 구령에 따라 R-L-R-L-R…… 행진을 하고 있다. 공간적으로는 정지해 있지만 시간에서는 나아가고 있다.

뮤온이 진동할 때마다 R 뮤온에서 L 뮤온으로 그리고 다시 L 뮤온에서 R 뮤온으로 전환된다. 카이럴리티는 보존되지 않는다. 다시 말해 질량을 가진 입자의 경우에는 카이럴리티가 항상 같지 않다. L과 R은 하나의 행진하는 입자로 섞인다. 이 입자는 좌선성 카이럴리티와 우선성 카이럴리티 사이에서 진동하며 시공간에서 비틀거리고 있다. 이 $R-L-R-L$ 진동에서 스핀 방향은 일정하게 유지되므로 스핀은 보존된다. 그리고 L과 R 뮤온은 같은 전하를 가지고 있으므로 전하도 보존된다. L 뮤온과 R 뮤온은 두 입자 사이에서 진동하고 있으므로 공간의 일정한 점에 정지해 있거나 동쪽 방향으로 아주 느린 일정한 속도로 이동할 수 있다. 뮤온이 두 카이럴리티 사이에서 빠르게 진동하는 것을 '지터베베궁'이라고 부른다.

따라서 질량에 대한 고대의 개념은 우리를 만들고 있는 기본 입자들의 세상에서 더 풍부해진 것처럼 보인다. 질량은 이제 L과 R 사이의 빠른 진동과 관련을 갖게 되었다. 뮤온이 빛의 속도에 가까워지면 시간이 얼어붙고, 뮤온도 독립적인 L이나 R 상태로 얼어붙는다.

계속해서 전하 보존에 대해 생각해보자. 질량으로 인해 뮤온이 $L-R-L-R$ …… 카이럴리티 변환을 계속하더라도 포톤과 뮤온의 상호작용에서는 카이럴리티가 보존된다. 그러나 이는 우리가 두 개의 L과 R 조각이 같은 전하를 가지고 있을 때만 두 조각으로부터 무거운 뮤온 또는 질량을 가진 전자, 질량을 가진 양성자, 양성자 안에 있는 질량을 가지고 있는 쿼크를 만들 수 있음을 의미한다. 전하는 아무 것도 없는 데에서 만들어질 수 없고, 사라질 수도 없다. 다시 말해 자연에서 전하는 보존돼야 한다. 이것은 자연의 기본 법칙이다.

만약 R 뮤온이 -1의 전하를 가지고 있고, L 뮤온이 0의 전하를 가지고 있다면 R 뮤온이 L 뮤온으로 변했을 때 전하가 -1에서 0으로 바뀌어 이런 일은 일어날 수 없다. 그것은 전하 대칭성에 위배된다. 따라서 이런 변환은 허용되지 않는다!

L과 R 상태의 뮤온을 결합하여 질량을 가진 뮤온을 만드는 것은 좋다. L과 R의 전하가 같으므로 전하가 보존된다. 뮤온, 전자, 쿼크가 질량을 가지기 위해 L과 R 상태 사이를 빠르게 진동하는 것이 아무런 문제가 없는 것처럼 보인다.

햄릿은 철학에는 우리가 꿈꾸는 것 이상이 들어 있다고 말했다. 이것은 셰익스피어의 가장 심오한 생각이다. 또 물리학이 왜 그토록 매력적인 학문인지를 이야기해준다. 물리학은 자연과 실재에 대한 궁극적인 철학이다. 그리고 우리가 모든 것을 이해했다고 생각할 때마다 햄릿이 나타나 아직 멀었다고 이야기해준다.

이제 다시 특이한 뮤온의 방사성 붕괴로 돌아가보자. 레더먼과 그의 동료들은 뮤온의 붕괴가 패리티에 위배된다는 것을 보여주었다. 그것은 앨리스의 거울 나라와 우리가 사는 실제 세상이 다르다는 것을 의미한다. 거울 나라에서는 항상 좌측과 우측이 바뀌어 있다는 것을 기억하자. 따라서 거울 나라에서 L은 R이 되고 R은 L이 된다. 즉 거울 나라에서는 모든 카이럴리티가 바뀌어 있다. 그렇다면 레더먼과 동료들이 우리에게 이야기해준 패리티 보존법칙 붕괴의 효과는 무엇인가?

우리는 뮤온이 L 카이럴리티로 전환되었을 때만 붕괴한다는 것을 발견했다. 요약하면 다음과 같다. 약한상호작용은 좌선성 렙톤과 쿼크에만 관계한다. 이는 약한상호작용이 우선성, 반렙톤 그리고 반쿼크하고만 관계한다는 것을 의미한다. 레더먼과 동료들이 약한상호작용에서 패리티 깨짐을 관측한 것은 이 때문이다.

뮤온의 R 카이럴리티 부분은 약력을 느끼지 못한다. 따라서 R 뮤온은 안정되어 있다. 그러나 우리가 살펴본 것처럼 뮤온은 질량 때문에 R과 L 사이를 진동하고 있으므로 안정되어 있지 않다. 따라서 어느 순간 L 뮤온으로 바뀔 수 있고, 붕괴할 수도 있다.

약력은 R 입자는 가지고 있지 않은 L 입자만의 무엇을 '알고' 있다. 약력은 L 입자에만 관계하고 R 입자와는 관계하지 않는다. 약력 역시 전자기력과 마찬가지로 보존되는 약전하를 가지고 있다. L 뮤온만 약전하를 가지고 있고, R 뮤온은 가지고 있지 않다. 때로 우리는 R 입자가 약력 아래서는 '불임'이라고 말한다.

아, 그렇다면 질량을 가진 뮤온의 $L-R-L-R$ …… 진동이 허용되지 않아야 하는 것이 아닌가? 이런 진동은 약전하 보존법칙에 어긋난다. 그럼에도 이런 일은 일어난다! 그렇다면 우리는 약전하를 가지고 있는 L 뮤온과 약전하를 가지고 있지 않은 R 뮤온을 결합하여 책상 위에 정지해 있는 전체적인 뮤온을 만들기 위해, 두 뮤온을 어떻게 결합해야 할까? 다시 말해 뮤온, 전자 그리고 쿼크 등은 어떻게 질량을 가질 수 있을까?

마지막 몇 문단을 다시 읽어보기 바란다. 이것은 매우 간단한 논리이다. 그러나 몇 가지 주의해야 할 것들이 있다. 하지만 우리는 힉스 입자가 보이기 시작하는 곳까지 왔다. 이제 조금만 올라가면 된다. 무지개 송어를 좋아하는가?

제6장

약한상호작용과 힉스 입자

우리는 무지개 송어를 낚으러 가려고 한다. 로키 산맥에는 아름다운 호수가 있다. 조금 높은 곳까지 올라가야 하지만 그럴 만한 가치가 충분히 있다. 운동은 건강에 좋을 뿐만 아니라 생선 맛도 좋고, 게다가 가장 아름다운 자연의 경치를 감상할 수 있기 때문이다. 자, 준비되었는가? 등산화와 낚싯대를 준비했는가? 그렇다면 출발하자.

앞에서 살펴본 바와 같이 뮤온이 빛에 가까운 속도로 달리면 두 개의 독립적인 요소로 분리된다. 이 과정에서 질량의 효과는 아무 역할을 하지 못한다. 마치 우리가 뮤온의 질량을 모두 버린 것처럼 보인다. 이 두 요소 중 하나는 스핀이 운동 방향을 가리키는 R이고, 다른 하나는 스핀이 운동의 반대 방향을 가리키는 L이다. 뮤온의 질량은 이 두 요소를 하나로 묶는 결합을 만들어낸다. 빛의 속도보다 훨씬 느린 속도로 운동하고 있거나 정지해 있는 뮤온은 군인들이 행진할 때 왼발과 오른발을 번갈아 내딛듯이 L과 R 사이를 진동하면서 시공간을 나아간다. 빛의 속도에서는 시간이 멈춰 진동이 정지되기 때문에 뮤온은 순수한 L 상태나 순수한 R 상태에 있어야 한다.

전자, 타우 입자, 쿼크 그리고 아주 작은 질량을 가지고 천천히 움직이는 중성미자 같은 모든 물질 입자들 역시 이런 식으로 진동한다. 고대로부터 물려받은 '물질의 양'을 나타내는 질량은 이제 입자물리학에서 더 깊은 의미를 가지게 된다. L과 R은 질량 현상의 '원자'와 같다. 모든 입자들이 0의 질량을 가지고 항상 빛의 속도로 운동하는 유토피아에서만 L과 R의 결합이 분리되어 완전히 독립적인 두 개의 다른 존재가 된다. 질량이 없는 세상에서 모든 쿼크와 렙톤의 L과 R 성분은 자신만의 특성을 가진다.

그렇다면 자연은 천천히 움직이거나 정지해 있어서 우리가 경험하고 생각할 수 있는, 우리 주위의 세상을 구성하는 물질에 질량을 부여하는 L과 R의 위대한 결혼을 어떻게 성사시키는가? 뮤온이 '양자전자기학' 또는 줄여서 'QED'라고 부르는 전자기적 상호작용을 통해서만 반응하는 단순한 세상에서는 이 결혼을 쉽게 성사시킬 수 있지만 여기에서도 전하량 보존법칙은 준수돼야 한다. 다시 말해 QED에서는 질량이 특별한 역할을 하지 않는다. R 뮤온이 L 뮤온과 같은 전하량을 가지고 있기 때문이다. 뮤온이나 전자 그리고 모든 전하를 띤 입자들에 전자기적 효과는 L과 R에 관계없이 같은 전하를 가지고 있고, '패리티'가 대칭적이어서 L과 R을 구별할 수 없기 때문에 완전히 대칭적이다.

앨리스가 거실 테이블에 놓인 L과 R 뮤온을 본 다음 거울에 비친 L과 R 뮤온을 보면서 전하만 측정한다고 하면 L과 R 뮤온이 같은 전하를 가지고 있으므로 거실 테이블의 L과 R 뮤온과 거울 속의 L과 R 뮤온을 구별할 수 없다. 이론물리학자들은 QED의 방정식 안에 '손으로' 뮤온과 전자의 질량을 도입했다. 전자기학 이론에는 힉스 입자가 필요하지 않았다.

그러나 제3장에서 설명한 것처럼 약한상호작용이 관계하면 패리티의 대칭성이 붕괴된다는 것이 실험을 통해 발견되었다. 레더먼과 그의 동료가 1957년에 행한 실험은 처음으로 유카와가 주장한 파이온과 뮤온의 붕괴 과정에 관여하는 약한상호작용에서 패리티 보존법칙이 성립하지 않는다는 것을 보여주었다. 주말의 연구로는 매우 뛰어난 성과였다! 약한상호작용에서는 패리티가 보존되지 않는다는 사실은 놀라운 뉴스였다. 거울 속 세상에서는 앨리스의 거실과 다른 물리법칙이 적용된다. 이는 만약 앨리스가 L 뮤온을 자세히 관찰하면 R 뮤온과 다른 점을 발견할 수 있다는 것을 의미한다.

약한상호작용

엔리코 페르미가 처음으로 '약한상호작용'에 대한 양자역학 이론을 제안한 것은 70년 전의 일이다. 그 당시 약한상호작용은 베타붕괴와 같은 원자핵 붕괴 과정에 관계하는 약한 힘으로 크게 주목받지 못했다. 후에 이것이 태양이 내는 빛을 만들어내고, 빅뱅 이후 자연에서 일어나는 가장 격렬한 폭발 현상인 초신성 폭발의 에너지원이 된다는 것을 알게 되었다. 초신성 폭발은 우주, 특히 지구에서 발견되는 무거운 원소를 만들어낸다. 따라서 약한 핵력이 존재하지 않는다면 우리 역시 존재하지 못했을 것이다. 그러므로 이제 약한상호작용과 관련된 역사를 빠르게 훑어보려고 한다.

약한상호작용, 즉 약력은 후에 전자기력과 매우 비슷한 구조를 가지고 있다는 것을 알게 되었다. 전하를 가진 입자 사이에서 포톤을 주고받아 전자기력을 작용하는 것과 마찬가지로 약한상호작용에서는 W^+, W^-, Z^0의 입자들에 의해 약력이 작용한다. 이 입자들은 포톤과 비슷하며, 입자들 사이에서의 양자 도약을 통해 약력이 작용한다.

전하를 띤 모든 입자들이 전자기력을 '느끼는' 것처럼 '약전하'를 가진 입자들은 약력을 느낀다. 그러나 포톤과 달리 W^+, W^-, Z^0는 매우 무거운 입자들이어서 약전하를 가진 입자들 사이에서 양자 도약을 하는 데 제약이 따른다. 때문에 약력은 매우 약하다. 처음에 W^+, W^-, Z^0는 단지 이론적인 것이었지만 우리가 알고 있는 표준모델의 중요한 부분을 이룬다는 것을 알게 되었다. 이러한 발견은 셸던 그래쇼$^{\text{Sheldon Glashow}}$, 압두스 살람 $^{\text{Abdus Salam}}$ 그리고 스티븐 와인버그$^{\text{Steven Weinberg}}$의 이론에 의해 가능했다. 이들의 이론은 헤라르뒤스 엇호프트$^{\text{Gerardus't Hooft}}$와 마르티뉘스 펠트만$^{\text{Martinus Veltman}}$에 의해 작용 가능한 양자 이론으로 완성되었다. 두 사람은 이 연구에 대한 공적을 인정받아 노벨상을 받았다.

약한상호작용은 표준모델에서 전자기적 상호작용과 '통합'되었다. 모든 입자들의 질량이 사라진 유토피아에서는 W^+, W^-, Z^0의 질량 역시 사라지기 때문에 이 입자들을 포톤과 구별할 수 없게 된다. 모든 입자들의 질량이 사라지면 표준모델의 '대칭성'으로 인해 네 개의 입자가 네 개의 부분을 가진 하나의 '우버-입자$^{\text{uber-particle}}$'가 된다. 우버 입자에 대한 자세한 내용은 여기서는 다루지 않겠다.

우리는 효과석으로 질량을 제거하는 방법을 알고 있다. 입자를 빛의 속도에 가까운 속도로 달리게 하면 된다. 물론 쉬운 일은 아니지만 LHC가 하는 일이 매우 빠른 속도로 달리는 무거운 입자들을 만들어내는 일이다. 아주 짧은 거리와 시간 규모에서 이루어지는 모든 초고에너지 실험에서 표준모델의 대칭성은 가장 세밀한 부분까지 잘 맞았다.

표준모델의 많은 예측들이 실험을 통해 확인되었지만 우리는 아직 하나를 찾아내지 못하고 있다. 표준모델의 개발은 1970년대 초에 일어난 입자물리학의 혁명적인 사건이었다. 이 시기에 양성자와 중성자 그리고 파이온을 구성하는 쿼크가 실험을 통해 처음 그 모습을 드러냈다. 이 시기는 또한 게이지 대칭성이라 불리는 대칭성의 원리에 의해 자연에 존재하는 모든 힘들이 이론적으로나 실험적으로 정립되던 시기였다. 게이지 대칭성은 전자기력과 중력을 지배한다는 사실이 알려졌고, 약한상호작용과 쿼크들 사이의 강한상호작용에까지 확장될 수 있다는 것을 알게 되었다.

약한상호작용은 어떻게 작용하는가?

여기서 다시 '시공간' 다이어그램으로 돌아가보자. 그림 6.19에는 뮤온이 붕괴하는 과정을 페르미가 1935년에 주장한 초기 이론에서 제시한 것과 같은 그림으로 나타냈다. 무거운 뮤온이 같은 위치에서 시간 축을 따라 앞으로 진행하다가 갑자기 붕괴하고 작은 질량을 가진 전자와 두 개의 중성미자가 생성된다. 우리는 이 과정을 다음과 같이 기호를 이용해 나타낼 수 있다.

$$\mu^- \rightarrow e^- + \nu_\mu + \overline{\nu}_e$$

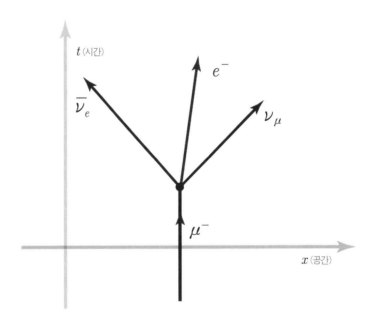

그림 6.19 뮤온 붕괴에 대한 페르미 이론. 뮤온 붕괴는 1935년에 페르미 이론으로 설명되었다. 여기서 우리는 $\mu^- \rightarrow e^- + \nu_\mu + \overline{\nu}_e$ 반응을 보고 있다. 측정된 수명인 200만분의 1초를 이용하여 우리는 약한상호작용의 세기를 조정할 수 있고, '약한상호작용의 에너지 규모'가 약 175GeV라는 것을 알 수 있다. 이것은 진공 안에서의 힉스장 세기와 같다는 것이 밝혀졌다.

페르미는 중성미자가 모두 같은 것으로 알고 있었고(하나는 입자 그리고 하나는 반입자), 패리티는 아직 발견되지 않았다.

1935년 페르미가 최초의 논문을 발표한 이후 1970년대 표준모델 혁명이 완성될 때까지 많은 것을 새로 알게 되었다. 오늘날 우리는 리언과 그의 친구들 그리고 노벨상을 받게 한 그들의 실험 연구 덕분에 두 가지 '향기(종류)'의 중성미자가 이 반응에 관계하고 있음을 알게 되었다. 하나는 전자와 관련된 중성미자로 '전자 중성미자'로 불리고, 다른 하나는 뮤온과 관계된 중성미자로 '뮤온 중성미자'로 불린다. 오늘날에는 타우 렙톤과 관련된 타우 중성미자가 존재한다는 것도 알려져 있다.

그러나 우리가 알아보려 하는 것은 아주 짧은 거리에서 이런 반응이 일어나는 자세한 과정이다. 실제로 뮤온이 붕괴하는 약한상호작용은 '간접 과정'이다. 극단적으로 짧은 거리에서 아주 짧은 시간에 일어나는 이 붕괴 과정은 W 입자(W 보존^{boson})를 통해서만 설명할 수 있다. 이 입자를 보기 위해서는 우리 현미경의 분해능력을 상당히 향상시켜야 한다.

그림 6.20에는 페르미 연구소의 테바트론과 LHC를 통해 확인한 뮤온 붕괴 과정이 나타나 있다. 이것은 붕괴가 일어나는 정확한 방법을 나타내는 것은 아니지만 비유는 성립한다. 이와 같은 과정이 1990년대 중반에 톱 쿼크가 발견된 테바트론에서 톱 쿼크가 붕괴할 때 정확하게 발견되어, LHC 물리학의 '핵심'이 되었다.

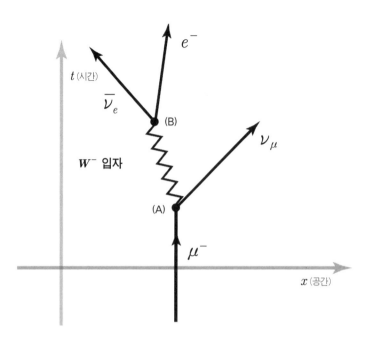

그림 6.20 **표준모델 안에서의 뮤온 붕괴.** 우리는 강력한 현미경으로 뮤온의 붕괴를 조사함으로써 표준모델을 이용하여 설명한 것이 실제로 어떻게 나타나는지 알아냈다. 우리는 뮤온이 W 입자와 중성미자로 전환되는 $\mu^- \longrightarrow e^- + \nu_\mu + \overline{\nu}_e$ 반응을 보았다. 이 과정에서는 W 입자가 실제 입자가 되기에는 충분하지 않은 에너지를 가지고 있다. 따라서 이것은 단지 하이젠베르크의 불확정성 원리가 허용하는 짧은 시간 동안의 양자 요동으로만 나타난다. W 입자는 순간적으로 전자와 반중성미자로 전환된다. $W^- \longrightarrow e^- + \overline{\nu}_e$. 이것은 억제된 양자 요동이어서 약한상호작용을 '약하게' 만들고 있다. 입자물리학의 기준에 의하면, 뮤온의 수명인 200만분의 1초는 아주 긴 시간이다.

여기서 우리는 일련의 사건들을 볼 수 있다. 우리는 정지해 있는 무거운 뮤온에서 출발한다. 그리고 사건 (A)에서 뮤온이 뮤온 중성미자와 W^- 입자로 전환된다. 뮤온이 처음 가지고 있던 (−) 전하는 W^- 입자로 전달되므로 전하는 보존된다. 그 다음 순간적으로 W^- 입자가 다시 전자와 반중성미자로 전환되는 사건 (B)가 일어난다. 여기서도 전하는 보존된다.

"잠깐만, 이 작은 질량을 가지고 사기 치는 것 아닙니까? 뮤온이 괴물 같은 W^-로 전환된다고요? 이건 에너지 보존법칙에 어긋납니다!"

그레이엄이 말했다. 실제로 W^- 입자는 뮤온보다 거의 1000배나 더 큰 질량을 가지고 있다(뮤온의 질량은 0.105GeV이고, W^- 입자의 질량은 80.4GeV이다). 그레이엄의 지적이 옳았다. 뮤온이 중성미자와 무거운 W^- 입자로 전환되면서 에너지 보존법칙을 만족시킬 수 있는 방법은 없다. 그렇다면 여기서는 무슨 일이 일어나고 있을까? 어떻게 아주 짧은 시간 동안만 존재하는 W^- 입자가 관여하는 '간접 과정'이 있을 수 있을까?

이것이 가능한 것은 양자 이론의 위대한 신비 중 하나인 불확정성 원리 때문이다. W^- 입자가 생성되었다가 전자로 전환하는 데 걸리는 시간은 아주 짧아서 약 0.0000000000000000000000001초, 즉 10^{-25}초이다. 하이젠베르크의 불확정성 원리에 의하면, 에너지는 아주 짧은 시간에서는 불확정성이 적용되는 양이다. 불확정성 원리를 이용하면 에너지의 불확정성의 크기를 계산할 수 있다. 이 짧은 시간에서는 에너지의 오차 크기가 아인슈타인의 공식 $E=mc^2$을 이용하여 계산한 W^- 입자의 질량과 같다. 따라서 불확정성 원리가 W^- 입자의 존재를 허용한다. 그러나 이 입자가 존재하는 시간은 아주 짧다. 이를 '양자 요동'이라고 한다.

하지만 순간적으로 에너지 보존법칙을 사라지게 하는 이 커다란 '에너지의 양자 요동'이 일어날 확률은 매우 작다. 이것은 '드문 양자 요동'이다. 전체적인 반응이 '약한상호작용'인 것은 이 때문이다. 실제로 뮤온의 붕괴는 아주 드문 과정이다. 이 과정은 에너지의 커다란 양자 요동을 필요로 하기 때문에 뮤온의 붕괴가 일어날 확률은 W^-를 질량이 없는 포톤으로 대체했을 경우에 비해 1조분의 1(10^{-12})이다. 포톤의 경우에는 에너지의 양자 요동이 전혀 필요하지 않다. 그러나 전하를 보존해야 하기 때문에 포톤은 뮤온을 중성자로 전환시킬 수 없다. 포톤은 뮤온을 뮤온으로만 전환시킬 수 있다.

뮤온이 붕괴할 수 있는 유일한 방법은 일어날 확률이 작은 무거운 W^- 입자를 통해 뮤온 중성미자로 전환하는 방법뿐이다. 이제 뮤온이 뮤온 중성미자와 W^- 입자로 붕괴하는 '변환'에 대해 좀 더 자세히 살펴보기로 하자.

패리티 비보존성으로 인해 거울 안에 있는 앨리스의 세상은 우리 세상과 근본적으로 다르다고 했던 것을 상기해보자. 그림 6.21을 살펴보면 그 이유를 알 수 있다. 뮤온은 다른 모든 무거운 입자들과 마찬가지로 L과 R 사이에서 진동하며 $L-R-L-R$…… 의 행진을 계속하고 있다. 그리고 뮤온이 L 상태에 있는 어느 순간에 W^-와 중성미자로 전환된다. 중성미자는 질량을 거의 가지고 있지 않다. 중성미자의 질량은 뮤온 질량의 0.00000001배이므로 질량이 없는 입자처럼 행동한다. 따라서 L 뮤온 중성미자는 거의 빛 원뿔 위에 나타난다. 이 점이 W 입자가 L 뮤온과 L 중성미자와 상호작용하는 점이다.

W 입자가 L 입자와 상호작용하는지는 어떻게 알 수 있을까? 패리티 비보존성을 발견한 리언의 이야기를 다시 읽어보기 바란다(제3장). 뮤온이 붕괴하면서 전

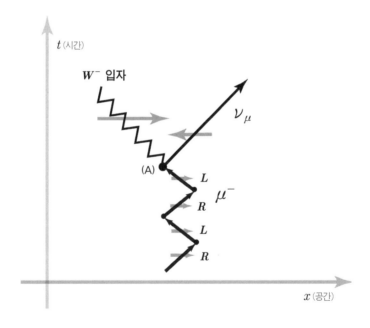

그림 6.21 뮤온 붕괴에서의 카이럴리티. 우리는 그림 6.20을 자세히 관찰하여 좌선성 뮤온이나 좌선성 중성미자만이 W 입자로 전환될 수 있다는 것을 알아냈다. $\mu^- \rightarrow \bar{\nu}_\mu + W^-$. 마찬가지로 좌선성 전자와 우선성 반중성미자만이 이 과정에서 생성된다. $W^- \rightarrow e^- + \bar{\nu}_e$. 약한상호작용은 좌선성 입자나 우선성 반입자하고만 관련이 있다.

자가 나와 뮤온의 스핀 방향으로 운동한다는(그림 6.19와 6.20 참조) 것이 관측되었다. 이는 공간에서의 방향이 스핀과 관계 있다는 것과 선호하는 카이럴리티가 있어 붕괴 과정에 패리티가 보존되지 않는다는 것을 의미한다. 이것이 약한상호작용에서 패리티가 보존되지 않는 신비한 근원이다.

모든 입자가 두 개의 내부 L과 R 카이럴리티 요소를 가진다는 사실은 질량에 직접 연결된다. 쿼크나 렙톤의 L 요소만이 W 입자로 전환될 수 있다. 반물질에서는 반대로 반입자의 R 요소만이 W 입자로 전환될 수 있다. 거울 세상의 앨리스는 L과 R이 바뀐 것을 볼 것이다. 따라서 그녀가 볼 때는 R 뮤온이 W 입자로 전환되고, 중성미자도 스핀이 운동 방향으로 배열된 R일 것이다. 하지만 그것은 우리 세상과는 다른 세상이다.

이제 마지막 고비만 남았다

자, 이제 거의 다 왔다. 우리는 먼 길을 올라왔다. 그러나 무지개 송어가 가득한 산중 호수는 100m 정도 더 올라가야 있다. 여기서는 조금만 더 올라가면 된다. 숨을 크게 쉬고, 물을 한 모금 마신 후 계속 올라가자. 곧 첫 번째 아름다운 봉우리가 보일 것이다. 우리는 힉스 입자가 존재해야 하는 이유를 곧 알게 될 것이다.

W^-와 W^+ 입자는 포톤과 마찬가지이다. 이 입자들은 L 뮤온이나 R 반뮤온 그리고 L 중성미자나 R 반중성미자와 '약전하'를 통해 상호작용한다. 완전한 유토피아의 대칭성 안에서 W 입자를 포톤 그리고 Z와 통합하기 위해서는 약전하가 전하와 매우 비슷해야 한다. 따라서 약전하도 보존되어야 한다. 이를 유식하게 표현하면 "전하의 보존이 전자기학의 대칭성을 정의하는 것처럼 약한상호작용의 게이지 대칭성의 원리를 정의하는 것은 약전하의 보존이다".

왜 전하는 보존되어야 할까? 전하가 보존되지 않으면 무엇이 잘못될까? 이는 매우 중요한 질문이다. 이것은 또한 전자기학의 바탕을 이루는 '게이지 대칭성'의 놀라운 법칙과 관련이 있으며, 전-자기-학이라는 재미난 이름 안에 내재되어 있다. 기본적으로 포톤과 관련하여 자연에서 관측할 수 있는 것은 전기장과 자기장이다. 전기장은 전하를 가속시키고 에너지를 전달하는 반면, 자기장은 전자의 궤도를 원형으로 휘게 한다. 하지만 포톤은 실제로는 전기장이나 자기장이 아니라 좀더 근본적인 무엇이다. 포톤은 게이지장[場]이라고 부르는 것의 파동이다. 게이지장은 직접 관측할 수 없다. 그러나 전기장과 자기장을 생성할 수 있으며 우리는 게이지장이 만든 전기장과 자기장만 관측할 수 있다. 하지만 전기장과 자기장을 관측한 것을 바탕으로 그것을 만든 게이지장을 정확하게 재구성할 수는 없다. 그리고 관측 가능하지 않은 전기장과 자기장을 만들어내는 0이 아닌 게이지장도 있다.

캐서린이 소리쳤다.

"무한히 많은 다른 가능한 게이지장이 같은 전기장과 자기장을 만들어낼 수 있다고요?"

그렇다. 그리고 그것이 대칭성이다. 동등한 전기장과 자기장을 만들어내는 두 개의 명백하게 다른 게이지장을 우리는 서로 "(게이지가) 동등하다"고 말한다. 그것은 상표가 붙어 있지 않은 완전한 형태의 포도주 병과 같다. 대칭축을 중심으로 병을 회전시키면 포도주 병은 다른 위치에 놓이지만 포도주 병의 모습은 처음과 정확하게 똑같다. 우리는 두 포도주 병의 위치가 "회전적으로 동등하다"고 말한다. 캐서린이 물었다.

"좋아요. 내가 보기에는 그럴듯해 보입니다. 하지만 그러려면 포도주 병에 상표가 없어야 하고 병의 회전을 알 수 있는 아무런 표시도 없어야 합니다. 그것이 게이지 대칭성과 무슨 관계가 있지요?"

간단한 대답은 게이지장이 대칭성을 가지려면 전하가 보존되어야 한다는 것이다. 시작할 때 가지고 있던 총 전하는 마지막의 총 전하와 같아야 한다. 게이지 이론에 대한 좀 더 자세한 내용은 《대칭성과 아름다운 우주》를 참조하기 바란다.

게이지 대칭성의 원리는 양자 이론과 직접 관계되어 있다는 것이 밝혀졌다. 전자와 다른 전하를 띤 입자들 그리고 포톤을 기술하는 양자 파동 없이는 게이지 대칭성이 가능하지 않다. 게이지 대칭성이 없다면 게이지 대칭성 아래서만 '변환'할 수 있는 전자 파동이 존재할 수 없고, 공간에서 포도주 병을 회전시키듯 게이지 변환을 '나타낼' 수도 없다. 19세기에 뛰어난 과학자들이 만들어낸 전자기 이론은 양자 이론이 나타나 모든 것을 완성시켜주기를 학수고대하고 있었던 것이다. 그리고 게이지장을 직접 관측할 수 있도록 전자기 이론을 수정하려고 하면 양자 이론의 전체 구조가 무너져 폐허가 된다. 비밀에 싸인 게이지장은 관측이 가능하지 않지만 이로부터 유도된 자기장과 전기장을 관측할 수 있게 하는 것은 전하의 보존이다. 그러나 우리는 여기서 세 개의 새로운 게이지 보존, W^+, W^- 그리고 Z^0가 관련된 약한상호작용을 마주하고 있으며 모든 입자들은 약전하를 가지고 있다. 전자기적 상호작용에서 전하가 보존되었던 것과 마찬가지로 약전하도 보존되어야 한다.

L 뮤온의 약전하는 -1(임의의 단위로 나타낸)이다. 그러나 패리티가 깨진다는 것을 보여주는 실험에서 밝혀진 바에 의하면 R 뮤온의 약전하는 0이다. L 입자는 약전하를 가지고 있지만 R 입자는 약전하를 가지고 있지 않다. 따라서 무거운 뮤온이나 전자, 톱 쿼크 또는 모든 물질 입자들의 $L-R-L-R-L$ 행진은 문제를 일으킨다. L이 R로 전환되면 뮤온의 약전하는 -1에서 0으로 바뀐다. 정지해 있으면서 L과 R 사이를 진동하고 있는 뮤온에서는 약전하가 보존되지 않는다. 질량이 W^+, W^- 그리고 Z^0까지 포함하도록 확장한 게이지 대칭성을 파괴하고 있다. 약전하가 보존되지 않으면 게이지 대칭성은 붕괴되어 재만 남는다. 앞 절을 다시 읽어보기 바란다. 이것이 우리를 힉스 입자로 안내해준다.

전자기와 약한상호작용의 표준모델을 제시한 셸던 글래쇼는 약한상호작용과 전자기적 상호작용에 적용되는 게이지 대칭성의 기본적인 구조를 정의하고, W^+, W^- 그리고 Z^0 입자를 도입했다. 그러나 글래쇼는 물리적 세상을 설명하기 위해 질량이 필요했다. 때문에 그는 "손으로 질량을 포함시켰다". 이것이 심각한 문제인 줄은 알고 있었지만 해결 방법이 후에 나올 것으로 생각했다. 따라서 이것은 아직 완성된 이론이 아니었다. 그리고 그 당시의 양자역학 원리들과 연관하여 이해할 수 없었다.

1967년에 스티븐 와인버그가 표준모델의 아이콘이 된 논문 〈렙톤 모델〉을 발표했다. 그는 글래쇼의 이론을 채택하고 전자와 중성미자에만 초점을 맞춘 질량 문제에 대한 재치 있는 수정안을 제안했다. 피터 힉스$^{Peter\ Higgs}$의 논문에 고무되었지만 힉스의 아이디어를 작동하기 위해서는 정교하게 다듬어야 했던 와인버그는 W^+, W^- 그리고 Z^0 입자를 무겁게 만들면서 포톤은 질량을 갖지 않도록 하는 일종의 '초전도체'를 만들어냈다. 또한 물질을 구성하는 모든 입자, 전자, 뮤온, 톱 쿼크 그리고 궁극적으로는 중성미자의 질량을 설명할 수 있는 방법을 보여주었다. 와인버그의 아이디어가 없었다면 모든 소립자의 질량에 대한 모순 없는 이론은 가능하지 않았을 것이다.

와인버그가 논문을 발표한 후에도 많은 사람들이 이 아이디어를 제대로 이해하지 못했고, 이 이론이 수학적으로 모순이 없는지 확신하지 못했다. 이것이 진정으로 작동하는 유용한 이론이라는 것과 이 이론을 올바로 이용하는 방법을 보여준 것은 헤라르뒤스 엇호프트와 마르티뉘스 펠트만이었다.

이들의 영웅적인 노력은 과학적 발견의 물꼬를 열었고, '게이지 이론의 혁명'을 불러왔다. 물론 몇 가지 핵심적인 수정과 중요한 확장이 쿼크와 강한상호작용을 포함하기 위해 필요했다. 나머지는 물리 과정에 대한 다양한 예측을 계산하는 이론가들과 이 이론을 시험하고 측정하는 실험물리학자들의 몫이었다. 그리고 놀라운 성공이었음이 증명되었다.

우리의 문제는 L에서 R로 바뀔 때마다 약전하가 -1에서 0으로 바뀌면서도 무거운 뮤온이 $L-R-L-R-L-R$의 진동을 하며 행진을 계속할 수 있도록 하는 것이었음을 기억하자. 정지해 있는 뮤온은 빠르게 $L-R-L-R$…… 진동을 계속하고, 이에 따라 약전하도 $-1, 0, -1, 0$…… 진동을 계속하게 될 것이다. 다시 말해 약전하가 나타났다 사라졌다를 반복하게 된다. 뮤온이 질량을 가지기 위한 행진이 약전하 보존의 법칙을 파괴하는 것처럼 보인다. 표준모델은 옳지 않거나 다른 방법으로 구제되어야 했다.

그레이엄이 질문한다. "그렇다면 간단한 질문을 해봅시다. L 뮤온이 R 뮤온으로 변환하면서도 약전하가 보존되는 방법이나 과정이 있습니까? 아니면 단지 이론적인 횡설수설에 지나지 않습니까?"

실제로…… 그렇다! 있다…… 이것이 열쇠다! 만약 L 뮤온과 같은 약전하, 즉 -1의 약전하를 가지고 있는 새로운 종류의 입자를 도입한다면 L 뮤온은 그 입자와 R 뮤온으로 '변환'할 수 있다. 처음 L 뮤온이 -1의 약전하를 가지고 있고 약전하가 0인 R 뮤온과 약전하가 -1인 새로운 입자로 전환된다면 $-1=0+(-1)$이므로 전체적으로 약전하가 보존될 수 있다. 여기에 필요한 시공간 다이어그램은 **그림 6.22**와 같다.

새로운 입자의 성질은 이 과정에 의해 완전히 결정된다. 이것은 **그림 6.22**에 자세히 설명되어 있다. L 뮤온은 R 뮤온으로 변환하면서 스핀 방향이 변하지 않으므로 새로운 입자는 스핀이 0이어야 한다. 그리고 L 뮤온과 R 뮤온은 모두 같은 전하를 가지고 있으므로 새로운 입자의 전하는 0이어야 한다. 그중 가장 중요한 것은 들어오는 L 뮤온의 약전하는 -1이고 나가는 R 뮤온의 약전하는 0이므로 새로운 입자의 약전하는 -1이어야 한다. 만세! 우리는 새로운 입자의 성질을 모두 알아냈다. 우리는 와인버그가 1967년 논문에서 했던 것과 똑같은 일을 했다.

스핀이 0이고 약전하를 가지고 있는 새로운 입자를 도입한 것이다. 우리는 이것을 힉스 입자라고 부른다.

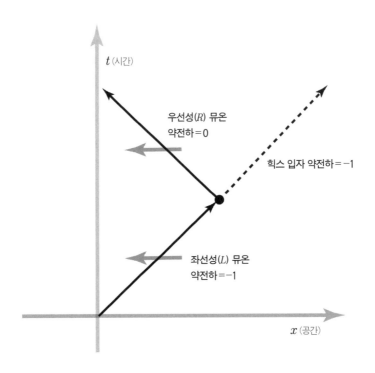

그림 6. 22 **힉스 입자와 결합된 뮤온.** −1의 약전하를 가지고 입사하는 L 뮤온은 0의 약전하를 가지고 있는 R 뮤온과 약전하가 −1이고 스핀이 0인 힉스 입자로 전환되면서 방향을 바꾼다. 이 과정의 '결합 강도'는 g_m이다. 이 것은 L 뮤온과 R 뮤온을 결합시킨다. 힉스 입자는 L 뮤온과 같은 약전하를 가지고 있어야 약전하가 보존된다. 각 운동량이 보존되기 위해서는 힉스 입자의 스핀이 0이어야 한다.

그러나 질량은 무엇인가?

이제 목적지에 거의 다 왔다. 우리는 산꼭대기 호수에 낚싯대를 드리우기만 하면 잡힐 무지개 송어의 맛을 곧 보게 될 것이다. 겨우 50m 정도 남았다. ……숨을 한번 크게 쉬자. 가장 대단한 봉우리가 곧 눈에 들어올 것이다.

'보존'은 어떤 입자인가? 양자 장이론 및 상대성이론과 관계가 있는 깊고 심오한 이유로 전자, 뮤온 그리고 쿼크 등과 같은 물질을 이루는 입자들과 우리가 힘을 매개하는 입자라고 했던 보존 사이에는 큰 차이가 있다. 물질을 이루는 입자는 엔리코 페르미의 이름을 따서 '페르미온'이라고 부른다. 외향적이어서 사람들과 잘 어울렸던 페르미와는 달리 페르미온은 은둔자들이어서 다른 페르미온과 어울리는 것을 좋아하지 않는다. 페르미온은 다른 페르미온을 피하려고 한다. 페르미온은 다른 페르미온과 같은 양자역학적 상태에 있는 것이 금지되어 있다. 이것은 매우 중요한 원리로, 이상한 양자역학적 스핀과 관련이 있다. 이러한 성질은 원자를 이해하는 과정에서 밝혀졌다. 이 원리가 없다면 화학도 없었을 것이다. 모든 원자는 불활성 기체인 헬륨과 비슷한 상태의 전자구조를 가지게 되었을 것이고, 따라서 우주는 헬륨 비슷한 원자들이 가득한 커다란 불활성 기체 주머니가 되었을 것이다.

보존이라는 이름은 아인슈타인의 친구였던 인도의 물리학자 사티엔드라 나트 보즈Satyendra Nath Bose의 이름을 따서 지어졌다. 보존은 부끄러움을 잘 탔던 보즈와는 달리 매우 사교적인 입자들이다. 보존은 공중목욕탕을 좋아한다. 또 할 수 있다면 같은 양자역학적 상태에 모여 있으려고 한다. 실제로 보존이 한 상태에 쌓이기 시작하면 그중 하나가 "파티 시간이다!"라고 소리친다. 그러면 곧 수많은 보존들이 같은 상태로 몰려든다. 이런 현상은 보존의 하나인 포톤들이 정확히 같은 상태에 쌓여서 만들어지는 레이저에서 가장 잘 볼 수 있다. 레이저 빔의 모든 포톤들은 같은 진동수와 파장을 가지고 있어 신비하고 강력한 빛을 만들어낸다.

그러나 좀 더 재미없는 예도 있다. 전기장과 자기장은 아주 많은 포톤이 몇 가지 양자역학적 상태 사이에서 춤을 추고 있는 것이다. 이를 '고전적 결맞음 상태'라고 부른다. 이런 전기장이나 자기장의 양자 입자의 특징들은 서로 섞여 있어 우리가 볼 수 있는 것은 파동과 같은 형태로 나타나는 장뿐이다. 이런 장은 맥스웰의 전자기학 방정식으로 잘 설명된다. 결맞음 상태 또는 '집단적' 상태가 장을 형성하는 포톤의 양자적 성질을 만든다. 휴대전화의 메시지를 전달하는 전자기파의 경우에도 마찬가지이다. 전자기파는 보존이 잘하는 것과 같이 하나의 큰 장처럼 행동하며 '집단적으로' 작용하는 포톤들의 거대한 집합체이다.

힉스 진공

스티븐 와인버그는 하나의 상태에 보존이 '쌓이는' 일이 힉스 입자에도 일어날 수 있다는 것을 알아차렸다. 우리는 전체 우주가 들어갈 수 있는 거대한 '힉스장'이 필요한데 이것은 지구의 자기장과 비슷하다. 전기장은 집단적으로 작용하는 포톤으로 이루어진 반면, 힉스장은 집단적으로 작용하는 힉스 입자로 이루어졌다. 그러나 자기장은 공간에서 잘 정의된 방향을 가지고 있다. 나침반의 바늘은 자기장의 방향을 나타낸다. 우리는 자기장처럼 방향이 있는 장을 '벡터장'이라고 부른다. 하지만 힉스장은 에너지의 크기로 측정된 값만 가지고 있고, 공간에서 방향을 가지고 있지 않다. 이런 장을 우리는 '스칼라장'이라고 부른다.

우주는 왜 이런 장을 가지고 있을까? 재료과학의 연구에서 빌려온 아이디어가 여기서도 사용된다. 이 경우에는 강자성 물질과 관련된 현상이다. 철로 만든 자석은 식히면 자발적으로 자성을 띤다. 자기장은 어디선가 갑자기 튀어나온 것 같지만 실제로는 철 자석 안에 있는 수십조 개의 원자에서 온다. 각각의 원자는 스핀을 가지고 있어 그 자체가 하나의 작은 자석이다. 철에서는 온도가 낮아지면 모든 원자들의 스핀이 한 방향으로 배열하여 같은 방향을 가리킨다. 이 때문에 강한 자기장이 만들어진다.

실제로는 매우 복잡하지만 자석이 한 방향으로 배열하는 것을 간단히 설명할 수 있다. 중요한 것은 더 많은 원자의 스핀을 한 방향으로 배열할수록 철 전체의 에너지가 감소한다는 것이다. 이것은 철을 구성하고 있는 원자들 사이의 복잡한 상호작용에 의한 것이다. 같은 방향으로 배열되지 않은 원자가 있거나 스핀이 아무렇게나 흩어져 있다면 고에너지 상태가 된다. 모든 원자가 한 방향으로 배열되었을 때의 에너지 상태가 훨씬 낮다. 따라서 특정한 배열 상태, 즉 '자화된' 상태에서 가장 낮은 에너지를 갖는다. 자발적으로 자화가 일어나는 것은 이 때문이다.

우리는 이 아이디어를 이론적으로 이용하여 진공을 채우고 있는 힉스장을 만들 수 있다. 힉스장의 값이 0인 진공은 힉스장의 값이 0이 아닌 진공상태보다 에너지 상태를 높게 '만드는' 것이다. 이론가들은 즉각 어떻게 하면 되는지를 알아차렸다. 철 자석에 대한 **그림 6.23**의 '자기에너지'를 '진공에너지'로 바꾸고, '자화'를 '힉스장'으로 바꾸면 된다.

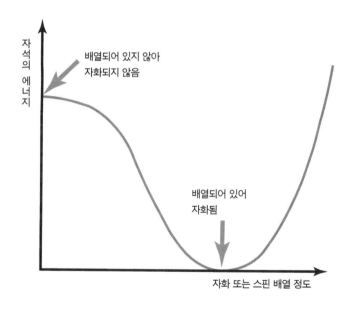

그림 6. 23 자기 퍼텐셜. 자화의 함수로 나타낸 철 자석의 에너지는 자화가 0이 아닌 특정한 값에서 최솟값을 가진다. 자석이 0이 아닌 자기장과 안정된 상태를 만드는 것은 이 때문이다.

이런 방법으로 이제는 유명해진 **그림 6.24**의 '힉스 퍼텐셜'을 얻을 수 있다. 힉스장이 선호하는 값은 에너지가 최소가 되는 x축 위의 점이다. 이것이 모든 공간의 힉스장의 값이다. 우리는 페르미의 이론으로 이것이 얼마인지 계산할 수 있다. 그것은 $V=175\text{GeV}$ 정도 되는 값이다. 만세!

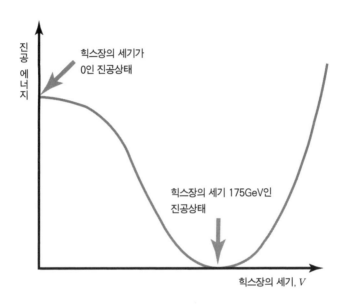

그림 6.24 힉스 퍼텐셜. 우리는 철 자석의 원리를 힉스 입자의 진공에너지에 적용할 수 있다. 진공에너지는 힉스장이 0이 아닌 곳에서 최솟값을 가진다. 이 때문에 진공이 우주 모든 곳에서 0이 아닌 힉스장을 발전시킨다. 변수들은 진공의 힉스장 세기가 약한상호작용에 관한 페르미 이론과 뮤온의 수명에서 구한 값인 175GeV가 되도록 맞추어져 있다.

캐서린이 묻는다. "만약 진공을 거대한 힉스장으로 채운다면 왜 우리는 뒷마당에 나가 진공에서 힉스 입자를 집어낼 수 없나요? 왜 CERN의 LHC가 필요한가요?"

좋은 질문이다. 대답은 아주 간단하다. 커다란 전기장과 자기장을 만드는 포톤은 질량이 0이다. 따라서 커다란 전자기장에서 포톤을 끄집어내는 것은 쉬운 일이다. 예를 들어 모두 결맞음 상태에 있는 수많은 포톤으로 이루어진 레이저 빔과

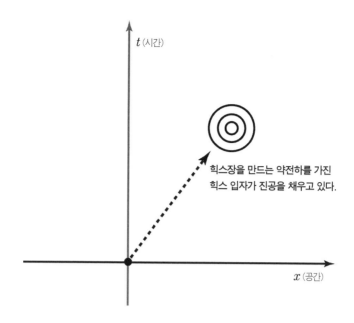

그림 6.25 힉스장이 진공을 채우고 있다. 힉스 입자는 포톤이 전자기장을 만드는 것처럼 진공에 원으로 나타낸 장을 만든다. 힉스장은 많은 수의 입자를 포함하고 있으며 아주 많은 약전하를 가지고 있다. 에너지가 0이고 운동량도 0인 상태로 양자 요동을 하는 힉스 입자는 장 안으로 '사라질' 수도 있고, 장에서 '나타날' 수도 있다. 진공은 약전하의 저장고이다.

같은 광원을 생각해보자. 여기에 입자 같은 것은 없어 보인다. 그러나 레이저 빔을 넓게 퍼지도록 하여 어둡게 만든 다음 '포톤 카운터'나 컴퓨터에 연결된 광센서를 이용하면 개개의 포톤이 만드는 틱, 틱, 틱…… 소리를 들을 수 있다. 우리는 레이저 빔에서 포톤 입자를 끄집어낸 것이다. 이 포톤들은 에너지가 매우 낮은 입자들이어서 민감한 검출기만 있으면 잡아낼 수 있다. 실제로 이것은 예전에 사진 에멀션의 염화은 결정이 하던 일이다. 포톤은 염화은 결정과 개별 입자로 반응하여 인화했을 때 사진작가 앤셀 애덤스의 그랜드테톤 산의 경치 같은 아름다운 사진을 만들어낸다.

우주를 채우고 있는 힉스장은 힉스 입자가 진공 안에 숨어 있다는 것을 의미한다. 그러나 집합적으로 힉스장을 만드는 힉스 입자는 아주 무거운 입자이다. 진공에서 이 힉스 입자를 떼어내려면 큰 에너지를 가진 망치가 필요하다. LHC가 바로 그런 망치 역할을 한다.

그런데 힉스장에는 매우 흥미로운 것이 또 있다. 힉스 입자의 존재는 진공이 약전하로 채워져 있음을 의미한다. 앞에서 힉스 입자는 약전하가 -1인 L과 약전하가 0인 R 사이의 변화를 매개하기 때문에 약전하가 -1이어야 한다고 했던 것을 기억할 것이다. 공간을 채운 힉스장은 진공이 엄청난 양의 약전하 저장고라는 것을 의미한다. 우리는 진공에서 약전하를 빌려와 R 뮤온을 L 뮤온으로 변환시킬 수 있다. 그리고 L 뮤온은 약전하를 진공에 버리고 R 뮤온으로 변환할 수 있다. 유레카! 우리는 방금 뮤온이 $L-R-L-R$ 진동을 하면서 질량을 가지는 과정을 알아보았다. 이런 진동에는 특정한 뮤온과 힉스 입자 사이에 g_m이라고 부르는 '커플링 강도'가 관계한다. 이것이 뮤온의 질량을 결정한다. 뮤온의 질량은 $m_m = g_m \times 175\text{GeV}$이다. 이로써 소립자들에 질량을 부여하는 문제가 해결되었다!

진공은 약전하의 엄청난 저장고이다. 약전하를 가지고 있지 않은 R 입자는 진공에서 약전하를 흡수해 L 입자가 되고, L 입자는 약전하를 진공에 버리고 R 입자가 된다. 약전하의 저장고인 힉스장이 항상 모든 공간을 채우고 있기 때문에 소립자의 질량이 모든 공간에 항상 존재하게 된다. 즉 약전하의 게이지 대칭성이 미세한 수준에서도 아직 유효하다.

게이지 대칭성을 유지하면서 질량과 관련된 개념적인 문제를 해결한 것을 제외하고는 $m_m = g_m \times 175\text{GeV}$ 식이 말해주는 것은 별로 없다. 문제는 표준모델이 다른 모든 페르미온과 힉스 입자의 커플링과 관련된 g_m값을 예측하지 못한다는 것이다. 우리가 할 수 있는 것은 실제로 뮤온의 질량인 m_m을 측정하고 그 값을 $g_m = m_m/v$에 대입하여 계산하는 방법밖에 없다. 측정된 뮤온의 질량은 0.1GeV이므로 $g_m = m_m/v = 0.1/175 = 0.00057$이다.

마찬가지로 전자의 질량은 약 $0.0005\text{GeV}/c^2$이므로 전자와 힉스 입자는 g_e

뮤온이 힉스장과 상호작용하여 질량을 갖게 된다

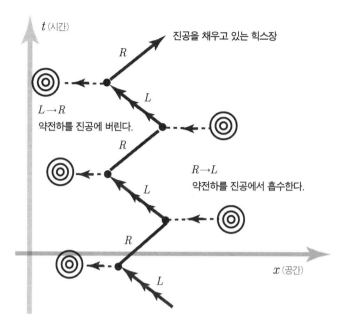

그림 6. 26 힉스장에서의 뮤온의 질량. 힉스장은 힉스 입자와 함께 그림 6. 22에서와 같이 모든 입자들에게 질량을 부여한다. L 뮤온은 R 뮤온으로 전환하면서 장 안으로 사라지는 에너지가 0인 힉스 입자를 방출하고 약전하를 가져간다. 그림에서 다중 화살표는 R이 L로 전환되었다가 다시 L이 R로 전환될 때 진공에서 나오는 약전하의 흐름을 보여준다. 이것은 전자, 다른 렙톤 그리고 쿼크에서도 일어난다.

= 0.0005/175= 0.0000028의 커플링 강도로 상호작용한다. 톱 쿼크의 질량은 약 $172\text{GeV}/c^2$이므로 톱 쿼크는 힉스 입자와 g_t=172/175=0.98의 강도로 상호작용한다. 우리는 이 입자들의 예측할 수 없는 질량을 예상되지 않는 힉스 입자와의 커플링 강도 g_μ, g_e, g_t로 바꾸어놓았다. 그러나 표준모델은 W^+, W^- 그리고 Z^0 보존의 무거운 질량도 만들어낸다. 입자들의 질량은 이 이론으로 예측되었고, 예측된 값과 실험을 통해 측정된 값은 놀라울 정도로 일치했다. 힉스 입자의 커플링 강도와 그 값의 기원을 설명하고, 그 값을 예측할 수 있는 좀 더 완전한 이론을 만드는 일은 다음 세대의 과제로 남아 있다.

우리는 호수에 도착했고, 큰 무지개 송어 한 마리를 잡았다. 모든 입자 질량은 진공에 1단위의 약전하를 버리고 L이 R로 바뀌고, R은 진공에서 1 단위의 약전하를 흡수하고 L로 변환하는 과정을 포함하는 시공간에서의 $L-R-L-R$ 진동에 의해 만들어지는 물리적 현상이라는 것을 알게 되었다. 이것이 질량의 기원이다. 따라서 우리는 "진공에서 힉스 입자를 끄집어낼 수 있다". 그러나 힉스 입자를 만들어 직접 연구하려면 CERN의 LHC 같은 강력한 망치가 필요하다. 우리가 사는 세상은 우리를 둘러싸고 있는 거대한 힉스장 안에 잠겨 있다. 조금 으스스하다.

잠시 쉬어가자

산 위의 깨끗한 공기를 들이마셔보자. 우리는 이곳에 오기까지 21세기 물리학을 지나왔다. 이제는 쉴 때가 됐다. 그리고 잠시 산봉우리의 아름다운 호수를 감상해보자. 우리는 지금 막 무지개 송어로 바구니를 채웠다. 이제 다시 산 아래로 내려갈 시간이다. 실제로 우리는 정상에 있다. 우리는 이제 힉스 입자가 무엇이며, 그것이 어떻게 우주 전체를 채우고 있는지, 그리고 입자들이 시공간에서의 $L-R-L-R$ 행진을 통해 어떻게 약전하를 진공으로 방출하거나 진공으로부터 흡수하는지를 이해하게 되었다. 이런 일은 우리 주변에서 항상 일어나고 있다. 산과 호수, 송어 그리고 우리 자신을 만들고 있는 모든 입자들은 힉스 입자로 가득한 진공과 약전하를 주고받으면서 상호작용하는 $L-R-L-R$ 행진을 하고 있다. 2012년 7월 4일에 CERN의 LHC 실험이 세상에 그것이 사실이라는 것을 확인해주었다. '힉스장을 구성하는' 힉스 입자, 집합적으로 작용해서 우리가 살고 있는 우주의 거대한 진공 목욕탕을 만들고 있는 힉스 입자가 마침내 실험실에서 그 모습을 드러낸 것이다.

제7장

현미경에서 입자가속기로

우리 이웃들이 자주 묻는다.

"당신들은 이 페르미 연구소에서 무슨 일을 하고 있습니까?"

우리는 그들에게 종종 "페르미 연구소는 세계에서 가장 강력한 현미경을 가지고 있습니다"라고 대답한다. 이것은 2009년 11월 20일까지 사실이었다.

'LHC가 돌아왔다.' 유럽 원자핵연구소는 금요일에 세계에서 가장 큰 가속기가 전기 사고로 작동을 멈춘 후 1년 만에 다시 가동을 시작했다고 발표했다. CERN의 가속기 책임자 스티브 마이어스^{Steve Myers}는 발표문에서 정식 명칭이 거대 강입자 충돌가속기(LHC)인 100억 달러짜리 연구 프로젝트의 재가동은 관련자들의 '영웅적인 노력' 덕분이라고 말했다. LHC에서의 실험은 눈으로 볼 수 없는 입자들에 대한 기본적인 의문에 답을 구할 수 있게 도와줄 것이다.

2008년 9월 19일의 자석 폭발 사고(제1장의 'Oh, $%&#!' 참조) 이후 도전적인 재건설 과정을 거치고 나서 LHC가 돌아왔다. 이로써 스위스 제네바에 있는

CERN의 LHC가 명실공히 세계에서 가장 강력한 입자가속기가 되었다. 사람들은 별로 신경 쓰지 않았지만 그 순간은 역사의 중요한 전환점이었다. 미국이 100년 가까이 가지고 있던 우월적 위치를 대신해 유럽이 세계에서 가장 강력한 현미경을 보유하게 된 것이다. 2011년 9월 30일에는 페르미 연구소의 테바트론이 영구히 폐쇄되었다. 그러나 많은 종류의 현미경이 있는 것처럼 입자가속기에도 여러 종류가 있다. 테바트론을 폐쇄한 오늘날에도 페르미 연구소에는 여러 개의 입자가속기가 가동되고 있다.

이웃이 테바트론에 대해 물었을 때 "세계에서 가장 강력한 현미경"이라고 했던 대답은 이제 LHC에 대해서 비전문가들에게 설명할 때 해줄 수 있는 가장 간단하고 안전한 설명이다.

아직도 많은 사람들이 입자물리학이 무엇을 연구하고 있는지, 그리고 이 거대한 입자가속기가 어떤 신비스러운 연구에 이용되고 있는지 알고 싶어한다. 페르미 연구소나 CERN에서는 폭탄을 만든 적이 없고, UFO를 그 자리에 파묻은 적도 없다. 이곳은 세계에서 가장 큰 현미경을 가지고 과학을 연구하는 곳이다. 입자물리학은 강력한 현미경인 가속기를 이용하여 자연의 가장 작은 물체를 연구한다. 가속기가 하는 일은 이처럼 명확하고 간단하다.

우리 이웃은 이런 설명을 들으면 대부분 다음과 같은 반응을 보인다. "아! 그런 일을 하고 계셨군요. 흥미 있는 일입니다" 그러고는 다음과 같은 말을 덧붙인다. "흠…… 나는 다른 일을 하고 계시는 줄 알았거든요".

입자가속기는 명확하게, 간단하게, 그리고 자세하게 말해 세상에서 가장 강력한 현미경이다. 입자가속기라고 부르는 이 거대한 장치가 무엇인지 알기 위해서 현미경에 대해 자세히 알아보자. 자, 그럼 이제 현미경을 현미경으로 들여다보자.

현미경

고대에도 렌즈의 기능은 알려져 있었지만 렌즈를 이용하여 많은 일을 하지는 않았다. 렌즈를 실용적으로 처음 사용한 것은 13세기 말에 독서용 '안경'이 발명되고부터이다. 관 끝에 돋보기를 달아 손에 들고 사용하는 초보적인 '돋보기'는 작은 물체에 초점을 맞출 수 있었다. 이 돋보기는 종종 곤충을 몇 배 확대하여 보는 데 사용했기 때문에 '벼룩 글라스'로 불리기도 했다.

1590년에 네덜란드의, 아마도 동전을 위조하는 일을 하고 있던 것으로 보이는 안경 제작자 한스 얀센^{Hans Janssen}과 그의 아들 자카리아스 얀센^{Zacharias Janssen}이 관 양쪽에 렌즈를 부착시켜 작은 물체를 더욱 확대하여 볼 수 있는 현미경을 발명했다. 이것이 최초로 여러 개의 렌즈를 이용한 복합 현미경이었다. 이 현미경으로 작은 물체를 열 배나 확대하여 볼 수 있었다. 현미경의 발명은 비슷한 시기에 이루어진 망원경의 발명과 갈릴레이의 광학 연구로 이어졌다. 초기 현미경의 발전과 관련된 인물이나 시기에 대해서는 정확히 알려지지 않은 것이 많은데, 이에 대해서는 역사학자들에게 맡겨놓자. 그러나 현미경의 발전과 망원경의 발전이 서로 밀접한 관계를 가지고 있었던 것은 틀림없다. 망원경은 발명되자마자 항해에서 중요하게 사용되었다. 현미경은 인터넷망이 입자물리학의 부산물이었던 것처럼 망원경의 2차 부산물이었다.

'현미경의 아버지'라고 불리는 사람으로 '최초의 미생물학자'였던 네덜란드의 안톤 판 레이우엔훅^{Anton Van Leeuwenhoek}은 정규교육을 받은 적이 없지만 탁월한 창의력과 뛰어난 기술을 가지고 있었다. 그는 물건을 조사하고 직물을 짠 실의 수를 세는 데 돋보기를 이용하던 가게에서 수습공으로 일을 배웠고, 후에 직물을 파는 상인이 되었다. 판 레이우엔훅은 더 좋은 현미경을 만들기 위해서는 초점거리가 짧은 질 좋은 렌즈가 필요하다는 것을 알게 되었다. 이런 '이중 볼록렌즈'는 거의 완전한 구형의 작은 유리 공을 필요로 했다. 이런 형태의 렌즈를 만드는 것은 망원경에 사용되는, 크고 곡률이 작아 배율이 작은 렌즈를 만드는 것보다 훨씬 더 어려운 일이었다. 깨끗하고 완전히 구형인 렌즈를 만들기 위해서는 그 당시 사용하던 초록색 유리 대신 질 좋은 유리가 있어야 했다. 판 레이우엔훅은 순수한 결정 상태의 수정을 이용하여 렌즈를 만들기 시작했다. 그는 완전한 작은 구형 렌즈를 만들기 위해 유리를 연마하는 새로운 방법을 개발했다. 그리고 이런 렌즈를 만들기 위해 유리를 다루는 간단한 방법을 알아냈다. 하지만 경쟁자들을 피하기 위해 의도적으로 힘든 과정을 거쳐 렌즈를 만든 것처럼 거짓 정보를 흘렸던 것으로 보인다.

판 레이우엔훅의 현미경에 대한 관심과 유리를 다루는 기술에 대한 조예가 과학 역사에 가장 중요한 기술적 발전을 이룰 수 있도록 했다. 판 레이우엔훅은 작은 유리 막대 한가운데를 뜨거운 불꽃 안에 넣어서 녹인 후 잡아당겨 두 개의 긴 유리 수염을 만든 뒤 한 수염의 끝을 다시 불꽃 안에 넣어 작은 유리 공을 만들었다. 이 작은 구형 렌즈는 물체를 크게 확대하여 볼 수 있는 현미경에 사용되었다. 상황 판단이 빨랐던 판 레이우엔훅은 렌즈를 만드는 방법이 알려지면 현미경에서의 자기 역할이 줄어들 것이라고 생각했다. 그래서 다른 사람들이 그가 밤마다, 그리고 여가 시간마다 현미경에 사용될 완전한 작은 렌즈를 연마하고 있는 것처럼 믿게 했다. 그는 성능 좋고 배율이 다른 200여 개의 현미경을 만들었다.

판 레이우엔훅은 270배나 되는 배율을 가진 현미경을 만드는 데 성공했다. 현대적 현미경이 태어난 것이다. 그와 함께 미생물학도 탄생했다. 자신이 만든 강력하고 새로운 혁명적인 과학 기기를 이용하여 판 레이우엔훅은 많은 것을 발견했다. 최초로 세균, 효모균 그리고 많은 작은 식물과 미생물을 관찰하고 설명했으며 연못 물속에서 원생동물을 처음으로 발견했다. 또한 모세혈관을 통한 혈액세포의 순환을 관찰했다. 그의 발견은 영국 왕립협회와 프랑스 과학 아카데미에 보낸 100

여 통의 편지를 통해 발표되었다.

"오랫동안 해온 나의 연구는 내가 지금 누리고 있는 명성을 얻기 위한 것이 아니라, 지식에 대한 열망 때문이었다. 내 마음속에는 그런 열망이 다른 사람의 마음속보다 더 많았던 것 같다. 그리고 새로운 것을 발견할 때마다 그것을 기록으로 남겨 모든 창의적인 사람들이 내가 발견한 것을 알 수 있도록 하는 것이 나의 의무라고 생각했다."

판 레이우엔훅과 동시대 과학자 중에는 영국의 위대한 과학자로 아이작 뉴턴과 중력 이론의 우선권을 놓고 논쟁을 벌이기도 한 로버트 훅$^{Robert\ Hooke}$이 있었다. 훅도 1660년경에 초기 복합 현미경 발전에 공헌했고, 여러 가지 중요한 발견을 했다. 1665년에 출판한 《마이크로그라피아^{micrographia}》에서 훅은 그와 판 레이우엔훅이 현미경을 이용하여 관찰한 식물 조직의 기본 단위를 '세포'라고 불렀다. 훅은 판 레이우엔훅의 연구에서 많은 도움을 받았다.

판 레이우엔훅은 단세포동물인 원생동물을 발견했다. 고등 생명체의 구성 요소가 되는 가장 작은 기관인 세포의 발견은 모든 물질을 구성하는 원자를 발견한 것과 마찬가지로 놀라운 발견이었다! 이로 인해 과학적 명성을 얻은 훅은 판 레이우엔훅의 업적을 세상에 알려 왕립협회 회원이 되도록 했다.

그러나 1676년에 판 레이우엔훅과 왕립협회 사이에 갈등이 생겼다. 이 갈등은 갈릴레이가 망원경으로 목성의 위성을 발견한 후 갈릴레이와 가톨릭교회 사이에 벌어졌던 갈등과 비슷했다. 물속에서 단세포동물인 원생동물을 발견한 판 레이우엔훅의 발견은 격렬한 반대에 부딪혔다. 생명체의 진화와 종교적 선입견 사이의 갈등이었다.

로버트 훅은 판 레이우엔훅의 발견을 직접 현미경을 이용하여 확인했다. 그리고 영국 성직자들의 조사와 개입이 있은 후 1680년에 판 레이우엔훅의 발견은 인정받아 왕립협회 펠로가 되었다.

기술적 도전

완전한 구형에 가까운 렌즈를 만드는 것은 현재도 수준 높은 기술 중 하나이지만 17세기에도 마찬가지였다. 매끄럽고 일정한 곡률을 가지고 있지 않은 렌즈는 뒤틀린 상을 만든다. 렌즈의 문제 중 하나는 상의 가장자리에 여러 가지 색깔이 나타나는 '색수차'이다. 색수차는 렌즈의 결함으로 인한 것이 아니라 빛이 유리로 들어가거나 나올 때 파장에 따라 다른 정도로 굴절하여 생기는 것이다. 이로 인해 현미경이나 망원경이 만든 상의 가장자리가 무지개 같은 색깔을 띠게 된다. 색수차는 유리가 흰빛을 여러 가지 색깔의 빛으로 분산시키는 프리즘 역할을 하기 때문에 생긴다.

1700년대 중반에 망원경의 색수차를 해결하는 '색지움 복합 렌즈'가 개발되었다. 이 렌즈는 색수차를 상쇄하도록 렌즈를 배열한 것으로, 배율이 작은 망원경의 렌즈에 응용되었다. 그러나 곡률이 큰 현미경의 경우에는 색수차 문제가 그대로 남아 있었다. 현미경의 색수차는 소독 수술의 개척자인 유명한 외과 의사 조지프 리스터$^{Sir\ Joseph\ Lister}$의 아버지 조지프 잭슨 리스터$^{Joseph\ Jackson\ Lister}$가 1830년에 복합 렌즈를 개발하여 해결되었다.

오늘날의 광학현미경은 이 초기의 현미경을 개량한 것으로, 물체를 수천 배까지 확대하여 보는 것이 가능하다. 고성능 렌즈를 이용한 광학현미경을 완성하는 과정에서는 여러 가지 종류의 '수차'를 극복해야 했다. 대부분의 수차는 두 개 이상의 렌즈를 일렬로 배열하여 렌즈의 수차를 상쇄하는 복합 렌즈를 사용하여 해결했다. 이것은 따로따로 사는 사람들보다 결혼해서 함께 사는 사람들이 세상을 더 잘 살아가는 것과 비슷하다!

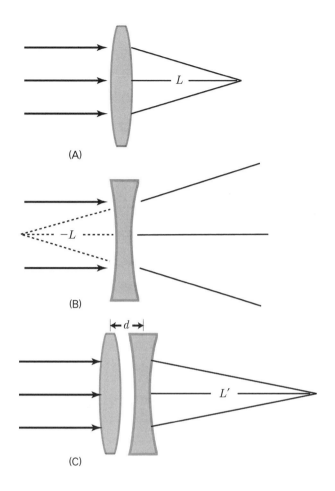

그림 7. 27 렌즈. (A) 이중 볼록렌즈의 초점거리는 L이 평행하게 입사한 빛이 모이는 점까지의 거리이다. (B) 이중 오목렌즈는 평행하게 입사한 빛이 한 점에서 나가는 것처럼 분산시킨다. 이런 렌즈의 초점거리는 $-L$로 나타낸다. (C) (A)와 (B)를 좁은 간격으로 결합하면 알짜 초점거리가 $L'=L^2/d$인 복합 렌즈가 만들어진다. 이런 복합 렌즈는 'FODO(수렴-간격-발산-간격)'라고 부르는데 개별 렌즈의 수차를 줄일 수 있다. 이것은 자석 렌즈에도 응용되며 4극 자석을 반복적으로 배열하여 'FODO 격자'라고 부르는 '……FODOFODO……' 연속 집속 시스템을 사용하는 에이지 싱크로트론의 기본 원리로도 사용되고 있다.

복합 렌즈에 쓰인 원리는 20세기 입자가속기에서도 사용될 수 있다는 것이 밝혀졌다. 빛을 한 점으로 수렴하게 하지만 수차를 가진 '볼록렌즈'를 만들고, 빛을 발산하도록 하는 '오목렌즈'를 만든다. 초점거리가 같은 볼록렌즈와 오목렌즈를 좁은 간격을 두고 접합시킨 '복합 렌즈'는 전체적으로 빛을 수렴시킨다. 다시 말해 수렴렌즈와 발산렌즈를 조합하여 만든 복합 렌즈는 초점거리가 두 렌즈 하나하나의 초점거리보다 긴 수렴렌즈가 된다. 오목렌즈가 빛을 발산시켜도 이런 복합 렌즈로 들어온 빛은 항상 한 점으로 수렴한다(그림 7.27 참조). 두 렌즈의 결합으로 인한 수차는 복합 렌즈에서는 대부분 상쇄된다. 이 때문에 복합 렌즈의 수차는 긴 초점거리를 가지고 있는 하나의 렌즈에서보다 훨씬 작아진다. 앞으로 이야기하겠지만, 수렴-발산 복합 렌즈의 알짜 수렴 효과는 CERN의 LHC와 같은 '싱크로트론'이라 부르는 대형 입자가속기의 기초 원리가 된다.

어떻게 작동하는가?

이제 현미경이 일반적으로 어떻게 작동하는지 간단히 알아보기로 하자. '입자 빔'부터 시작하자. 광학현미경의 경우 입자 빔은 가시광선이다. 가시광선의 경우 입자는 빛을 이루고 있는 포톤이다. 포톤은 양자 입자이므로 입자처럼 행동하기도 하고 파동처럼 행동하기도 한다. 그러나 여기서는 입자만 다루기로 하겠다. 태양이나 촛불 또는 전등과 같은 광원은 '입자가속기'이다. 이런 광원들은 에너지를 가지고 우리 쪽으로 오는 입자를 만들어낸다. 현미경에서는 포톤으로 이루어진 입자 빔을 사용하여 물체를 본다.

현미경으로 관찰할 때는 '목표물'이라 할 수 있는, 보고자 하는 물체를 유리 슬라이드 위에 얹어놓는다. 목표물은 관찰하려는 원생동물을 포함한 연못 물의 물방울일 수도 있고, 검사를 위해 우리 몸에서 떼어낸 편도선 조직의 일부일 수도 있다. 입사한 입자 빔에 포함된 포톤이 목표물과 충돌하면서 입자 빔을 이루고 있던 입자들이 모든 방향으로 산란된다.

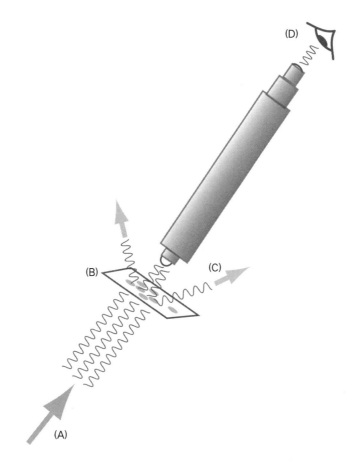

그림 7. 28 현미경의 개요. 현미경이나 입자가속기 실험의 개요. 현미경이나 입자가속기가 작동하려면 (A) 포톤과 같은 입사 입자 빔, (B) 입자를 산란시키는 목표물, (C) 산란된 입자를 모으고 감지하여 자료를 제공하는 검출기, (D) 관측자가 있어야 한다.

　현미경에는 렌즈 시스템이 있다. 렌즈 시스템은 판 레이우엔훅의 구형 크리스털 렌즈들을 리스터가 개발한 색수차 지움 복합 렌즈 체계로 배치하여 만든다. 현미경의 렌즈 시스템은 산란된 포톤을 모아 상을 만든 뒤 눈동자로 보내 관측자가 볼 수 있게 해준다.

따라서 현미경이 작동하는 데는 다음과 같은 요소들이 필요하다.

(1) 빔
(2) 목표물
(3) 검출기 = 렌즈 체계 + 눈동자
(4) 뇌 = 컴퓨터

좋다. 이제 리스터의 복합 렌즈 시스템을 갖춘, 더 크고 더 좋은 판 레이우엔훅의 현미경과 밝은 포톤 빔을 가지고 쿼크를 살펴보자! 그러나 불행히도 우리 생각대로 작동되지 않는다. 광학현미경으로 볼 수 있는 물체의 크기에는 한계가 있기 때문이다. 그렇다면 왜 생물학 실험실에 있는 광학현미경으로는 쿼크를 볼 수 없는 것일까?

제2장에서 입자의 크기와 목표물의 크기 사이의 관계에 대해 이야기했던 것을 상기해보자. 광학현미경에서는 빛 입자인 포톤을 이용하여 물체를 본다. 따라서 현미경의 해상도를 결정하는 것은 빔을 구성하는 '포톤의 크기'이다. 일반적으로 입자 빔을 이루는 입자의 크기가 보려는 목표물의 크기보다 크면 초점이 맞는 상을 만들 수 없다. 이것은 물리학의 기본 법칙이다. 어떤 것을 측정하기 위해서는 측정하고자 하는 물체보다 더 작은 탐침이 필요하다.

그러나 포톤은 아주 작지 않은가? 포톤은 기본 입자이며 내부 구조를 가지고 있지 않은 점 입자라고 했던 말을 기억할 것이다. 그런데 왜 포톤을 작은 입자를 관측하는 탐침으로 사용할 수 없다는 것인가? 여기서 우리는 모든 양자 입자들의 파동의 성질과 마주하게 된다. 간단히 말해 양자 이론은 모든 것이 입자인 동시에 파동이라는 역설적인 이야기를 한다. 양자 입자는 파동인 동시에 입자이고, 파동도 아니고 입자도 아니다. 이것이 도저히 이해하기 힘든 역설처럼 보인다면 우리가 해줄 수 있는 말은 다음과 같은 말뿐이다.

"양자 세계에 온 것을 환영합니다. 양자물리의 세계는 아무도 이해할 수 없지만 우리 학생들은 이 세계를 이용할 수 있도록 훈련받았습니다."

이것이 소위 말하는 '입자-파동 이중성'이다. 양자 이론은 매우 조심스러워하면서도 이것의 의미를 매우 중요하게 취급한다. 심지어는 아인슈타인도 이 원리를 수정하려 했지만 실패했다.

제2장에서 이야기한 것처럼 빛의 경우 포톤은 실제로 점과 같은 입자여서 크기가 없다. 그러나 동시에 파동이기도 하다. 현미경과 관련해서 '포톤의 크기'를 결정하는 것은 파동처럼 행동하는 포톤의 '파장'이다(그림 2.1 참조). 앞에서 살펴본 것처럼 가시광선의 파장은 0.00005cm(10^{-5}cm) 정도이다. 따라서 가시광선을 이용하는 광학현미경은 아무리 잘 만들어도 0.0001cm보다 작은 물체를 구별할 수 없다.

점점 더 작은 물체를 봐야 할 필요가 생기면서 가장 좋은 렌즈와 광학 장비가 개발되었지만 빛의 파장이라는 벽에 부딪히게 되었다. 광학현미경은 생명체를 구성하는 세포의 자세한 내부 구조를 볼 수 없으며, 바이러스나 거대 분자 그리고 DNA 같은 것들을 볼 수 없다. 이런 것들을 보기 위해서는 가시광선의 포톤보다 작은 입자들로 이루어진 입자 빔이 필요하다.

빛을 이용하지 않는 현미경!

양자 이론의 이해할 수 없는 입자-파동 이중성은 더 좋은 현미경을 만드는 방법도 제공한다.

첫째로 양자 이론은 모든 입자가 동시에 파동이라고 말하고 있다. 이것은 포톤뿐만 아니라 우리가 원하는 모든 입자를 현미경에 이용할 수 있음을 뜻한다. 예를 들면 입자 중에서 가장 쉽게 발견되는 전자를 이용할 수도 있다. 전자는 우주를 구성하는 모든 원자 내부에서 원자핵 주위를 돌고 있다. 두 번째로 양자 이론은 우리가 원하는 파장을 가지게 하려면 전자에 얼마나 많은 에너지를 주어야 하는지를 정확히 계산할 수 있도록 해준다. 세 번째로 전자는 전하를 가지고 있으므로 간단한 장치를 이용하면 쉽게 전자에 에너지를 줄 수 있다. 약간의 에너지를 전자에 공급하는 것만으로도 원하는 크기의 양자 파장을 만들어낼 수 있다. 그리고 마지막으로 전자와 같이 전하를 띤 입자들은 '전자기 렌즈'를 이용하여 쉽게 초점에 모을 수 있다. 전자는 질량과 전하를 가진 입자로 자이로스코프처럼 회전하는 스핀을 가지고 있다. 전자는 현미경의 입자 빔으로 사용할 수 있는 이상적인 입자이다.

포톤의 입자-파동 이중성은 1920년대에 밝혀졌다. 그러나 입자-파동의 이중성은 포톤에만 해당되는 것으로 생각했다. 따라서 전자도 입자-파동의 이중성을 가진다는 사실을 처음 알았을 때 충격에 빠졌다. 이런 생각은 소르본 대학에서 플랑크, 보어, 아인슈타인, 하이젠베르크 등이 제안한 새로운 양자물리학을 공부하고 있던 젊은 대학원생 루이 드브로이$^{\text{Louis de Broglie}}$에 의해 1924년에 처음 제안되었다. 닐스 보어의 연구를 통해 전자가 원자 안에 잡혀 있을 때는 파동과 같은 행동을 한다는 것이 알려져 있었다. 그러나 전자의 파동성은 전자가 원자 안에 갇혀서 특정한 궤도 운동을 하는 경우에만 해당되는 것으로 생각했다. 따라서 입자와 파동의 이중성이 전자 자체의 고유한 성질이라고는 생각하지 않았다.

드브로이는 박사 학위 논문에서 포톤과 마찬가지로 전자도 모든 경우에 양자 입자-파동의 이중성을 갖는다고 제안했다. 따라서 구속되지 않고 자유롭게 운동하는 전자가 파동과 같은 운동을 하는 것을 관측할 수 있다고 주장했다. 이를 확인하기 위해서는 전자가 가지고 있는 파동의 특성을 보여주는 실험을 해야 했다. 파동의 일반적 특징은 빛이나 수면파에서 볼 수 있는 회절과 간섭을 한다는 것이다. 드브로이는 소르본 대학에 제출한 세 장짜리 간단한 박사 학위 논문에서 하나의 방정식을 제안했다. 이 방정식은 양자 이론의 기본 개념만 알고 있으면 쉽게 이해할 수 있는 간단한 방정식이다.

소르본 대학의 권위 있는 교수들은 드브로이의 아이디어가 간단하고 명료한 데

놀랐지만 그것을 이해할 수는 없었다. 그들은 드브로이의 박사 학위를 통과시키지 않으려 했다. 그런데 다행스럽게도 누군가 논문의 복사본을 아인슈타인에게 보내 그의 의견을 물었다. 아인슈타인이 이 젊은이는 박사 학위가 아니라 노벨상을 받아야 한다고 대답했다.

자유전자가 가지고 있는 파동의 성질은 1927년에 미국 벨연구소에서 클린턴 조지프 데이비슨Clinton Joseph Davisson과 레스터 저머Lester Germer가 실험을 통해 확인했다. 금속 결정의 표면에서 반사된 전자가 빛과 마찬가지로 회절과 간섭을 한다는 사실이 밝혀진 것이다. 이는 놀라운 진전이었다. 그전까지는 아무도 전자가 당구공처럼 행동하는 작고 단단한 입자임을 의심하지 않았다. 하지만 전자도 포톤과 마찬가지로 양자 입자-파동이라는 것이 증명되었다. 이것은 양자 이론의 수수께끼 같은 면이다. 드브로이는 1929년에 노벨 물리학상을 받았다. 수수께끼 같은 양자 입자들은 곧 새로운 물리적 실재로 자리 잡게 되었다. 모든 입자는 동시에 파동이다.

이제 우리 앞에 놓인 문제는 '현미경에서 전자를 어떻게 사용하는가?'였다. 전자(전하=−1), 양성자(전하=−1), 뮤온(전하=−1) 등과 같이 전하를 띤 입자들은 많은 에너지를 주면 얼마든지 짧은 양자 파장을 가질 수 있다. 이런 입자들은 전하라는 특별하고 편리한 '손잡이'를 가지고 있다. 우리는 이 손잡이를 잡아당김으로써 손쉽게 빠른 속도로 가속시킬 수 있다. 전기장 안에 있는 모든 전하를 띤 입자들은 가속되어 더 많은 운동에너지를 가지게 된다. 입자들은 전기장으로부터 에너지를 얻는다.

원리적으로는 전자, 양성자, 뮤온과 같은 입자에 줄 수 있는 에너지의 크기에는 한계가 없다. 그러나 실제 가속기에서는 에너지가 커질 때 여러 가지 기술적인 문제에 부딪히게 된다. 초전도체 거대 충돌가속기(SSC)처럼 정치적이고 재정적인 한계를 극복하지 못하는 경우도 있지만 대부분의 현대 가속기 발전 과정에서는 숱한 기술적인 문제를 극복하는 것이 중요한 과제였다.

지금까지 한 이야기를 한마디로 요약하면 빛 대신 가속된 전하를 띤 입자를 이용하면 무한대의 해상도와 배율을 가진 '현미경'을 만들 수 있다는 것이다.

입자가속기

가속기는 정지해 있는 입자를 가속시켜 큰 운동에너지를 가지도록 하는 장치이다. 현미경의 첫 단계에서 항상 가속된 입자 빔이 있어야 한다고 했던 것을 떠올려 보자. 가속기는 가속된 입자 빔을 제공한다.

고무총은 원시적인 형태의 가속기이다. 고무총은 V자 모양의 나뭇가지를 잘라 고무와 같은 탄성이 큰 줄을 매단 것이다. 사용자는 고무줄에 돌멩이를 끼우고 뒤로 잡아당겨 고무줄의 탄성 에너지를 증가시킨다. 그런 다음에는 고무줄을 놓아 목표물을 향해 돌멩이를 날려 보낸다. 늘어났던 고무줄은 원래 상태로 돌아오면서 돌멩이를 가속시킨다. 고무줄이 원래 상태로 돌아오면서 늘어났을 때 고무줄이 가지고 있던 탄성에너지가 돌멩이의 운동에너지로 전환된다. 고무총은 매우 위험하므로 어린이들은 고무총을 가지고 놀면 안 된다. 이렇게 보면 총도 일종의 가속기라고 할 수 있다. 물론 고무총보다 훨씬 더 위험한 가속기이다. 자동차, 고속 열차, 비행기, 우주선 같은 것들 역시 사람을 가속시키는 가속기라고 할 수 있다.

고무총에 적용되는 물리학과, 강력한 양성자, 전자, 뮤온 가속기에 적용되는 물리학은 다르지 않다. 돌멩이 대신 전자와 같이 전하를 띤 입자를 가속시키고, 고무줄 대신 전기장을 이용하는 것이 다를 뿐이다.

전기장이 하전 입자를 가속시킨다

'장'은 물리학의 핵심적인 부분으로서, 눈으로는 볼 수 없지만 실제로 존재한다. 장은 에너지를 가지고 있으며, 우리에게 영향을 줄 수도 있고, 주지 않을 수도 있다. 장이 입자에 영향을 주면 우리는 입자와 장이 상호작용했다고 말한다. 전자나 양성자, 뮤온처럼 '전하'를 가지고 있는 입자들은 전기장과 '상호작용'한다. 전기장은 상호작용을 통해 입자의 운동에 영향을 주어 가속시키거나 감속시키고, 자기장은 운동의 방향을 변화시킨다.

장의 개념은 중력에서 시작되었다. 아이작 뉴턴은 질량을 가진 모든 물체 사이에 중력이 작용한다는 것을 알아냈다. 그는 중력의 세기가 두 물체의 질량의 곱에 비례하고, 거리가 증가함에 따라 '거리 제곱에 반비례해서' 약해진다고 가정한 뒤 두 물체 사이에 작용하는 중력의 세기를 계산하는 식을 만들었다. 이 간단한 식을 만유인력의 법칙이라고 불렀다. '만유'라는 말은 질량을 가진 모든 물체에는 중력 법칙에 의한 중력이 작용한다는 뜻이다. 다시 말해 두 물체의 질량과 두 물체 사이의 거리에 중력 법칙을 대입하면 두 물체 사이에 작용하는 중력을 알 수 있다는 의미이다. 뉴턴은 중력에 의한 운동을 분석하기 위해 '미적분'이라는 놀라운 수학적 분석 방법을 발명했다. 그는 이 방법과 중력 법칙을 이용해 지구 주위를 도는 달과 태양 주위를 도는 행성들의 운동을 정확히 설명할 수 있었다. 뿐만 아니라 지상에서 사과 같은 물체가 땅에 떨어지는 속도도 중력 법칙을 이용해 설명했다. 이것은 지구 상에서 일어나는 운동과 천체의 운동을 중력 법칙과 운동 법칙을 이용하여 '통합'적으로 설명하는 것이었다.

뉴턴이 중력 법칙을 발견하고 100여 년 뒤에 전기력과 자기력에 대해서도 알게 되었다. 1785년에 샤를 오귀스탱 드 쿨롱 Charles Augustin de Coulomb 은 입자가 멀리 떨어져 있는 다른 입자에 중력보다 훨씬 더 큰 힘을 작용할 수 있다는 것을 발견했다. 그리고 이 힘은 입자가 '전하'를 가지고 있을 때만 작용한다는 것을 알아냈다. 대부분의 물질은 전기적으로 중성이어서 사람이 감지할 정도의 전하를 가지고 있지 않기 때문에 우리는 전기력의 효과를 직접 느끼지 못한다. 그러나 물체가 알짜 전하를 가지도록 하면 강력한 새로운 힘을 느낄 수 있다. 전하를 띤 입자 사이에 작용하는 힘의 세기는 뉴턴이 발견한 중력 법칙과 마찬가지로 두 입자 사이의 거리 제곱에 반비례해서 약해진다.

벤저민 프랭클린$^{Benjamin Franklin}$을 비롯한 많은 과학자들의 연구 결과를 바탕으로 전하라는 개념이 도입되었다. 우리는 전기력에 대해 잘 알고 있다. (+) 전하와 (−) 전하 사이에는 인력이 작용하고, (+) 전하와 (+) 전하 사이에는 척력이 작용한다. 다시 말해 같은 종류의 전하 사이에는 척력이 작용하고, 다른 종류의 전하 사이에는 인력이 작용한다. 오늘날 우리는 모든 기본 입자들이 측정 가능한 전하를 가지고 있으며 특정한 역학적 물리량을 가지고 있다는 것을 알고 있다. 자연에서 발견되는 전하는 기본 전하량, 'e'의 정수배로 나타난다. 예를 들면 중성자는 0 곱하기 기본 전하량, 즉 0의 전하를 가지고 있어 전기적으로 중성이다. 전자는 −1 곱하기 기본 전하량, 즉 −e의 전하량을 가지고 있으며, 양성자는 1 곱하기 기본 전하량, 즉 e의 전하량을 가지고 있다.

우리의 측정 능력 한계 안에서 볼 때 우주는 (+) 전하를 띤 입자와 (−) 전하를 띤 입자의 수가 균형을 이루고 있다. 보통 물질의 경우에는 원자 안에 대부분의 전하가 들어 있다. 원자에서는 전자가 가지고 있는 (−) 전하가 양성자가 가지고 있는 (+) 전하와 상쇄된다. 물질이 전기적으로 중성인 것은 중력보다 훨씬 강한 전기력의 작용을 잘 느낄 수 없는 것을 통해서도 알 수 있다. 원자에서 전자를 떼어내거나 더해주면 원자는 (+) 전하나 (−) 전하가 남아도는 이온이 된다. 원자를 떠난 전자는 결국 이온과 다시 결합하면서 중성원자를 형성하여 세상은 다시 전기적으로 중성이 된다.

멀리 떨어져 있는 전하 사이에 어떻게 힘이 작용하는지를 놓고 과학자들과 철학자들 간에 열띤 토론이 벌어졌다. 전하 사이에는 두 전하를 연결해주는 끈이나 스프링 같은 것이 없다. 그러나 19세기 초에 있었던 이런 토론이 전기장의 개념을 이끌어냈다. 모든 전하는 주위에 전기장을 만든다는 것이다. 전기장의 세기는 전하로부터 거리가 멀어질 때 쿨롱이 주장한 거리 제곱에 반비례하는 법칙에 따라 약해진다. 전하를 띤 물체가 가지고 있는 전하의 부호에 따라 장에 의해 밀려나거나 잡아당기는 상호작용을 통해 전기장의 존재를 알 수 있다. 전기장 안에서 전하에 작용하는 힘은 전하가 있는 위치의 전기장 세기에 의해 결정된다. 그리고 전기장은 가속기를 만들고 있는 구리판의 경우와 같이 분리되어 있는 전하에 의해 만들어진다. 아주 간단하다.

이런 전기장은 매우 유용하게 응용될 수 있다. 그중 하나가 '균일한 전기장'을 만드는 것이다. 두 구리판을 평행하게 배치하고 구리판을 전극에 연결하면 구리판 사이에 균일한 전기장이 만들어진다(그림 7.29 참조). 그렇게 하면 전지의 (+)극에 연결된 구리판에서는 전자가 나오고 (−) 극에 연결된 구리판에는 전자가 흘러들어 쌓이게 된다. 전하의 이런 이동은 두 판 사이의 전압이 높아지면 정지된다. 두 판 사이에 만들어진 전기장은 전지의 전기장과 반대로 (−) 전하가 남아도는 구리판에서 강하게 전자를 잡아당겨 전자가 모자라는 (+)를 띠고 있는 구리판으로 보내 전체를 '다시 중성'으로 만든다.

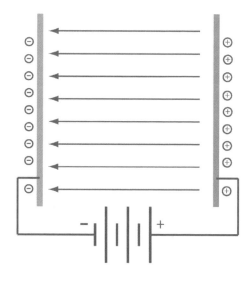

그림 7.29 균일한 전기장. 전지에 연결된 두 구리판 사이에 균일한 전기장이 형성된다. +와 −로 표시된 전지의 두 전극을 확인하기 바란다. (−) 극에 연결된 구리판에는 잉여 전자가 축적되고, (+) 극에 연결된 구리판에는 전자가 모자라게 된다.

그러나 구리판은 전자가 빠져나가지 못하도록 전자를 붙들고 있다. 구리판을 구성하고 있는 원자들 사이에 형성된 전기장이 전자들과 상호작용해 전자를 구리판 안에 잡아두는 것이다. 전자가 전기장에 의해 작용하는 힘을 이기고 밖으로 나오기 위해서는 매우 강한 외부 전기장이나 열에너지가 필요하다. 금속을 가열하는 것은 금속에 에너지를 주입하는 것이다. 에너지를 받아 온도가 높아진 금속에서는 입자 사이에서 충돌이 일어나고, 이때 전자가 에너지를 얻어 밖으로 나온다. 그 결과, 구리판 사이에 전류가 흐르기 시작한다. 전류는 많은 전하가 한 방향으로 이동하는 것이다. 따라서 전류가 흘러 두 구리판 사이의 전자가 균형을 이루면 전기장은 사라진다. 이런 일은 공기의 방해를 받지 않는 진공관 안에서 가장 잘 일어난다. 공기가 있으면 공기가 저항으로 작용하기 때문에 공기 분자가 전자를 잃어 이온화되기 전까지는 전류가 흐르지 않는다. 분자가 이온화된 공기는 도체가 되고 따라서 전류가 공기의 이온 통로를 따라 빠르게 흐른다. 그렇게 되면 두 구리판 사이에 순간적으로 아주 큰 전류가 흐른다. 이런 현상을 '방전'이라고 한다.

진공 안에 판을 평행하게 배치하면 판 사이에 균일한 전기장이 만들어진다. 두 판 사이의 전기장 세기가 1억 V/m 정도로 매우 강해지면 구리에서 전자가 한꺼번에 대량 방출된다. 이를 '브레이크다운'이라고 부른다. 때문에 전기장의 세기를 임계값보다 낮게 유지해야 한다. 그러면 (−)극판에서 조금씩 방출되는 전자가 고무총의 돌멩이처럼 (+)극 쪽으로 가속되면서 운동에너지를 얻게 된다. 우리는 이제 입자가속기를 만들 수 있는 기본적인 구성 요소를 가지게 되었다.

전자현미경

전하를 띤 입자를 가속시키는 가장 간단한 입자가속기는 진공 안에 두 극판을 마주 보도록 배치하고, 전원을 이용하여 두 판 사이에 강한 전기장을 만든 것이다.

그런 다음 여분의 전자를 가지고 있는 판을 가열하여 전자가 튀어나오게 한다. 이 전자는 전기장에 의해 다른 판 쪽으로 가속된다. 전자가 가속되는 방향의 (+)극판에 작은 구멍을 만들면 일부 전자가 이 구멍을 통과해 앞으로 계속 나간다. 이제 우리는 공간을 날아가는 큰 에너지를 지닌 가속된 전자를 가지게 되었다(그림 7.30).

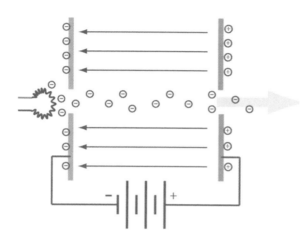

그림 7.30 하전입자의 가속. 간단한 가속기. 가열된 필라멘트에서 방출된 전자가 음극판에 있는 구멍을 통과한다. 그런 다음 평행 판 사이의 전기장에 의해 (+)극판 쪽으로 가속된다. 이 전자들은 작은 구멍을 통과해 판 사이의 전위차에 해당되는 에너지를 가진 입자 빔이 된다. 12V의 전지를 이용하면 전자들은 12eV의 에너지를 얻는다. 공기 분자와의 충돌로 전자의 가속이 방해받지 않도록 이 장치는 진공관 안에 설치되어야 한다.

이것은 초기 전자공학에서 사용되던 진공관의 전신인데 '브라운관' 또는 '음극선관'으로 발전했다. 실제로 음극선관은 간단한 입자가속기이다. 앞에서 사람들은 집 안에 입자가속기인 TV 브라운관을 가지고 있다고 말했다. 그러나 오늘날에는 음극선관을 이용하는 TV 브라운관이 발광 다이오드나 플라스마 또는 LCD를 이용한 얇은 디지털 스크린에 그 자리를 내주고 마차나 증기기관이 간 길을 따라갔다. 하지만 이 아이디어를 응용한 많은 전자 장비들은 아직도 사용되고 있다.

큰 에너지를 가지는 전자 빔을 만드는 것과 관련된 기본 원리는 양성자, 전자를 잃거나 얻은 원자인 이온, 전자의 무거운 자매인 뮤온같이 전하를 띤 모든 입자에도 적용할 수 있다. (−)전하를 띤 입자는 (+)전하를 띤 입자로 끌려가고, (−)전하를 띤 입자에서 멀어진다는 것은 전자기학의 가장 기본적인 원리이다. 전지에 의해 제공된 극판 사이의 퍼텐셜 에너지 또는 전위차는 고무총의 늘어난 고무줄이 가지고 있는 탄성에너지와 비슷한 역할을 한다. 입자가 가속되면 극판에서 에너지를 얻어 운동에너지를 증가시킨다. 그것은 고무총에 장전된 돌멩이가 늘어난 고무줄의 탄성에너지에서 운동에너지를 얻는 것과 같다. 음극선관은 전자현미경에서 사용하는 것과 비슷한 2만 V의 전원을 이용한다. 브라운관의 스크린을 향해 가속된 전자들은 '입자가속기'라 할 수 있는 브라운관의 전자총에 의해 2만 eV의 에너지를 얻는다.

이제 현미경에 사용될 작은 탐침 입자인, 큰 에너지를 가지고 있는 전자가 준비되었다. 이런 전자의 양자 파장은 가시광선의 파장보다 수천 배나 더 작다. 따라서 우리는 가속된 전자를 이용하여 전자현미경을 만들 수 있다. 전자의 양자 파장은 사람의 세포보다 작아질 수도 있으며 심지어 원자의 크기까지 작아질 수도 있다.

현미경 설계의 기본 원리는 (1) 빔, (2) 목표물, (3) 검출기(눈), (4) 컴퓨터(뇌)라고 했던 것을 기억할 것이다.

전자현미경에서는 전자 빔을 우리가 관측하고자 하는 시료를 포함하고 있는 목표물에 비춘다. 전자는 시료와 충돌한 뒤 모든 방향으로 산란된다. 전기장이나 뒤에서 이야기할 자기장을 이용하여 산란된 전자를 검출기로 모은다. '전자기 렌즈'는 광학현미경에 사용되는 판 레이우엔훅의 유리 렌즈와 같은 역할을 한다. 이 렌즈는 시료에 의해 산란된 전자를 이용하여 확대된 상을 만든다. 우리 눈은 망막에 도달하는 전자를 감지할 수 없으므로 전자를 TV 브라운관에서와 같이 형광 스크린에 부딪히게 한다. 오늘날에는 전자를 반도체가 감지하고 컴퓨터가 자료를 처리한다. 이런 방법으로 시료의 확대된 상을 얻을 수 있다.

전자의 양자 파장은 가시광선의 파장보다 1만 배 더 작기 때문에 전자현미경은 광학현미경보다 훨씬 높은 배율을 가질 수 있다. 전자현미경의 배율은 1000만 배까지 높일 수 있지만 일반 광학현미경의 배율은 빛의 파장에 의해 제한되기 때문에 3000배 정도가 최대 배율이다. 전자현미경은 무한한 생물학 시료나 무기물을 관측하는 데 사용된다. 전자현미경으로 관측할 수 있는 것에는 세균, 바이러스, 플라스미드, 세포, 큰 분자, 생체 시료, 금속, 결정, 농작물, 토양 시료, 고고학적 또는 지리적 시료, 미세 전자회로, 컴퓨터에 사용되는 집적회로, 사건 현장의 법의학적 증거물 등이 포함된다. 생산 현장에서는 전자현미경이 품질관리, 파괴 분석, 비행기 날개의 금속이나 리벳 검사, 건물이나 교량의 지지 구조 검사, 휘발유 엔진에서 전지의 극에 이르기까지 다양한 재료에 나타나는 피로^{fatigue} 검사에 사용된다.

전자현미경은 새로운 세상을 보여주었다! 현대의 전자현미경은 브라운관 스크린을 이용하지 않고 특수 설계된 픽셀로 이루어진 전자 감지 회로와 컴퓨터를 이용하여 영상을 처리하고 저장하는 기능을 갖춘 디지털 디스플레이에 전자가 만든 영상이 나타나도록 한다. 발전된 컴퓨터 영상처리 능력에 따라 더 적은 수의 전자로도 영상을 만들 수 있어 시료의 수명이 길어졌고, 동영상도 가능해졌다.

전자현미경이라 부르는 가장 간단한 입자가속기가 일으킨 사회적·경제적 충격은 대단했다. 이 책의 저자들 중 누구도 경제학으로 박사 학위를 받은 사람이 없어 그 가치를 금액으로 나타낼 순 없지만 이것의 가치가 전 세계에서 기초과학 연구와 가장 큰 입자가속기에 투자하는 금액보다 수십 배는 더 클 것이라고 확신한다. 이것이야말로 기초과학에 대한 투자가 어떻게 우리 경제를 창조하고 지탱하는지를 보여주는 좋은 예이다.

가장 간단한 입자가속기인 전자현미경이 경제 발전과 생활수준 향상에 기여한 것을 금액으로 환산하면 SSC 같은 대형 가속기를 여럿 건설하는 데 필요한 예산과 오늘날 세계에서 기초과학 연구에 사용하는 모든 예산을 합한 것보다 훨씬 클 것이다.

제**8**장

세계에서 가장 강력한 입자가속기

"나는 이것이 무슨 소용이 있는지 모르겠습니다. 하지만 언젠가 당신은 여기에 세금을 물릴 수 있을 것입니다."

마이클 패러데이$^{Michael\ Faraday}$가 물리학에 '쓸데없는' 예산을 낭비하고 있는 실험을 보기 위해 방문한 윌리엄 글래드스턴$^{William\ Gladstone}$ 국세청장에게 한 말이다. 패러데이의 실험실에서는 그 예산이 도선, 코일, 전지, 다시 말해 '전기'를 개발하는 데 쓰일 예정이었다. 패러데이는 그 당시의 입자물리학이라 할 수 있는 전기장이나 자기장과 상호작용하는 전자의 성질을 연구하고 있었으며, 증기기관 이후의 전기를 기반으로 하는 현대 산업혁명의 기초를 놓았다.

입자가속기는 패러데이가 기초를 놓은 전자기학이 경제 발전에 공헌한 것 중에서 아주 작은 부분일 뿐이다. 우리는 미국 총생산에서 입자가속기와 관련된 기술의 기여도가 얼마나 되는지 추정해볼 수 있다. 입자가속기는 대부분의 병원, 실험실, 대학, 첨단 기술 산업 센터 등 모든 곳에서 사용되고 있다. 입자가속기는 20세기에 이루어진 원자, 원자핵 그리고 기본 입자들에 대한 연구의 부산물이다. 우리는 이러한 시설에서 걷어들이는 세금이 대형 입자가속기와 관련 기술 연구 개발에 사용되는 예산보다 훨씬 클 것이라고 생각한다.

실제로 입자물리학에 쏟는 연방 정부의 예산 대부분이 가속기에 대한 연구와 건설 및 운영 그리고 가속기를 이용하는 실험에 쓰이고 있다. 이 장에서는 오늘날 입자물리학에서 사용되는 강력한 현미경이라고 할 수 있는 가장 기본적인 장비에 대해 알아볼 예정이다. 가속기를 현미경에 비유했던 것을 기억할 것이다. 가속기는 입자 빔을 만들어낸 뒤 목표물에 충돌시켜 산란시킨 다음 산란된 입자를 검출기에 모아 영상을 만들어 우리 감각기관이 인식할 수 있도록 해준다. 빔을 이루는 입자들은 우리가 관찰하려는 물체보다 작아야 한다. 다시 말해 작은 양자 파장을 가지고 있어야 한다. 이 때문에 빔을 만들어내는 고에너지 입자가속기가 필요하다. '충돌가속기' 안에서는 서로 반대 방향으로 달리는 빔 사이에서 충돌이 일어난다. 입자가속기 현미경의 대안렌즈는 충돌 지점을 둘러싸고 있는 커다란 집채만한 크기의 입자 검출 장치이다. 흰 가운을 입은 사람이 대안렌즈를 통해 세균을 검사하는 대신 고에너지 입자 실험에서는 많은 물리학자들이 컴퓨터 스크린과 컴퓨터가 보내는 신호를 들여다보고 있다. 그러나 가속기도 현미경인 것만은 틀림없다.

선형가속기

앞에서 이야기한 전자현미경은 최초의 '선형 입자가속기'이다. 선형 입자가속기는 선형가속기$^{linear\ accelerator}$라는 단어의 앞 글자를 따서 라이낙이라고도 부른다. 고에너지 선형가속기는 전자나 이온처럼 전하를 띤 입자를 직선으로 가속시킨다.

우리가 작게 만들고 싶어 하는 양자 파장은 입자의 에너지에 의해 결정된다. 거의 빛의 속도로 달리고 있는 입자의 양자 파장을 반으로 줄이려면 에너지를 두 배로 늘려야 한다. 이를 위해서는 더 긴 선형가속기나 더 강한 전기장이 필요하다. 그러나 아주 강한 전기장을 만드는 것은 불가능하다. 아주 강한 전기장은 구리판의 경우처럼 물질 안의 전자가 밖으로 나오도록 만든다. 그렇게 되면 큰 전류가 흘러 전기장을 약하게 만들어버린다. 입자가속기에서는 우리가 사용할 수 있는 가장 강한 전기장을 이미 이용하고 있기 때문에 입자 에너지를 두 배로 늘리려면 입자를 같은 세기의 전기장에 두 배 길게 노출시키는 수밖에 없다. 다시 말해 에너지를 두 배로 하기 위해서는 가속기의 길이를 두 배로 늘려야 한다.

전기장의 세기는 V/m의 단위로 측정한다. 따뜻하고 습기 많은 날에는 항상 하늘로 향하는 100V/m 정도의 전기장이 형성되어 있다. 우리는 이런 전기장을 느끼지 못하지만 커다란 뇌운이 지나갈 때는 금속으로 만든 뾰족한 물체 주변에 수천 V/m나 되는 전기장이 만들어진다. 이때 전자들이 물체에서 방출된다. 이것이 피뢰침의 원리이다. 피뢰침은 금속으로 만든 끝 지점에서 전자가 나와 주변 전기장을 약하게 만들어 벼락을 방지한다. 물체 부근의 전기장 세기가 수천 V/m나 변하면 주변의 공기 분자들이 이온화되어 전류가 흐르는 통로가 만들어지면서 벼락이 친다.

입자가속기의 경우, 가속 전기장은 대개 구리나 합금으로 만든 초전도체 고주파 '중공 원통' 안에 만들어진다. 전기장에서 중공 원통은 소리에서의 종이나 기타 줄에 해당한다. 빠르게 진동하는 전기장으로 원통을 채울 수 있는데, 이는 종을 울리거나 기타 줄을 튕겨 소리를 내는 것과 같다. 중공 원통의 전기장은 그 자체가 하나의 소형 가속기라 할 수 있는 정밀한 장치 '클라이스트론'을 이용하여 발생시킨다. 전기장은 원통 안에서 공명을 일으킨다. 원통 벽의 전기저항은 0이어서 전기장을 가두고 있을 뿐, 울리는 종이나 떨리는 기타 줄에 손가락을 댔을 때처럼 전기장의 세기를 약화시키지 않는다. 기타 줄이 떨면서 내는 음파의 파장이 기타 줄길이의 두 배인 것처럼 공명을 일으키는 전자기장의 파장은 일반적으로 원통 길이의 두 배이다. 전하를 띤 입자가 제때 고주파 중공 원통에 들어가면 전기장에 의해 원통의 길이 방향으로 가속된다. 이를 보고 우리는 하전입자가 '전기장과 동조된다'고 말한다. 그렇게 되면 전기장에 의해 가속되면서 입자가 원통 안의 전자기장에서 에너지를 흡수한다. 입자와 전기장이 동조되지 않으면 입자들은 뒤로 밀려난다. 사람들은 선형가속기를 종종 서퍼들이 파도 타는 것에 비유한다. 이런 비유는 상상력을 자극하기에는 좋을지 몰라도 둘 사이에는 큰 차이가 있다. 가속기의 경우 전자가 전기장에서 계속 더 많은 에너지를 얻지만, 서퍼는 일단 움직이면 파도 꼭대기에서 파도를 따라 거의 같은 속도로 달린다.

고주파 원통 안에서 만들어지는 가장 강한 전기장은 3000만 V/m이다. 이보다 높은 전기장은 물리적 한계에 이르게 된다. 이 한계를 넘으면 구리에서 전자가 방출되거나 원통을 만든 재료의 초전도 상태가 파괴되기 때문이다. 이런 문제들 때문에 실험실이나 실험 장치 안에서 만들어내는 전기장 세기에는 한계가 있다.

고에너지 선형가속기를 만들기 위해서는 레오 스릴라드^{Leo Szilard}가 고안하고, 최초로 선형가속기를 만든 롤프 비더뢰^{Rolf Wider ø e}가 1928년에 특허를 받은 아이디어를 사용한다. 그것은 여러 개의 고주파 중공 원통들을 일렬로 배열하여 입자를 연속적으로 가속시키는 방법이다. 원통들이 모두 공명 상태에 놓이도록 배열하면 전하를 띤 입자가 원통들을 통과하면서 전기장에 의해 원통의 길이 방향으로 가속된다. 전하를 띤 입자들은 작고 간단한 가속기를 이용해 선형가속기의 첫 번째 원통에 주입된다. 첫 번째 원통에서 전기장에 의해 에너지를 얻은 입자는 다음 원통으로 들어가 또 한 번 가속되면서 에너지를 얻는다. 이런 방법으로 여러 개의 원통을 통과하면서 큰 에너지를 가진 입자 빔이 만들어진다.

선형가속기는 여러 종류의 입자, 즉 전자, 양성자, 전하를 띤 원자인 이온 그리고 뮤온과 같은 불안정한 기본 입자들을 가속시킬 수 있다. 이때 필요한 조건은 입자가 전기장과 상호작용하는 전하를 가지고 있어야 한다는 것이다. 중성미자나 중성자 또는 중성 파이온과 같은 고에너지 중성입자를 만들려면 전하를 띤 고에너지 하전입자를 알루미늄, 탄탈룸, 납, 우라늄, 수은 증기와 같은 물질에 충돌시켜야 한다. 전하를 띤 고에너지 입자가 물질을 이루는 원자들과 충돌하면서 다양한 종류의 입자들이 만들어진다.

선형가속기의 크기는 음극선관이나 오래된 TV 브라운관 크기에서 1~2m 길이의 전자현미경 그리고 캘리포니아 멘로 파크에 있는 국립 가속기 연구소의 3.2km나 되는 길이의 SLAC에 이르기까지 다양하다. 전자현미경이나 선형가속기는 재료과학 연구에 사용하거나 질병 치료용으로 사용되는 X-선이나 감마선 또는 고에너지 전자를 발생시키는 것처럼 여러 가지 실용적인 용도로 쓰이고 있다. 현재 길이가 3.2km인 SLAC은 더 이상 입자물리학 연구에 사용되고 있지 않지만 아직도 라이낙 가간섭성 광원(LCLS)으로 이용되고 있다. 선형가속기 일부를 사용하는 LCLS는 세계 최초 'X-선 자유전자 레이저'이다. LCLS는 수십억분의 1초 동안 지속되면서 다른 방법으로 발생시킨 X-선보다 수십억 배 밝은 X-선 펄스를 만들어 낸다. 이것은 화학반응이 일어나는 곳 또는 세포 안에서 움직이는 원자나 분자의 순간적인 사진을 찍는 데 사용되어 화학, 생화학 그리고 기술과 관련된 반응의 결정적인 정보를 제공한다.

페르미 연구소와 CERN의 선형가속기는 양성자를 가속시키고 있으며, 더 큰 가속기의 입자 주입기로 사용되고 있다. 길이가 1m 정도 되는 한 개의 고주파 중공 원통으로 만들어진 선형가속기는 의학용이나 재료과학에서 사용하는 약 30MeV의 에너지를 가지는 전자를 발생시킨다. 선형가속기는 원형가속기와 달리 많은 입자들을 만들어낼 수 있다. 다시 말해 거의 연속적으로 흐르는 큰 입자의 흐름을 만들 수 있다. 이 때문에 양성자 선형가속기는 입자가 가지고 있는 에너지의 크기보다는 입자의 수가 더 중요한 원자나 원자핵과 관련된 드문 반응을 연구하는 데 이상적이다.

페르미 연구소는 '프로젝트 X'라고 부르는, 세계에서 가장 강한 양성자 빔을 만들어내는 선형가속기 건설 계획을 가지고 있다. 프로젝트 X의 양성자는 LHC의 7TeV보다 훨씬 작은 8GeV의 에너지를 가지게 될 것이다. 그러나 이 가속기는 아주 많은 양성자로 이루어진 강한 빔을 만들어낼 것이다. 프로젝트 X에 대해서는 제9장에서 자세히 설명할 예정이다.

SCRFs: 수십억 달러의 경제적 효과를 가져올 다음 주자는?

초전도 초대형 충돌가속기(SSC) 건설이 중단되자 미국의 많은 입자물리학자들이 미국 정부에 전자와 반전자가 정면충돌하는 거대한 선형가속기를 건설해달라고 설득하기 시작했다. 막대한 비용과 이 프로젝트에 대한 에너지부(DOE)의 미지근한 반응에도 불구하고 국제 선형 충돌가속기(ILC) 추진 그룹은 자신들의 꿈을 이루기 위해 '글로벌 디자인 에퍼트'라는 공식 관리 기구를 출범시켰다.

글로벌 디자인 에퍼트에서는 2004년에 초전도 고주파 중공 원통(SCRFs)을 바탕으로 ILC가 건설될 것이라는 중요한 결정을 했다. SCRFs는 아직 개발되어 있지 않았고, 대규모 제작 가능성도 검증되어 있지 않았기 때문에 이러한 결정은 모험이었다. 이 방법이 기술적으로 여러 가지 유리한 점이 있기는 하지만 SCRFs 제작 방법을 알아내기 위해서는 많은 연구 비용이 투입되어야 하는데다 장기간의 연구라는 위험부담을 안고 있었다. 그러나 이것은 문명의 발전을 위해 사용될 많은 부산물을 생산해낼 수 있는 용감한 결정이었다. 미국의 에너지부는 이 새로운 기술의 개발을 위해 현재까지 5억 달러 정도를 투자했다.

이 연구 개발 프로젝트는 안정적인 SCRFs를 개발하는 놀라운 성과를 거뒀다. SCRFs는 소모하는 에너지에 비해 에너지 효율이 아주 높은 입자가속기이다. 가속기에서 만들어진 전자 빔의 에너지와 전원에서 공급한 에너지의 비율로 정의되는 '에너지 효율'은 초전도체가 아닌 보통 재질로 만든, 이전에 사용하던 중공 원통에 비해 효율이 몇 배나 높다. 이 연구를 통해 개발한 SCRFs의 규모가 어느 정도인지 알기 위해 구체적인 예를 들면 500GeV의 ILC는 1만 8000개의 고주파 원통이 필요하다.

현재 미국과 일본이 공동 건설에 관해 논의하고 있지만 실제로 ILC가 만들어지는 것과는 관계없이 SCRFs의 개발로 얻는 이익은 엄청나다. SCRFs는 전자나 양성자 빔을 가속하지만 최후에 방출되는 빔은 큰 에너지를 가진 포톤 빔인 감마선이나 중성자 빔일 수도 있다. 이런 빔들이 실용적으로 응용된 예에는 의학적 영상 장치나 질병 치료도 포함된다. 예를 들면 병원 현장에서는 테크네튬-99 동위원소(Tc^{99})를 만드는 것이 당면한 과제이다. Tc^{99}는 질병 진단에 필요한 영상을 만드는 데 사용되는 방사성 동위원소로, 반감기가 몇 시간밖에 안 되며, 다른 방사성 원소를 이용하여 병원에서 만들어 사용하고 있다. 그러나 여러 가지 문제점을 안고 있다.

SCRFs는 이런 문제점들을 해결할 수 있는 논리적인 대안이며, 이것만으로도 SCRFs 개발과 관련된 연구에 쏟아부은 비용의 몇 배가 넘는 부가가치를 창출할 것이다. 전자 빔은 아황산가스(SO_2), 이산화질소(NO_2)와 같은 기체를 포함한 연기의 유독 기체를 제거하거나, 물질의 표면 처리, 새로운 터널링 기술 등에 사용될 수 있다.

SCRFs의 미래는 밝다. 우리는 가까운 장래에 SCRFs 관련 기술이 수십억 달러짜리 산업으로 발전하기를 기대한다. 그리고 정부는 여기에도 세금을 부과할 수 있을 것이다.

자기장은 입자를 원운동하도록 한다

앞에서 살펴본 것처럼 전하를 띤 입자는 전기장 안에서 직선으로 가속된다. 이러한 가속으로 입자가 에너지를 얻어 양자 파장이 작아지면서 가장 강력한 현미경인 입자가속기를 만드는 일이 가능해진다. 전기장과 마찬가지로 자기장도 입자를 가속시킬 수 있다. 그러나 자기장이 입자를 가속시키려면 입자가 이미 움직이고 있어야 하며, 입자가 가속되는 방향은 입자의 운동 방향과 수직이다. 이런 수직 가속의 결과로 전하를 띠고 자기장 안에서 운동하는 입자는 원운동을 하게 되지만 에너지가 증가하지는 않는다. 다시 말해 자기장 안에서는 원래의 운동 방향을 바꿀 뿐이다.

때문에 자기장은 빔 입자에 에너지를 증가시켜 양자 파장을 작게 만드는 용도로 사용할 수 없지만 전하를 띤 빔 입자들의 운동 방향을 조절하고 초점을 맞추는 중요한 역할을 할 수 있다. 입자의 운동을 휘게 만드는 자기장은 전자기 렌즈를 만들고 입자 빔의 집속 시스템을 만드는 데 도움을 준다. 이 때문에 전자현미경이 자기장을 이용하여 전자를 모아 영상을 만들 수 있다.

전하를 띤 입자 빔을 원으로 휘게 하는 자기장의 성질을 이용하면 매우 중요한 일을 할 수 있다. 또 자기장을 전기장과 함께 이용하면 선형가속기보다 크기도 작고 비용이 덜 들면서도 훨씬 큰 에너지를 가진 입자 빔을 생산하는 가속기를 만들수 있다. 이러한 원형가속기가 사이클로트론과 싱크로트론이다. 이 원형가속기에서는 전하를 띤 입자들이 자기장의 작용으로 원형 궤도를 돌면서 같은 고주파 중공 원통을 여러 번 통과하는 과정에서 큰 에너지를 얻는다.

자기장은 입자들을 원형 궤도에 묶어두는 역할을 한다. 빔 입자들의 에너지가 증가하는 데도 자기장이 일정하게 유지되면 입자는 점점 반지름이 큰 원운동을 하게 된다. 이런 입자들을 같은 궤도에 묶어두기 위해서는 입자의 에너지가 증가함에 따라 자기장의 세기도 함께 증가해야 한다. 이것이 싱크로트론이라 불리는 입자가속기의 원리이다.

우리가 사용할 수 있는 전기장의 세기에 한계가 있는 것처럼 자기장의 세기에도 한계가 있다. 이는 아주 큰 에너지를 가진 입자를 만들기 위해서는 반지름이 큰 싱크로트론이 필요하다는 것을 의미한다. 예를 들면 1TeV의 에너지를 가진 양성자와 반양성자를 만들어내던 테바트론의 지름은 약 1.6km나 되었다. 좀 더 강한 자기장을 이용하여 7GeV의 에너지를 가진 입자를 생산할 수 있도록 설계된 LHC의 지름은 약 8.5km이다.

전류가 자기장을 만든다

앞에서 살펴본 바와 같이 전기장은 전하에 의해 만들어지고 전하를 가속시킨다. 마찬가지로 자기장은 전류에 의해 만들어지고 전류의 방향을 바꾸거나 전하를 띤 입자를 원운동하도록 만든다. 전하가 이동하는 것이 전류이다. 앙드레 마리 앙페르$^{\text{André Marie Ampère}}$는 전류에 의해 자기장이 만들어지고, 자기장이 전류에 영향을 끼친다는 것을 발견했다.

이동하지 않는 전하는 자기장을 만들지 않고 자기장의 영향을 받지도 않는다. 구리나 알루미늄 도선에 흐르는 전류는 느슨하게 결합된 전자들이 물질을 통해 흘러가는 것이다. 전하의 측면에서 보면 물질은 전기적으로 중성이다. 모든 (+) 전하는 원자핵에 들어 있으며 한자리에 움직이지 않고 있고, 대부분의 전자들은 원자핵 둘레에 머물러 있다. 느슨해진 일부 전자들이 전지의 작용으로 물질을 통해 이동하면서 전류를 만들어낸다. 원자에 묶여 있는 전자들은 물질을 전기적으로 중성으로 유지할 뿐이다. 따라서 큰 전류가 흐르는 경우에도 물질은 전기적으로 중성이어서 물질의 알짜 전하는 0이다.

일정한 세기의 전류가 흐르는 두 도선을 나란히 놓아두는 실험을 해보면 두 도선 사이에 척력이나 인력이 작용한다는 것을 알 수 있다. 두 도선에 흐르는 전류의 방향이 반대이면 척력이 작용하고, 같은 방향이면 인력이 작용한다. 이것은 전류와 자기장의 관계를 직접 알아볼 수 있는 실험이다. 도선은 전기적으로 중성이므로 전기장은 만들어지지 않는다. 도선 사이에 자기력이 작용하도록 하는 것은 전류이다. 일정한 전류가 흐르는 도선은 나침반의 바늘을 움직일 수 있다. 오늘날의 많은 사람들도 그렇지만, 자석의 성질을 잘 몰랐던 고대인들은 자석을 신비하게 여겨 철이나 '로드스톤'처럼 특정 물질만이 가지고 있는 마술 같은 성질이라고 생각했다. 자석의 성질을 처음 알아낸 중국인들은 이를 이용하여 나침반을 만들었다.

원자에 구속되어 있지 않은 전자는 고유의 스핀으로 작은 자기장을 만든다. 대부분의 물질에서는 반대 방향의 스핀을 가지고 있고, 반대 방향의 궤도운동을 하는 전자들이 쌍을 이루고 있다. 따라서 한 전자의 자기장은 쌍을 이룬 다른 전자의 자기장과 상쇄된다. 철, 코발트, 니켈과 같은 원자들은 쌍을 이루지 않은 전자를 가지고 있어 작은 자석처럼 행동한다. 모든 원자의 자기장이 같은 방향으로 배열되면 개개 원자의 효과가 더해져서 강한 자기장을 형성한다. 철은 각각의 원자자석들이 한 방향으로 배열하는 경향을 가지고 있다. 때문에 수백만 개의 원자자석이 같은 방향으로 배열되어 공통의 자기장을 만드는 '자기구역^{magnetic domain}'을 형성한다. 외부 자기장에 의해 각 구역의 자기장이 한 방향으로 배열하면 막대자석에서와 같은 강한 자기장이 만들어진다. 원자 수준에서 이와 관련된 물리학은 매우 복잡하면서도 흥미롭다. 따라서 자기적 성질이 특정 물질이 가지고 있는 신비하고 특별한 성질인 것은 맞지만 마술은 아니다.

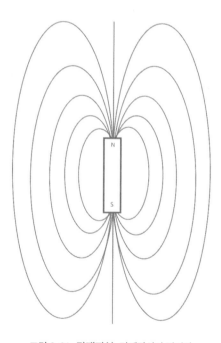

그림 8.31 막대자석. 막대자석의 자기장

자석의 극은 N극과 S극이라고 부른다. 철로 만든 막대자석 가운데를 끈으로 묶어 매달면 나침반 바늘이 된다. 이 자석의 N극은 북쪽을 가리키고, S극은 남쪽을 가리킨다. 또 자석의 N극은 다른 자석의 N극을 밀어내고, S극은 S극을 밀어내지만 N극과 S극은 서로 잡아당긴다. 때문에 N극과 S극은 (+) 전하와 (−) 전하처럼 행동한다. 그러나 N극이나 S극만을 따로 떼어놓을 수는 없다. 따라서 모든 자석은 두 개의 반대되는 극을 가지고 있는 '쌍극자'이다. 이것은 자기장이 자하^{magnetic} $_{charge}$ 또는 '자기 홀극'이 아니라 전류에 의해 만들어진 결과이다.

자기장의 두 극은 부근에 있는 물질을 자화^{magnetization}시킨다. 따라서 두 극은 종이 클립 같은 물질을 끌어당긴다. 자석이 클립을 자화시키기 때문에 클립은 일시적으로 자석이 된다. 흰 종이 위에 막대자석을 놓고 부근에 철가루를 뿌리면 철가루가 자기장의 방향으로 배열되기 때문에 자기장을 눈으로 확인할 수 있다.

사이클로트론

사이클로트론에 대해서는 간단히 언급하고 지나갈 생각이다. 왜냐하면 현대 입자물리학에서 볼 때 과거의 유물이라고 할 수 있기 때문이다. 사이클로트론에 관심 있는 독자들은 인터넷에서 '사이클로트론'을 검색하거나 위키피디아의 내용을 참조하기 바란다.

사이클로트론은 전하를 띤 입자를 가속시켜 일정한 자기장 안에서 나선운동을 하도록 잡아두는 장치이다. 예를 들면 수직의 자기장 안에 있는 원형가속기 중심에 작은 에너지를 가지고 있는 입자를 주입하면 이 입자는 원운동을 한다. 입자는 한 바퀴 돌 때마다 같은 전기장에 의해 다시 가속된다. 그러고는 다시 원운동을 계속한다. 입자가 에너지를 얻으면 점점 반지름이 큰 원운동을 하면서 나선을 그리며 바깥쪽으로 나간다.

사이클로트론은 캘리포니아 대학 버클리 캠퍼스의 어니스트 로런스[Ernest Lawrence]가 그의 학생 스탠리 리빙스턴[Stanley Livingston]과 함께 1932년에 발명했다. 사이클로트론은 1920년대의 선형가속기를 발전시킨 것으로, 원형 궤도를 돌면서 가속되기 때문에 크기가 작고 비용이 적게 들었다.

수십 년 동안 핵물리학 실험을 위해 가장 높은 에너지 빔을 얻을 수 있는 장치였던 사이클로트론은 아직도 이 같은 용도로 사용되고 있다. 또한 암 치료나 의학 영상에 필요한 방사성 동위원소를 생산하는 등 의학용으로도 널리 사용되고 있다. 사이클로트론이 만들어내는 이온 빔은 양성자 치료에서와 같이 경로에 있는 조직을 최소한 손상시키면서 몸 안을 뚫고 들어가 종양을 파괴하는 데 이용되기도 한다. 또한 사이클로트론 빔은 다른 원자에 충돌시켜 PET 영상 장치에 필요한, 수명이 짧은 양전자를 방출하는 동위원소를 만드는 데 사용되기도 한다.

싱크로트론

가장 발전한 원형가속기로 입자물리학 연구에 널리 사용되는 가속기는 싱크로트론이다. 싱크로트론의 원리는 소련의 블라드미르 벡슬러[Vladimir Veksler]가 제안했지만 1945년에 최초로 싱크로트론을 만든 사람은 에드윈 맥밀런[Edwin McMillan]이었다. 최초의 양성자 싱크로트론을 설계한 사람은 마크 올리펀트[Mark Oliphant]로, 그가 설계한 양성자 싱크로트론은 1952년에 만들어졌다.

양성자 그리고 심지어 뮤온도 싱크로트론의 거대한 링 안에서 눈에 띄는 빔 손실 없이 높은 에너지로 가속시킬 수 있다. LHC와 테바트론은 모두 양성자 싱크로트론이다. 테바트론은 반양성자도 반대 방향으로 회전시키면서 가속시켰다.

싱크로트론에서는 입자들이 고정된 원궤도를 돈다. 입자들은 한 바퀴 돌 때마다 RF 중공관에서 에너지를 얻어 더 큰 에너지를 갖게 된다. 입자의 에너지가 증가하면 자기장의 세기도 강해져 입자가 같은 궤도에 머물러 있게 해준다. 이 때문에 빔이 회전하는 진공 파이프는 사이클로트론처럼 원반이 아니라 아주 큰 원형 궤도이다. 따라서 자기장을 이용하여 작은 단면적을 가진 파이프 안에 빔을 집중시킬 수 있다. 덕분에 선형가속기나 사이클로트론보다 적은 비용으로 훨씬 더 큰 에너지 입자를 만들어내는 싱크로트론도 가능하다.

싱크로트론으로 전자를 가속시킬 때는 에너지 낭비가 발생한다. 전자는 질량이 작아 큰 에너지를 가지고 원형 궤도를 돌 때 포톤을 방출한다. 이를 '싱크로트론 방사선'이라고 부른다. 그러므로 싱크로트론에서 전자를 이용하여 높은 에너지를 얻으려면 많은 에너지가 방사선으로 빠져나가는 것을 감수해야 한다.

CERN의 LEP는 전자와 양전자가 충돌하는 가속기로, 현재 LHC가 설치된 지름 8.5km의 터널에 설치되어 있었다. LEP는 한 방향으로 전자를 돌게 하고 반대 방향으로는 양전자를 돌게 하여 싱크로트론의 에너지 한계를 크게 높여 놓았다. 전자와 양전자 빔의 에너지는 각 입자당 100GeV여서 두 빔이 충돌할 때 발생하는 에너지는 200GeV였다. LEP가 폐쇄되기 직전에는 이보다 더 높은 에너지까지 가능했다. 입자당 45GeV의 에너지를 가진 두 빔이 충돌하면 90GeV가 발생한다. 이는 Z^0 보존을 직접 생성시킬 수 있는 에너지이다. LEP에서 한 사이클당 에너지 손실은 0.2%였다. 가장 높은 에너지인 100GeV에서는 전자가 한 바퀴 돌 때마다 싱크로트론 방사선으로 2%의 에너지를 잃는다. 그러나 싱크로트론 방사선도 화학반응이나 생물학적 과정의 연구 등 다양한 용도로 사용될 수 있다. 대형 원형 전자가속기가 싱크로트론 방사선의 고에너지 포톤, 즉 '방사광'을 이용할 목적으로 건설되기도 한다(역자 주: 포항의 방사광 가속기는 이런 목적으로 세워진 가속기이다).

자기렌즈

렌즈는 렌즈의 축에 평행하게 입사한 모든 포톤을 한 점에 모을 수 있다. 그러나 자기장을 이용할 때는 렌즈처럼 입자를 한 점에 모으는 것은 가능하지 않다는 사실이 밝혀졌다. '자기 사중 극자$^{magnetic\ quadrupole}$'를 이용하면 한 평면, 즉 수평면에서 운동하는 전자를 한 점에 모을 수 있지만 반면에 수직면에서 운동하는 전자들은 넓게 퍼진다. 또 자기 사중 극자를 90도 회전시키면 정반대 현상이 일어나 이번에는 수직면에서 운동하는 전자들이 한 점에 모이고 수평면에서 운동하는 전자들은 넓게 퍼진다.

그러나 현미경과 망원경 제작자들이 색수차를 없애기 위해 사용한 방법을 싱크로트론에 응용하면 이 문제를 해결할 수 있다. 수평면에서 운동하는 입자를 수렴하는 자기 사중 극자 다음에 90도 회전한 자기 사중 극자를 배치하여 수직면에서 운동하는 입자를 수렴한다. 수렴렌즈(F) 다음에 공간(O)을 두고, 그다음에 발산렌즈(D)를 배치하면 전체적으로는 수렴렌즈가 된다고 했던 것을 기억할 것이다. 다시 말해 'FODO'의 순서로 배치된 복합렌즈는 빛을 한 점에 모을 수 있다(그림 7.27 참조)! 마찬가지로 자기 사중 극자를 FODOFODOFODO……의 순서로 반복 배열하여 싱크로트론의 진공 터널을 회전하는 빔을 좁은 면적에 집중시킬 수 있다. 이런 기술을 교대 자계 변화 집속이라 부른다. 이것은 브룩헤이븐 국립 연구소에 설치된 최초의 교대 자계 변화 싱크로트론(AGS) 그리고 최근에 만들어진 테바트론이나 LHC 같은 대형 싱크로트론을 가능하게 한 기술혁신이었다.

싱크로트론은 정지해 있는 입자를 가속시킬 수는 없기 때문에 사전 가속 단계가 필요하다. 이 단계에서는 선형가속기나 다른 소형 싱크로트론 등의 다른 가속기들을 이용한다. 정지해 있던 입자는 고전압과 같은 간단한 장치를 이용하여 가속시킨다. 다양한 요소들이 어떻게 작동하는지 알아보기 위해 지금까지 건설된 가장 큰 충돌가속기에 대해 자세히 살펴보자.

세계의 위대한 충돌가속기들

테바트론

테바트론은 페르미 연구소에 설치된 싱크로트론 입자가속기였다. 이 가속기는 CERN의 LHC에 추월당하기 전까지 세계에서 가장 큰 에너지의 양성자-반양성자 충돌가속기였다. 테바트론은 양성자를 한 방향으로 가속시키고, 반양성자를 반대 방향으로 가속시켜 두 지점에서 충돌시켰다. 이 충돌 지점에는 '현미경의 대안 렌즈' 역할을 하는 CDF와 D-제로라는 검출기가 설치되어 있었다. 테바트론의 진공 터널 둘레는 6.2km였으며 양성자와 반양성자를 1TeV의 에너지를 갖도록 한 다음 충돌시켜 총 2Tev의 에너지를 발생시켰다.

1983년에 완성된 이후, 그때부터 2011년까지 계속해서 개선이 이루어진 테바트론은 톱 쿼크를 발견했고, W 입자의 질량을 가장 정밀하게 측정했으며, 'b' 쿼크가 관련된 반응에서 CP-비보존의 징후를 처음 발견했고, 쿼크의 강한상호작용과 관련된 많은 측정을 했다. Z 보존의 질량에 대한 초기의 측정에도 테바트론을 이용했지만 곧 CERN의 LEP가 더 정밀한 측정에 성공했다.

페르미 연구소에 설치된 최초 대형 가속기는 메인 링이라고 불렀다. 이 가속기는 초대 소장이었던 로버트 W. 윌슨Robert R. Wilson의 헌신적인 노력으로 1969년 10월 3일 공사를 시작했다. 당시에는 페르미 연구소를 국립 가속기 연구소라고 불렀으며 둘레가 약 6km 되는 터널로, 후에 이 터널에 테바트론이 설치되었다. 메인 링은 일반적인 구리 도선을 이용한 자석을 사용했으며 빔 에너지는 1973년에는 300GeV 그리고 1976년에는 500GeV였다. 또한 에너지를 더 높이기 위해서는 더 강력한 자석이 필요한 까닭에 초전도 기술을 도입하지 않을 수 없게 되었다.

메인 링 가속기는 1977년 8월 15일에 폐쇄되었고, 새로 개발된 초전도 자석과 새로운 빔 파이프가 메인 링이 있던 자리에 설치되었다. 이 초전도 자석을 이용한 '테바트론'은 1986년 11월에 900GeV의 빔 에너지에 도달하는 데 성공했다.

1993년 9월 27일, 미국기계학회는 테바트론의 냉각 시스템이 국제적으로 역사적 지표가 되는 시스템이라고 선언했다. 테바트론의 초전도체 자석에 액체헬륨을 공급하는 이 냉각장치는 1978년에 설치된 이래 가장 큰 냉각 시스템이었다. 이 냉각장치는 자석의 코일을 초전도체 양자 상태로 유지하는 작용을 했다. 초전도체 자석은 구리 도선으로 만든 자석에 비해 전력 소비가 3분의 1밖에 안 된다.

페르미 연구소의 가속기 시스템은 여러 가지 기어를 이용하여 점점 더 많은 에너지를 전달함으로써 자동차를 빠르게 달리도록 하는 변속기와 비슷했다. 첫 번째 기어는 고전압을 이용하여 입자를 가속하는 콕크로프트-월튼의 사전 가속기였다. 이 장치는 과거 TV 브라운관에 사용되던 음극선관에서처럼 고전압을 이용하여 입자를 가속시켰다. TV 브라운관은 약 2만V의 전압을 이용했지만 페르미 연구소의 콕크로프트-월튼 가속기는 75만 V로 입자를 가속했다. 가속된 빔은 150m 길이의 선형가속기에 들어가 400MeV까지 가속된 다음 지름이 100m 정도 되는 소형 싱크로트론 '부스터'로 들어간다. 이곳에서 양성자가 약 2만 번 회전하면서 8GeV 정도의 에너지를 얻는다. 부스터에서 나온 입자는 메인 인젝터라 부르는 또 다른 싱크로트론으로 들어가 120GeV까지 가속된다. 이 단계에서 일부 양성자가 반양성자 소스라고 부르는 정밀한 장치로 들어가 반양성자를 만들어내는 데 사용된다. 여기서 만들어진 반양성자는 메인 인젝터로 들어가 120GeV의 에너지를 가지도록 가속된다. 마지막으로 양성자와 반양성자 모두 테바트론으로 주입된다.

테바트론은 메인 인젝터에서 들어온 양성자와 반양성자를 각각 반대 방향으로 980GeV까지 가속한다. 테바트론은 입자들을 싱크로트론 궤도에 유지하기 위해 액체헬륨 안에서 초전도 온도로 냉각한 774개의 니오븀-티타늄 초전도 쌍극자를 사용했다. 그리고 빔을 집속시키는 데는 240개의 자기 사중 극자 자석이 사용되었다.

양성자와 반양성자 빔은 밀도가 높지 않아 테바트론의 대부분 구역에서는 상호작용하지 않고 그대로 지나간다. 그러나 테바트론의 특정한 지점에서 빔은 좁은 단면적에 집중되어 충돌이 일어난다. 이것이 충돌가속기의 기본 원리이다. 빔은 원생동물이 들어 있는 유리 슬라이드 위의 물방울처럼 정지해 있는 목표물을 때리는 것이 아니라 서로 반대 방향으로 달리는 입자들이 정면충돌한다! 이 충돌 지점 주위에는 충돌로 생성된 입자들을 모아 측정하는 검출기가 둘러싸고 있다. 테바트론에는 CDF와 D-제로라고 부르는 두 개의 검출기가 1.96TeV의 에너지로 충돌하는 수조 개의 양성자와 반양성자가 만들어내는 생성물들을 전자적으로 모아 분석한다.

2억 9000만 달러를 들여 예전의 메인 링을 교체한 메인 인젝터는 20여 년 전인 1993년 미국에서 고에너지 물리학 연구를 위해 건설된 마지막 가속기로, 페르미 연구소에 설치되었다. 그리고 중성미자를 연구하는 페르미 연구소 연구 프로젝트를 위해 아직도 가동되고 있다. 2001년 3월 1일에 가동을 시작한 테바트론 충돌가속기 2는 메인 인젝터가 완성된 후 빔 에너지가 980GeV에 도달했다. 하지만 2011년 9월 30일에 가동을 중단했으며 테바트론의 부품들은 다른 가속기와 다른 실험에 사용하기 위해 해체되었다.

LEP 충돌가속기

거대 전자-양전자 충돌가속기(LEP)는 1989년 CERN에 설치되었다. 이 원형 싱크로트론은 둘레가 27km이고, 현재는 LHC가 사용하고 있는 터널에 설치되었다. 콘크리트로 만들어진 'LEP 터널'은 1983년부터 1988년까지 이루어진 대형 건설 공사였다. 지하에서 스위스와 프랑스의 국경을 가로지르며 대부분의 구간이 프랑스 영토 안에 있다. 이 터널은 기울어져 있으며 제네바 서쪽의 쥐라 산맥 아래 있는 지점이 가장 높고 위치에 따라 깊이가 48~170m로 달라지고 있다. 터널 건설 공사 중에는 산에서 나오는 높은 압력의 지하수 때문에 많은 어려움을 겪었으며 방수 시멘트가 없었더라면 완성되지 못했을 것이다!

LEP는 같은 빔 파이프 안에서 한 방향으로는 전자를 가속하고 반대 방향으로는 양전자를 가속한다. 초기에 전자와 양전자가 약 45.5GeV의 에너지로 가속되어 충돌했을 때의 에너지는 91GeV에 달해, 질량이 91GeV인 Z^0 보존을 생성시킬 수 있었다. LEP는 후에 질량이 80GeV인 W 보존 쌍을 생성시킬 수 있도록 업그레이드되었고, 마지막에는 104GeV의 에너지를 가질 수 있도록 업그레이드되어 총 충돌 에너지는 209GeV에 달했다.

LEP에서의 입자 가속도 테바트론에서처럼 단계적으로 이루어진다. 예전에 건설된 SERN 양성자 싱크로트론은 초기에 전자와 양전자를 가속시켜 LEP에 주입하는 데 사용되었다. 일단 입자가 일정한 에너지를 가지도록 가속되면 전자는 한 방향으로 향하도록 하고 양전자는 반대 방향으로 회전시키다가 입자 검출기가 설치된 지점에서 좁은 단면적에 집중시켜 충돌시켰다. 전자와 양전자가 충돌하면 이들은 쌍소멸하면서 Z^0 보존을 만들어낸다. 이렇게 생성된 Z^0 보존은 다른 기본 입자들로 붕괴하고 검출기는 Z^0 보존이 붕괴하면서 만들어낸 입자들을 검출한다. LEP 충돌가속기는 싱크로트론에 대칭으로 배치된 네 개의 입자 검출 장치가 있었다. 검출 장치가 있는 곳에서는 입자 빔이 좁은 영역에 집중되어 충돌이 일어났다. LEP의 네 개의 검출 장치는 알레프, 델파이, 오팔, L3라고 불렸는데 약간 다르게 설계되어 상호 보완적인 정보를 수집했다. 네 개의 검출 장치는 매우 커서 하나의 크기가 작은 집만 했다. 이 장치들은 전자와 양전자의 충돌로 만들어진 Z^0 보존이 붕괴하여 생성된 입자들을 측정했다.

이 검출 장치들은 또한 입자들을 만들어낸 과정을 재구성할 수 있도록 했다. 입자들의 자료를 복잡한 통계적 방법으로 분석하여 물리학자들은 Z^0 보존의 성질을 자세히 알아낼 수 있었다. LEP 충돌가속기의 빔 에너지는 매우 정밀하게 모니터링하고 있었기 때문에 빔 에너지의 변화를 통해 제네바 시내에서 파리나 리옹으로 향하는 테제베 열차가 지나가는 것을 알 수 있었다. 물리학자들은 Z^0 보존을 조사하여 Z^0 보존이 측정하기 어려운 입자인 중성미자로 붕괴하는 것을 측정하고 그 수를 셌다. 이를 통해 자연에는 질량이 작은 세 종류의 중성미자가 존재한다는 것을 확인할 수 있었다.

Z^0 보존의 질량과 붕괴에 대한 정밀 측정은 표준모델 안에서 양자 효과에 대한 중요한 성과였다. 테바트론에서 톱 쿼크를 발견한 것과 더불어 이런 분석은 어디에서 힉스 입자가 발견될지에 대한 실마리를 제공했다. LEP 충돌가속기의 초기 목표는 힉스 입자를 발견하는 것이었지만, 힉스 입자는 LEP 입자가 가질 수 있는 에너지보다 조금 더 무겁다는 것을 알게 되었다. 따라서 힉스 입자의 발견은 LHC가 등장할 때까지 기다려야 했다.

그럼에도 불구하고 LEP는 Z^0 보존의 성질을 측정하는 데 성공했다. 빔 에너지를 정밀하게 조정하고 LEP의 여러 에너지에서 Z^0 보존을 조사하여 Z^0 보존이 어떻게 붕괴하는지를 알 수 있었다. LEP보다 약간 더 큰 에너지를 가지는 '슈퍼LEP'가 만들어지면 힉스 입자를 생성할 수 있을 것이다. 전자-양전자 충돌가속기에서는 힉스 입자가 Z^0 보존과 함께 생성된다. 이를 위해서는 240GeV의 에너지가 필요하며, 빔이 LEP보다 훨씬 강해야 한다.

CERN은 2000년에 LHC를 건설하기 위해 LEP를 폐쇄했다.

LHC

세계에서 가장 큰 에너지를 가진 입자를 만들어내는 거대 강입자 충돌가속기(LHC)는 원래 LEP가 건설되어 있던 둘레 27km의 터널에 설치되었다. 제1장에서 설명한 것처럼 LHC는 2008년 9월 19일에 일어났던 '자석 폭발'로 인한 '헬륨 누출' 사건을 완전히 수습하고 2009년 11월에 재가동되었다.

테바트론은 (+) 전하를 띤 양성자를 한 방향으로 가속시키고 (-) 전하를 띤 반양성자를 반대 방향으로 가속시킨다고 했던 것을 기억할 것이다. 두 입자는 질량이 같고 전하만 반대 부호여서 회전반지름이 같고 운동 방향은 반대이다. 따라서 같은 진공 파이프 안에서 같은 자석을 이용하여 반대 방향으로 가속하는 일이 가능했다. 그러나 LHC는 양성자와 양성자를 정면충돌시킨다. 이렇게 하면 반양성자를 만들어내는 과정을 생략할 수 있다. 하지만 양성자는 같은 파이프 안에서 반대 방향으로 회전할 수 없기 때문에 평행하게 배치된 두 개의 파이프라인과 더 복잡한 자석 시스템이 필요하다. 두 개의 빔 파이프는 입자를 충돌시키기 위해 서로 교차하는 지점이 있어야 한다.

LHC에서는 1232개의 쌍극자 자석이 양성자 빔을 원형 궤도 안에 묶어두고 392개의 자기 사중 극자 자석이 빔을 모으는 데 사용되고 있다. 따라서 구리를 입힌 니오븀-티타늄으로 만든 총 1600개가 넘는 자석이 96톤의 액체헬륨을 이용하여 1.9K(-271.25℃)의 온도로 냉각된 상태에서 작동하고 있다. LHC는 액체헬륨 온도에서 작동하는 가장 큰 냉각 설비라는 점에서도 테바트론을 능가했다.

최근 LHC는 4TeV의 빔 에너지에서 가동하여 총 충돌 에너지가 8TeV에 달했다. 이는 힉스 입자를 발견하기에는 충분하지만 설계 에너지엔 못 미치는 에너지이다. 이 글을 쓰고 있는 2013년 3월 현재 CERN의 LHC는 업그레이드를 위해 가동을 중단하고 있다. LHC는 2015년 1월에 설계 에너지로 재가동할 예정인데, 이럴 경우 양성자가 7TeV의 에너지를 갖게 되어 충돌로 인한 총에너지는 14TeV에 달할 것이다. 총 충돌 에너지가 8TeV에서 14TeV로 증가하면 힉스 입자를 비롯한 새로운 입자를 생성하는 글루온과 글루온의 충돌이 20배 증가하여 훨씬 더 많은 정보를 제공할 것이다. 그렇게 되면 표준모델에서 예상하지 못했던 새로운 입자를 발견할 가능성이 훨씬 높아진다.

2015년 1월에 재가동할 LHC와 2018년까지 확장될 새로운 LHC는 인류가 해온, 알려지지 않은 곳을 향한 항해 중에서 가장 중요한 항해를 가능하게 해줄 것이다. 그리고 거대한 입자 검출 장치인 ATLAS와 CMS를 갖춘 LHC만이 '힉스 입자 너머'에 무엇이 있는지를 우리에게 보여줄 것이다.

입자 검출 장치들

현미경의 경우와 마찬가지로 입자물리학의 기술은 단순히 입자를 가속시켜 충돌하는 것이 아니다. 현미경에서 대안렌즈가 하는 일과 같이 충돌로 생성된 입자들을 조사하고 예상하지 못했던 새로운 입자를 발견하는 것 역시 가속기의 핵심 역할이다. 이 책에서는 입자물리학 연구에 이용되는 입자 검출 장치에 대해 거의 설명하지 않았는데, 이를 자세히 설명하려면 또 한 권의 책을 써야 하기 때문이다. 따라서 여기서는 입자 검출 장치에 대해 더 많은 정보를 구할 수 있는 인터넷 사이트를 소개하는 것으로 설명을 대신할 생각이다.

인터넷에서 'ATLAS CERN'이나 'CMS CERN'을 검색하면 많은 정보를 쉽게 구할 수 있다. 또는 http://atlas.ch/와 http://cms.web.cern.ch/의 주소를 인터넷 주소창에 치기만 해도 된다. 이 주소가 짧은 것은 팀 버너스리[Tim Berners-Lee]가 WWW[World Wide Web]를 개발한 곳이 CERN이기 때문이다. 이전 페르미 연구소의 'CDF'나 'D-제로' 그리고 앞에서 이야기했던 LEP의 입자 검출 장치들에 대한 정보도 인터넷에서 찾아볼 수 있다.

여기서 잠시, 이미 고인이 된 동료이며 제2차 세계대전 당시 레지스탕스로 활동했던 조르주 샤르파크[Georges Charpak]에 대해 이야기하려고 한다.

1960년대에서 1970년대까지는 '거품 상자'라고 부르는, 크고 다루기 어려운 장치로 충돌 사진을 찍은 후 이 사진을 눈으로 조사하여 입자를 검출했다. 이것은 자동화되어 있지 않아 느리고 많은 노동력을 필요로 하는 방법이었다. 이 방법으로는 수조 번의 충돌에서 힉스 입자를 찾아낼 때와 같이 복잡한 통계적 분석을 필요로 하는 실험이 가능하지 않았다.

입자 검출의 진전을 이루기 위해서는 진보된 검출 장치와 함께 자동화가 필요했다. 1968년에 프랑스의 물리학자 조르주 샤르파크가 '다선식 비례 체임버'를 개발했다. 이것은 많은 도선이 평행하게 배열된 상자에 기체를 채운 것이다. 각각의 도선은 전자 증폭 장치에 연결되어 있고, 전하를 띤 입자가 도선 사이를 지나면서 기체를 이온화시켜 가장 가까이 있는 도선에 작은 양의 전하를 제공하면 도선에 약한 전류가 흐른다. 그다음엔 증폭 장치가 이를 전기 신호로 바꿔 연결된 컴퓨터로 보낸다. 이 장치는 자동적으로 입자를 검출했기 때문에 이전에 사용하던 입자 검출 방법보다 수천 배나 빨랐다.

조르주 샤르파크는 이 자동화된 입자 검출 장치를 개발한 공로로 1992년 노벨 물리학상을 받았다. 샤르파크의 연구는 이 기술을 생물학, 방사선학, 핵의학 등 이온화하는 방사선을 사용하는 다른 분야에서도 응용할 수 있도록 했다. 여기서도 입자물리 관련 지식이 곧바로 국가의 부를 위해 사용될 수 있다는 것을 알 수 있다.

LHC 다음에는?

더 큰 에너지를 가진 양성자 충돌가속기를 설계하는 문제는 해결되었다. 더 큰 터널과 더 많은 자석만 있으면 원하는 에너지를 얼마든지 얻을 수 있다.

아주 큰 에너지를 가진 원형 전자 빔 가속기는 싱크로트론 방사선에 의한 에너지 손실 문제를 극복해야 한다. 이 문제를 해결하기 위해서는 매우 큰 지름의 원형 싱크로트론이나 매우 길어서 현재 사용하는 가속기보다 훨씬 비싼 가속기가 있어야 한다.

이 책을 쓰고 있는 현재, 일본과의 협력으로 국제 선형 충돌가속기(ILC)의 건설 문제가 활발히 논의되고 있다. 이 가속기는 일본에 설치될 것이다. ILC는 두 개의 긴 고주파 중공관으로 이루어질 것이다. 힉스 입자를 만들려면 전자와 양전자가 총에너지 245GeV로 충돌해야 한다. 이 에너지는 질량이 125GeV인 힉스 입자와 질량이 90GeV인 Z^0 보존을 동시에 생성시키는 데 필요하다. 그리고 충돌 확률을 최대로 하기 위해 30GeV 정도의 에너지가 더 필요하다. 따라서 전자와 양전자의 총에너지는 125GeV + 90GeV + 30GeV = 245GeV이다. 이러한 충돌 에너지를 갖기 위해서는 전자를 122.5GeV로 가속하고, 양전자를 122.5GeV로 가속한 후 정면충돌시켜야 한다.

제안된 ILC는 전자와 양전자를 가속시키는 데 필요한 길이 22km의 고주파 중공관들로 이루어져 있다. ILC에는 전자와 양전자를 준비하고 빔이 충돌하도록 좁은 면적에 집속하는 복잡한 '집속 시스템'도 갖추어야 한다.

ILC를 위해 해결해야 할 몇 가지 문제들 중에는 다음과 같은 것들이 있다.

(1) 각각의 펄스가 수백조 개의 전자와 양전자를 포함하고 있어야 한다. 이 중 한 쌍만 충돌한다. 이 펄스들은 싱크로트론에서처럼 회전하지 않으므로 여러 번 충돌에 사용할 수 없다. 따라서 많은 에너지가 소모된다.

(2) ILC는 전력과 관련하여, 임의로 높은 에너지에 도달할 수 없다. ILC로 도달할 수 있는 가장 높은 에너지는 1TeV 정도여서 새로운 물리학 연구에 사용될 수 없고, 힉스 공장으로밖에는 사용할 수 없다.

(3) ILC에 필요한 8000개의 고주파 중공관을 만드는 데 소요되는 자금이 엄청나다. 전에 미국 에너지부는 이 비용을 160억 달러로 추산했다. 최근에는 그 비용이 70억 달러라는 이야기가 들려오고 있지만 지난 10년 동안 어떤 변화가 이런 계산을 가능하게 했는지 전혀 이해할 수 없다. 어떤 경우든 이 프로젝트에는 많은 정부 예산이 투입되어야 한다.

또 다른 가능성은 거대한 원형 전자 – 양전자 힉스 공장을 건설하는 것이다. 전자 싱크로트론에서 회전당 에너지 손실은 E^4/R이다. 여기서 E는 빔 에너지이고, R은 싱크로트론의 반지름이다. 반지름이 일정하게 유지될 때 싱크로트론의 에너지 손실은 에너지가 증가할수록 빠르게 증가한다. 그러나 반지름을 크게 만들면 에너지 손실을 줄일 수 있다. 자세한 추정에 의하면, LEP와 같은 원리로 작동하는 전자-양전자 충돌가속기는 둘레가 80km면 된다. 이런 충돌가속기와 관련된 기술적인 문제는 선형가속기만큼 심각하지 않다. 왜냐하면 이런 가속기에 필요한 것은 전자와 양전자가 여러 차례 반복해서 지나가는 100개의 고주파 중공관과 하나의 고주파 기지만 있으면 된다. 하지만 둘레가 80km나 되는 터널이 문제이다. 우리는 이미 SSC에서 이 문제의 심각성을 경험한 바 있다.

이런 가속기는 LHC보다 3 ~ 10배나 되는 매우 큰 에너지를 가지는 강입자 충돌가속기(VLHC)로 전환할 수 있다. 이런 가속기가 미국 땅에 만들어진다면 '에너지 전선'은 다시 미국으로 옮겨오게 될 것이다. 또 이것은 개발도상국들이 입자물리학에 뛰어들기 위해 투자할 수 있는 가장 적합한 설비가 될 수도 있을 것이다. 실제로 아시아의 고비 사막이나 시베리아는 이런 가속기를 건설하는 데 가장 이상적인 장소이다.

또 다른 방법은 전자보다 훨씬 큰 질량을 가지고 있어 싱크로트론 방사선에 의한 에너지 손실이 적은 입자를 찾아내는 것이다. 이런 입자는 양성자처럼 스펀지와 같이 행동하는 것이 아니라 점으로 작용해 전자를 이용한 충돌의 장점을 살릴 수 있어야 한다. 이를 가능하게 할 수 있는 것은 뒤에서 다시 이야기할 뮤온 충돌가속기이다. Z^0 보존과 관련된 느린 과정을 거치지 않고 정면충돌에서 직접 힉스 입자를 만들기 위해서는 뮤온 충돌가속기의 뮤온과 반뮤온의 에너지 합이 125GeV면 된다. 이것은 다른 여러 가지 장점도 가지고 있다.

모든 힉스 공장이 맞닥뜨릴 가장 중요한 문제는 'LHC에서 알아낸 것 외에 무엇을 더 알아낼 것인가?' 하는 것이다. LHC가 힉스 입자를 더 잘 이해하는 데 필요한 연구는 잘해낼 것이다.

LHC에서 얻은 자료가 이미 확보되어 있는데 입자 빔을 다시 한 번 충돌시키는 데 수백억 달러를 소비할 필요가 있는가? 아니면 우리는 다른 일을 해야 하는 것이 아닐까? LHC를 업그레이드하는 것이 낫지 않을까? LHC를 오랫동안 가동하고도 힉스 입자 너머의 새로운 입자를 발견하지 못한다면 어떻게 할 것인가? 어쩌면 우주선과 같은 자연 방사선을 이용하는 간접적인 방법으로 고에너지에 접근하는 능력을 기르는 것이 좋지 않을까? 그리고 무엇보다 2015년에 재가동을 시작할 LHC가 힉스 입자의 질량보다 높은 에너지에서 새로운 물리학을 발견한다면 우리의 소중한 예산을 상대적으로 낮은 에너지 상태의 힉스 공장에 투입하는 것이 바람직하지 않을까? 그도 아니면 LHC의 14TeV 에너지를 기다려본 다음 힉스 입자 너머의 다음 세대 충돌가속기를 생각해보는 것이 좋지 않을까?

2017년까지 충돌가속기의 미래를 이야기하기에는 너무 이르다.

우리는 간접적인 방법으로 새로운 고에너지 물리학을 연구할 수 있다. 프로젝트 X라고 부르는 이 프로젝트는 뮤온 충돌가속기를 넘어설 수 있는 방법이다. 프로젝트 X는 작고, 덜 비싸지만 엄청난 발견 가능성을 가지고 있는 것으로 지금 우리가 시작할 수 있는 것이다.

제9장

드문 반응

입자물리학의 전주곡

모든 힘과 공간 그리고 시간을 지배하는 기본적인 대칭성과 10^{-16}cm 크기까지 도달하는 가속기를 이용한 많은 실험 결과를 깊이 이해하고 있는 현대 입자물리학의 입장에서 초기의 입자물리학을 헤아려보는 것은 쉽지 않은 일이다.

오늘날 거대한 충돌가속기의 건설을 가능하게 한 초고속 집적회로와 컴퓨터의 발전 그리고 강력한 초전도체 자석과 고주파 중공관의 개발은 입자물리학의 발전을 견인하는 기본 기술들이다. W^+, W^-, Z^0 보존과 톱 쿼크를 만들어내는 것은 이제 LHC의 일상적인 일이 되었다. 새로 발견된 힉스 입자 역시 곧 자연의 지름길을 안내하는 표지판 역할을 하게 될 것이다. LHC 실험은 새로 발견된 영역을 자세히 알 수 있게 해줄 것이다. 우리는 지금 '힉스 영역'을 개척하고 있으며, 힉스 입자가 무엇인지 그리고 그 너머에는 무엇이 있는지에 대해 언제든 탐구할 준비를 하고 있다.

이런 일들은 120년 전에는 상상도 할 수 없는 일이었다. 아무도 하이젠베르크의 불확정성 원리에 의해 '양자 요동'을 하는 짧은 시간 동안에 W^+와 W^-보존이 관여하는 '약한상호작용'이 존재한다는 것을 알지 못했다. 약한상호작용은 아주 드물게 일어나는 데다 반응 뒤에는 스위치를 내려 모든 것을 사라지게 한 것처럼 아무 흔적도 남지 않아 쉽게 알아차릴 수 없었다. 약한상호작용은 우리를 구성하고 있는 물질을 만들었으며, 물질을 은하 전체에 재분배하는 초신성 폭발을 촉발시켜 지구 같은 행성과 생명체가 존재할 수 있게 한다. 또한 우리가 살아가기에 알맞은 우주를 만들었으며, 우리가 살아가는 집과 우리를 만드는 물질이 존재하도록 했다. 하지만 그런 이야기는 우리가 알 수 없도록 깊숙이, 그리고 완전하게 숨어 있었다.

19세기 말에 일어난 과학의 발전으로 '약한상호작용'에 관한 작은 실마리가 모습을 드러내기 시작했다. 1800년대 말에 등장하여 지금 사용되는 기술에는 진공 펌프 관련 기술, 고전압 코일, '전기 방전관', 형광물질 및 인광을 내는 물질에 관련된 화학, 사진 기술 등이 있다. 입자물리학은 1895년의 X-선과 방사선 발견으로 시작되었다. 가속기가 발명되기까지는 아직 더 기다려야 했다. 그동안에는 자연이 가장 조심스럽고 꼼꼼한 관측자에게만 그 모습을 보여주는 드문 과정을 조사하고 분석하여 새로운 시대를 이끌어갈 발견이 이루어졌다. 때로는 우연적인 사건으로 중요한 발견이 이루어지기도 했다.

새벽을 연 첫 빛줄기

1845년 3월 27일에 태어난 독일의 과학자 빌헬름 콘라트 뢴트겐Wilhelm Conrad Röntgen은 1869년에 취리히 대학 기계공학과에서 박사 학위를 받았다. 그는 스트라스부르 대학에서 물리학 연구를 시작했고, 유럽의 여러 대학에서 교수로 재직했다. 한때 뉴욕의 컬럼비아 대학 교수직을 수락하고 대서양 횡단 표를 구입했지만 제1차 세계대전의 발발로 계획을 변경해 뮌헨에 그대로 남아 있다가 1923년 2월 10일에 사망했다.

1895년에 뢴트겐은 '음극선'을 연구하고 있었다. 음극선은 고전압에 의해 생긴 '방전'이 진공을 통해 흐르는 것이었다. 오늘날의 형광등처럼 내부를 형광물질로 코팅한 관에 고전압을 걸어주면 가시광선을 냈다. 고전압은 커다란 코일을 전지에 연결하여 전류가 흐르게 한 다음 갑자기 전류를 차단하여 발생시켰다. 이것은 자동차 전지의 12V 전압을 수천 V까지 올려 스파크를 일으킨 뒤 연료를 연소시키는 점화코일이 하는 역할과 같다. 또한 이것은 CERN의 LHC를 처음 가동했을 때 일어났던 자석 폭발의 원인이 되기도 했다. 커다란 코일은 진공관 안에서 방전을 일으켜 '음극선'이 흐르도록 했다. 조지프 존 톰슨Joseph John Thompson은 음극선이 전기력에 의해 원자에서 방출된 '전자'라는 기본 입자의 흐름이라는 것을 밝혀냈다.

뢴트겐은 음극선관 안에 흐르는 전류에서 음극선관 밖으로 나오는 방사선을 얻을 수 있다는 것을 알아냈다. 이 방사선은 형광물질인 바륨 백금산염을 바른 두꺼운 종이 스크린에서 희미한 빛이 나오도록 했다. 이 빛은 음극선관에서 나온 가시광선일까 아니면 음극선관 밖으로 흘러나온 '음극선'일까? 처음에는 여기에 흥미 있는 일이 벌어지는 것 같아 보이지 않았다.

이 현상을 이해하기 위해 뢴트겐은 음극선관을 두꺼운 종이로 둘러싸 가시광선이 나오지 못하게 한 다음 방전시켰다. 순간 그는 우연히 음극선관에서 1.8m쯤 떨어진 곳에 놓여 있던 형광 스크린에서 희미한 빛이 나오는 것을 보았다. 음극선관에서 '음극선(전자)'이 새어나가기에는 너무 먼 거리였으며 두꺼운 종이로 싼 음극선관에서는 아무 빛도 나오지 않았다. 이 빛은 어떻게 만들어진 것일까?

뢴트겐은 음극선관에서 나오는 빛을 발견하려 한 것이 아니라 빛을 차단하려 하다가 뜻밖에 X-선을 발견한 것이다. 이는 '우연한 발견'의 대표적인 예이다. 뢴트겐은 이 실험을 통해 눈에 보이지 않는 무엇이 음극선관에서 빠져나와 멀리 떨어져 있는 형광물질에 희미한 빛을 만든다는 것을 발견했다. 그는 이 실험을 재현하는 것은 물론 조절할 수도 있었으며 음극선을 방전시켜 방사선이 일정하게 나오도록 할 수도 있었다. 조건이 맞을 때만 영혼을 불러오는 심령술과 달리 과학 실험은 항상 재현이 가능해야 한다. 그렇지 않으면 과학이 아니다. 음극선관 안의 전기 작용으로 만들어지는 이 새로운 형태의 방사선은 물질을 쉽게 통과했다. 뢴트겐은 음극선관에서 나오는 이 방사선을 'X-선'이라고 불렀다.

뢴트겐은 자신의 몸을 이용하여 X-선의 투과력을 시험했다. 몇 주 뒤에는 아내의 손뼈 사진을 찍는 데 성공했고 자신의 두개골 모습을 형광판에 비추기도 했다. 그는 이것을 보고 "나는 나 자신의 죽음을 보았다!"라고 말했다. 후에 뢴트겐은 납이 X-선을 효과적으로 차단한다는 것을 알아내기도 했다.

뢴트겐은 자연이 가지고 있는 놀라운 현상을 발견했고, 곧 의학이나 치의학에서 효과적으로 사용되는 영상 기술의 핵심 요소들을 개발했다. 뢴트겐이 1901년에 최초로 노벨 물리학상을 받은 것은 당연한 일이었다. 오늘날 우리는 X-선이 큰 에너지를 가지고 있으며, 파장이 짧은, 눈에 보이지 않는 전자기파라는 것을 알고 있다.

영감

뢴트겐의 X-선 발견에서 영감을 얻은 프랑스의 과학자 앙리 베크렐^{Henri} ^{Becquerel}은 '형광'에 대해 다시 생각하기 시작했다. 형광은 외부 광원에 노출된 물질에서 빛이 유도, 방출되는 현상이다.

형광물질에서 방출되는 형광은 외부 광원의 빛보다 파장이 긴 빛이다. 예를 들면 방 안의 불을 껐을 때 빛을 내는 야광 시계의 숫자판이나 시곗바늘에서 나오는 빛이 형광이다. 베크렐은 검은색 '역청'이라고 부르는 아무 쓸모 없어 보이는 자갈 같은 물질에 포함된 우라늄과 같은 형광물질을 밝은 태양 빛에 노출시키면 뢴트겐이 발견한 X-선을 방출할 것이라고 생각했다. 그가 태양 빛에 노출시킨 역청을 사진 건판 위에 놓았다가 현상하자 사진 건판이 뿌옇게 노출되어 있었다. 이는 역청이 무엇인가를 내고 있다는 것을 뜻했다.

베크렐은 역청에 있는 우라늄염에서 X-선이 나온다는 것을 발견했다. 그러나 형광에 대한 그의 가정은 틀린 것이었다.

계속된 실험을 통해 그는 X-선이 우라늄에서 스스로 방출되기 때문에 유도, 방출을 위한 햇빛이 필요 없다는 것을 알게 되었다! 베크렐은 천연 '방사선'을 발견한 것이다.

박사과정의 뛰어난 학생이었던 마리 퀴리$^{\text{Marie Curie}}$와 그녀의 남편 피에르 퀴리$^{\text{Pierre Curie}}$와 함께 연구를 계속한 베크렐은 토륨, 폴로늄, 라듐과 같은 무거운 방사성 원소도 발견했다. 폴로늄과 라듐은 베크렐의 실험실에서 이루어진 실험을 통해 퀴리 부부가 발견했다.

세 사람은 방사성과 새로운 원소를 발견한 공로로 노벨 물리학상을 공동 수상했다. 이 실험들에서 그들은 방사성 물질이 내는 세 종류의 방사선을 관측했다.

비록 그들은 알아차리지 못했지만 그중 하나인 '베타선'을 통해 처음으로 약한 상호작용을 경험했다. 이 이야기를 하는 것은 오늘날 우리가 힉스 입자를 발견한 것이 약한상호작용을 통해서이기 때문이다. 약한상호작용을 매개하는 W^+, W^- 보존에 질량을 부여하는 힉스 입자가 약한상호작용을 '약하게' 함으로써 약한상호작용의 관측을 어렵게 만들고 있다. 이것은 붕괴하는 원자핵에서 베타입자를 방출하는, 드물게 일어나는 양자 요동이다.

약한상호작용의 세계를 향한 1세기가 넘는 장정은 1896년에 베크렐과 퀴리 부부가 방사능을 발견하면서 시작되었다. 그다음에 온 것은 자연에 대한 가장 위대한 혁명인 양자 이론의 등장이었다.

우리는 앞에서 역사상 가장 위대한 실험물리학자 중 한 사람인 뉴질랜드 태생의 어니스트 러더퍼드$^{Ernest\ Rutherford}$의 가장 유명한 연구인 원자핵의 발견에 대해 알아보았다. 원자핵의 발견은 양자물리 이론 발전에 크게 기여한 매우 중요한 발견이었다. 하지만 이 연구는 러더퍼드가 노벨상을 받은 지 몇 년 뒤에 이루어졌다. 그렇다면 러더퍼드는 무슨 연구로 노벨상을 받았을까?

영국 케임브리지 대학에서 러더퍼드의 지도교수였던 J. J. 톰슨은 1898년에 러더퍼드가 캐나다 몬트리올의 맥길 대학 교수로 갈 수 있도록 주선해주었다. 그곳에서 러더퍼드는 실험실을 차리고 새롭게 주목받던 방사선을 연구하기 시작했다. 그는 곧 방사성 물질의 반감기라는 개념을 발견했다. 주요 연구 주제는 방사성 물질에서 나오는 여러 가지 방사선을 이해하는 것이었다. 초기의 숱한 실수와 잘못된 가설들로 인해 방사선과 관련된 상황은 매우 혼돈스러웠다. 그러나 마침내 모든 것이 정리되었다.

러더퍼드는 처음에 모든 '방사선'은 X-선이라고 가정했다. 그러나 퀴리 부부가 발견한 폴로늄과 라듐을 이용한 실험을 통해 방사선에는 자기장에서 휘어지는 두 종류의 다른 방사선이 있다는 것을 발견했다. 따라서 이 방사선은 전하를 띤 입자여야 했다. 러더퍼드는 이 중 느리고 투과력이 약한 방사선을 '알파선'이라 불렀다. 알파선을 휘게 하려면 매우 강한 자기장이 필요했다. 후에 러더퍼드는 알파선이 헬륨 원자핵의 흐름이라는 것을 알아냈다. 알파선은 무거운 원자핵이 가벼운 원자핵으로 붕괴할 때 방출되는 알파입자들로 이루어져 있다. 방사선 중 일부는 자기장에서 전혀 휘지 않고 물질을 깊숙이 투과하는 것으로 보아 전기적으로 중성이었다. 러더퍼드는 이 방사선을 '감마선'이라고 불렀다. 감마선은 에너지가 큰 포톤으로 X-선보다 더 큰 에너지를 가지고 있다.

러더퍼드는 자기장에서 쉽게 휘어지는 또 다른 방사선을 발견하고, 이를 '베타선'이라 불렀다. 베크렐도 베타선을 발견했지만 러더퍼드는 베타선이 알파선보다 100배는 더 투과력이 높다는 것을 밝혀냈다. 자기장 안에서 베타선의 경로가 휘는 정도를 이용하여 베타선의 '전하와 질량의 비'도 결정할 수 있었고, 이를 통해 베타입자가 몇 년 전 톰슨이 발견한 전자와 동일한 입자라는 것을 밝혀냈다.

보통 베타입자는 (−) 전하를 띤 전자이다. 그러나 일부 드문 경우지만 (+) 전하를 띤 베타입자를 방출하기도 한다. 이것은 반전자인 양전자이다. 덕분에 반물질의 놀라운 세계를 엿볼 수 있게 되었다. 그리고 이로부터 수십억 달러의 가치를 지닌 PET 기술의 기초가 마련되었다.

반물질

현대인이라면 누구나 티셔츠, 환상특급과 같은 TV 드라마의 초기 화면, 로고, 여러 가지 제품들 그리고 뉴욕의 수많은 만화들에 사용된 $E=mc^2$이라는 유명한 식을 보았을 것이다. $E=mc^2$은 현대 문명에서 '유식함'을 드러내는 상징이 되었다. 그러나 이것은 아인슈타인이 제시한 식이 아니다. 아인슈타인이 정지해 있는 입자의 에너지로 제시한 식은 다음과 같다.

$$E^2=m^2c^4$$

입자의 에너지 E를 구하기 위해서는 이 식 양변의 제곱근을 구해야 한다. 그렇게 하면 우리는 $E=mc^2$이라는 식을 얻는다. 그렇다면 무엇이 다른가?

우선 고등학교에서 배운, 모든 수는 두 개의 제곱근을 가진다는 것을 상기하기 바란다. 예를 들면 4는 2와 −2라는 제곱근을 가지고 있다. 2×2=4이고, (−2)×(−2)=4라는 것은 누구나 알고 있을 것이다. 음수에 음수를 곱하면 양수가 된다. 두 개의 제곱근 중 하나는 항상 음수이다. 음수도 제곱근을 가지지만 음수의 제곱근은 허수가 된다. 그러나 이것은 우리 이야기의 주제에서 벗어나므로 여기서는 다루지 않을 것이다.

따라서 여기에 문제가 생긴다. $E^2 = m^2 c^4$이 옳다면 아인슈타인의 식에서 구한 에너지 E가 양수라는 것을 어떻게 알 수 있을까? 어떤 제곱근이 입자의 에너지를 나타낼까? 음수일까, 양수일까? 자연은 이를 어떻게 알 수 있을까?

음의 에너지를 가지는 입자가 존재한다고 가정해보자. 이런 입자는 음의 정지 에너지 $-mc^2$을 가질 것이다. 이런 입자가 움직이면 이들의 에너지는 더 큰 음의 값을 가지게 될 것이다. 다시 말해 이런 입자들은 가속될수록 더 많은 에너지를 잃을 것이다. 이런 입자는 충돌을 통해 에너지를 잃을 것이기 때문에 수많은 충돌이 일어난 후에 마이너스 무한대의 에너지를 가지게 될 것이다. 그렇게 되면 입자들은 계속 가속되어 마이너스 무한대 에너지를 가지는 거대한 싱크홀로 빠질 것이다. 우주는 이런 마이너스 무한대의 에너지를 가지는 입자들로 채워져 있을지도 모른다. 이 입자들이 점점 더 깊은 마이너스 에너지의 나락으로 떨어지면서 계속 에너지를 방출하고 있는지도 모른다.

1926년에 영국의 젊은 천재 물리학자 폴 디랙$^{Paul\ Dirac}$이 아인슈타인의 특수상대성이론과 일치하는 전자 방정식의 해^{解}를 구했다. 이 방정식에서의 시간은 뉴턴의 공간과 시간의 개념을 기초로 한 것이어서 느린 전자에만 적용되었다. 디랙은 새로운 양자 이론과 상대론을 결합한 방정식을 발견했다. 그는 이 방정식에서 $E = mc^2$이 유도되길 바랐다. 하지만 이내 문제에 부딪혔다. 그의 방정식은 스핀이 $\frac{1}{2}$이고 플러스 에너지를 가지는 전자의 '올바른' 해인 $E = mc^2$을 가진다는 것이 밝혀졌지만 모든 플러스 에너지 해에 대응하는 음의 에너지를 가지는 해 $E = -mc^2$ 역시 존재했다. 디랙이 얻은 해에 의하면, 마이너스 에너지를 가지는 전자도 플러스 에너지를 가지는 전자처럼 우주에 널리 퍼져 있어야 했다. 디랙의 방정식에 의하면, 우주는 마이너스 에너지를 가지는 전자로 가득해야 했던 것이다. 또 마이너스 에너지를 가진 거대한 싱크홀로 영원히 붕괴하고 있는 지옥이어야 했다.

디랙은 아인슈타인의 상대론과 양자론을 결합하면 마이너스 에너지를 가진 전자가 존재해야 한다는 이 문제 때문에 크게 실망했다. 이는 보통의 원자, 심지어는 단순한 수소 원자도 안정상태에 있을 수 없다는 것을 뜻했다. $E=mc^2$ 식으로 나타내는 플러스 에너지를 가지는 전자도 에너지의 합이 $2mc^2$인 두 개의 포톤을 방출하면 에너지가 $E=-mc^2$인 마이너스 에너지를 가지는 전자가 되어야 했다. 그럴 경우 궤도가 무너지면서 전자는 더 많은 포톤을 방출하고 마이너스 무한대 에너지 나락으로 추락할 것이다. 마이너스 에너지 상태가 실제로 존재한다면 전체 우주는 안정될 수 없었다.

디랙 방정식의 마이너스 에너지 해는 초기 양자 이론의 가장 큰 골칫거리가 되었다. 그러나 디랙은 대담한 생각을 해냈다. 볼프강 파울리$^{Wolfgang\ Pauli}$는 '파울리의 배타 원리'라고 하는, 모든 전자가 따라야 하는 규칙을 이용하여 원소의 주기율표를 설명했다. 이 원리는 같은 양자역학적 상태에는 하나의 전자만 들어갈 수 있다는 원리였다. 다시 말해 한 전자가 원자 주위의 특정한 양자역학적 상태를 차지하면 다른 전자는 이 상태에 들어갈 수 없다는 것이다. 양자 상태는 마치 한 좌석에 한 사람만 앉을 수 있는 비행기 좌석과 같다. 이것은 단순히 주기율표를 설명하기 위해 도입된 '규칙' 이상의 것으로, 파울리는 이 원리가 스핀 $\frac{1}{2}$인 모든 입자에 적용된다는 것을 수학적으로 증명했다.

디랙의 아이디어는 파울리의 배타 원리를 확장한 것이었다. 그는 진공이 모든 마이너스 에너지 상태를 차지한 전자들로 가득 차 있다고 가정했다. 우주의 모든 마이너스 에너지 상태가 전자들로 가득 차 있다면 보통 원자 안에서 발견되는 것과 같은 플러스 에너지를 가지는 전자는 마이너스 에너지 상태로 떨어질 수 없다. 왜냐하면 파울리의 배타 원리에 어긋나기 때문이다. 좌석은 이미 모두 매진된 것이다! 마이너스 에너지 전자로 가득 채워진 진공은 이제 안정할 수 있게 되었다.

디랙은 이것으로 문제가 해결되었다고 생각했지만 이내 이야기의 끝이 아니라는 것을 알게 되었다. 이제 이론적으로 진공을 '들뜬' 상태로 만드는 것이 가능해

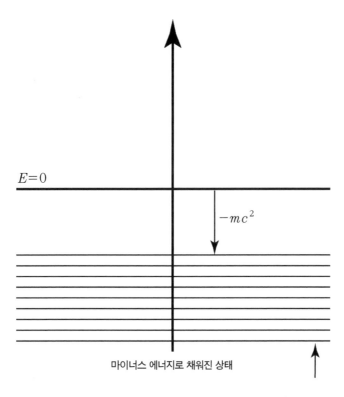

$E = 0$

$-mc^2$

마이너스 에너지로 채워진 상태

그림 9.32 디랙의 바다. '디랙의 바다'는 진공이다. 상대성이론과 양자론을 결합시킨 디랙의 방정식이 예측한 모든 허용된 마이너스 에너지 준위가 전자로 채워져 있다. 파울리의 배타 원리는 이 에너지 준위에 더 이상의 전자가 들어가는 것을 허용하지 않는다. 따라서 진공은 모든 전자 궤도가 가득 채워져 있어 화학반응을 하지 않는 네온과 같은 불활성 기체처럼 안정한 상태에 있다.

졌다. 이것은 물리학자들이 충돌을 통해 마이너스 에너지를 가지는 전자를 진공 밖으로 끄집어낼 수 있다는 것을 의미했다. 그것은 마치 낚시꾼이 심해에 있는 물고기를 낚아 올리는 것과 같았다. 디랙은 그렇게 되면 진공 안에 구멍이 남을 것이라고 생각했다. 이 구멍은 마이너스 에너지를 가진 전자가 부족하다는 것을 나타내므로 플러스 에너지를 가지고 있다고 할 수 있다. 또한 이 구멍은 (−) 전하를 띤 전자의 부족을 의미하므로 (+) 전하를 띤 것으로 생각할 수 있다(그림 9.33 참조).

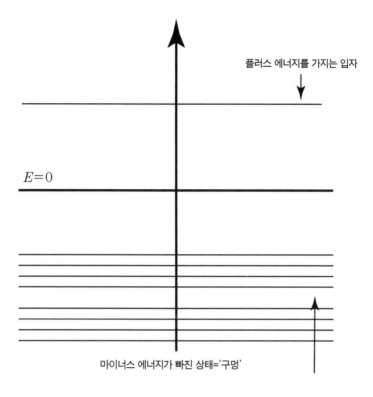

플러스 에너지를 가지는 입자

$E=0$

마이너스 에너지가 빠진 상태=`구멍'

그림 9.33 **디랙 바다의 반입자 구멍.** 디랙의 바다는 충돌을 통해 마이너스 에너지를 가지는 전자를 `진공으로부터 방출할 수 있다'는 것을 나타낸다. 진공에 남아 있는 구멍은 마이너스 에너지와 전하를 가지는 전자의 부족을 나타내므로 전자와 질량은 같으면서도 플러스 에너지와 플러스 전하를 가진 입자를 의미한다. 디랙은 양전자의 존재와 전자-양전자 쌍생성을 예측한 것이다. 몇 년 후에 칼 앤더슨이 실험적으로 양전자를 발견했다. 반물질과 관련된 현상은 이제 입자물리학의 표준적인 현상으로 인식되고 있다. 테바트론은 톱 쿼크와 반톱 쿼크의 쌍생성을 통해 톱 쿼크를 발견했다.

디랙은 기이한 물질인 반물질의 존재를 예측했다. 자연의 모든 입자는 그에 대응되는 반입자를 가지고 있다. 전자의 반입자를 우리는 양전자라고 부른다. 양전자는 진공 안에 마이너스 에너지를 가진 전자가 부족한 상태인 구멍을 나타낸다. 따라서 플러스 에너지와 플러스 전하를 가지고 있는 입자지만 질량과 스핀은 전자와 똑같은 입자이다. 특수상대성이론은 진공 안에 마이너스 에너지가 부족한 상태로, 정확히 $E=mc^2$의 에너지를 가지는 구멍의 존재를 필요로 한다. 이 식에서

m은 전자의 질량과 같은 크기의 질량이다. 양전자의 존재는 디랙이 예측했다. 양자론과 특수상대성이론이 옳다면 양전자는 존재해야 한다.

양전자는 칼 앤더슨Carl Anderson이 1933년에 실험을 통해 발견했다. 양전자는 방사선의 하나인 (+) 전하를 가진 베타입자이다. 반물질은 물질과 충돌하면 플러스 에너지를 가지는 입자가 다시 진공 중의 구멍으로 뛰어들어 소멸한다. 물질과 반물질은 소멸하면서 많은 에너지를 방출한다. 정지 상태의 전자와 양전자가 소멸하면 질량이 모두 감마선의 에너지로 전환되어 $E=2mc^2$의 에너지가 방출된다.

반물질은 입자가속기에서 쉽게 만들어낼 수 있으며, 시중에서 팔리고 있다. 방사성 동위원소가 붕괴할 때 방출되는 양전자는 의료 진단 장비인 PET 영상 장치에 사용되고 있다.

순수 과학의 부산물인 PET가 창출하는 부가가치만으로도 입자물리학에 투자되는 모든 재원을 감당하고 남을 것이다. 합성된 반물질이 미래에 우주 비행선의 워프 엔진에 사용될지, 아니면 에너지 저장 장치에 사용될지는 확실치 않지만 반물질의 응용 범위가 점점 넓어질 것이라는 점은 확실하다. 그리고 정부는 틀림없이 여기에서 세금을 부과할 것이다.

모든 입자에는 그에 대응되는 반입자가 있다. 양성자에는 반양성자가 있고, 중성자에는 반중성자가 있으며, 톱 쿼크에는 반톱 쿼크가 있다. 지금은 CERN의 LHC에 밀려났지만 예전의 좋았던 시절, 테바트론에서 톱 쿼크를 만들 때 우리는 톱 쿼크와 반톱 쿼크 쌍을 만들었다. 우리는 말 그대로 진공의 깊은 곳에서 마이너스 에너지를 가지고 있는 톱 쿼크를 낚아 올렸다. 이때 진공 중에 톱 쿼크의 구멍인 반톱 쿼크가 만들어졌고, 우리는 검출 장치 안에서 만들어진 두 입자 모두를 보았다. 이처럼 입자물리학자들은 거대한 디랙 바다에서 입자를 낚아 올리는 낚시꾼들이다.

베타붕괴: 가장 간단한 약한상호작용

약한상호작용의 가장 간단한 예는 중성자의 베타붕괴이다. 원자핵에 들어 있는 중성자가 원자핵 밖으로 나와 우주 공간에 자유롭게 떠 있게 되면 약 11분 안에 붕괴한다.

$$n^0 \rightarrow p^+ + e^- + \text{(사라진 에너지)}$$

많은 원자핵에서 발견되는 모든 베타붕괴에는 언제나 이 기본적인 반응이 관여되어 있다. 베타붕괴는 새로운 문제를 불러왔다. '사라진 에너지'는 무엇일까? 수많은 관측에서 베타붕괴로 생성된 전자와 양성자의 에너지 합은 항상 원래 중성자의 에너지보다 작았다. 따라서 중성자가 붕괴할 때에는 사라진 에너지가 있는 것 같았다. 원자핵 안에서 일어나는 모든 베타붕괴는 이러한 반응의 변형이다. 원자핵 안에 묶여 있는 중성자는 이 신비한 '사라진 에너지'를 보여주었다.

양자물리학을 완성한 사람들 중 하나인 닐스 보어^Niels Bohr는 모든 물리 과정의 초기와 최종 에너지는 늘 같아야 한다는 에너지 보존법칙이 일정한 한계 안에서만 성립한다는 급진적인 가설을 이용하여 이를 설명하려고 했다. 보어는 베타붕괴가 이 오래된 보존법칙이 성립하지 않는다는 것을 최초로 보여주고 있다고 제안했다. 창의적인 사고력을 가지고 있던 보어는 21세기 초에 에너지에 대한 우리의 이해가 양자역학의 새로운 법칙에 의해 수정되는 것을 지켜본 사람이었다. 그는 베타붕괴가 앞으로 다가올 더 깊고 놀라운 것을 보여줄지 모른다고 생각했다.

자신만만하고 뛰어난 이론물리학자로, 많은 전자를 가진 원자가 어떻게 구성되어 있는지를 설명하는 파울리의 배타 원리를 제안하기도 했던 볼프강 파울리는 보어의 아이디어를 받아들일 수 없었다. 에너지 보존법칙은 물리학의 모든 영역에서 정당하다는 것이 증명되어 있었는데 베타붕괴에서만 에너지 보존법칙이 성립하지 않는다는 것이 파울리의 눈에는 부자연스러워 보였다. 베타붕괴는 틀림없이 큰 효과를 나타내고 있는데, 다른 어느 곳에서도 에너지 보존법칙이 성립하지 않는 것을 발견하지 못했다. 이와 같은 기본적인 물리법칙이 성립하지 않는 것은 베타붕괴만이 아니라 모든 힘이 느끼는 보편적인 것이어야 하지 않을까? 파울리는 보어의 주장을 납득할 수 없었다.

1930년에 파울리는 당시의 기준으로 보면 상당히 급진적인 제안을 했다. 그는 베타붕괴에서 양성자 그리고 전자와 함께 보이지 않는 새로운 기본 입자가 만들어진다고 가정했다. 이 새로운 입자는 전하를 가지고 있지 않아 붕괴 지역에서 관측되지 않고 탈출할 수 있었을 것이다. 또한 이 입자는 에너지 보존법칙을 성립시켜야 하므로 아주 작은 질량을 가져야 했다. 이로 인해 물리학자들은 모든 베타붕괴에서 에너지 보존법칙을 성립시키기 위해 필요한 사라진 에너지를 계산할 수 있게 되었다. 그것은 새로운 입자가 가져간 에너지일 것이다. 방사성 학회 참석을 권유받은 파울리는 1930년 12월 4일에 쓴 편지에서 다음과 같이 선언했다. 그러나 학회에는 참석하지 못했다.

방사성 학회 신사 숙녀 여러분.

이 편지를 전달하는 사람이 N과 Ni^6의 원자핵과 연속적인 베타붕괴 에너지 스펙트럼의 잘못된 통계에 대해 더 자세히 설명해드릴 것입니다. 저에게는 에너지 보존법칙을 구하기 위한…… 극단적인 처방이 떠올랐습니다. 그것은 전기적으로 중성인 입자가 존재할 가능성입니다. 저는 그 입자를 '중성미자'라고 부르고 싶습니다. 이 입자는 스핀이 $\frac{1}{2}$이고 배타 원리에 적용을 받습니다…… 그리고 0.01 양성자 질량보다 크지 않은 '질량을 가집니다.' 그렇게 되면 베타붕괴에서 전자 외에 중성미자도 함께 방출되어 중성자와 전자 에너지의 합이 일정하다고 가정하여 연속적인 베타 스펙트럼을 이해할 수 있습니다.

중성미자가 존재한다면 누군가가 보았어야 하므로 저의 처방을 믿을 수 없다는 데 동의합니다. 그러나 연속적인 베타 스펙트럼으로 인한 이 어려운 상황을 극복하기 위해서는 존경하는 저의 전임자 디바이^{Debye} 교수님의 이야기를 들어보는 게 좋을 것입니다. 디바이 교수님은 최근 브뤼셀에서 저에게 "오, 이것을 전혀 생각해보지 않는 것보다는 나을 거예요. 새로운 세금처럼 말이에요"라고 말했습니다. 이제부터 이 문제의 모든 해결 방안에 대해 토론해야 합니다. 따라서 친애하는 방사성 학회 회원 여러분, 보시고 판단해주십시오.

불행히 이곳 취리히에서 12월 6~7일 밤에 빠질 수 없는 무도회가 있어 저는 튀빙겐에 갈 수 없습니다. 여러분의 안녕을 기원합니다. 그리고 미스터 백에게도 안부를 전합니다.

여러분의 부족한 친구 W. 파울리

파울리의 중성미자를 이용하면 베타붕괴는 다음과 같다.

$$n^0 \rightarrow p^+ + e^- + \bar{\nu}$$

새로운 입자 ν는 중성미자이다. 기호 위의 바^{bar}는 반입자, 즉 반중성미자를 나타내는 기호이다. 따라서 중성자가 자유공간에서 붕괴하면 양성자, 전자 그리고 반중성미자가 생성된다. 베타붕괴에서 전자는 항상 반중성미자와 함께 생성된다. 베타붕괴에서 생성되는 세 입자의 에너지 합은 원래 중성자가 가지고 있던 에너지인 mc^2과 같다. 중성미자는 전하를 가지고 있지 않으므로 베타붕괴 과정에서 전하 보존법칙도 성립한다. 중성미자는 전하를 가지고 있지 않기 때문에 쉽게 검출되지 않는다. 다시 말해 중성미자는 입자 검출기의 전자기장이 잡을 수 있는 손잡이인 전하를 가지고 있지 않아 전자기장을 쉽게 빠져나갈 수 있다.

베타붕괴에 대한 더 많은 이해와 파울리의 가설을 바탕으로 엔리코 페르미가 1935년에 처음으로 약한상호작용을 설명하는 수학적 양자 이론을 제안했다. 페르미는 뉴턴이 '중력 상수'를 도입한 것처럼 약한상호작용의 세기를 나타내는 기본 상수를 물리학에 도입했다. 실제로 G_F라고 불리는 페르미 상수는 질량의 기본 단위를 포함하고 있으며 약한상호작용의 세기가 약 175GeV가 되도록 한다. 페르미 이론의 등장으로 이제는 고에너지 입자가속기가 약한상호작용을 자세히 연구하는 일을 넘겨받아야 했다.

페르미의 '약한상호작용 상수'와 비슷한 126GeV에서 힉스 입자가 나타난 것은 놀라운 일이 아니다. 많은 실험에서 파울리가 주장한 중성미자도 생성되어 관측되었다. 중성미자는 1956년에 클라이드 카우언$^{Clyde Cowan}$과 프레더릭 라이너스$^{Frederick Reines}$가 처음으로 관측했다. 중성미자는 태양의 에너지를 공급하는 핵융합 과정에서 생성되는데, 우리에게 매우 중요하다. 우리가 지구에서 살아갈 수 있는 것은 자연에서 드문 약한상호작용이 일어나고 있기 때문이다.

그들은 충돌가속기 없이 그것을 했다?

지금까지 이야기한 것들은 역사상 가장 풍부하게 이루어진 과학적 발견의 일부이다. 그리고 이 모든 발견은 고에너지 충돌가속기 없이 이루어졌다! 자연이 우리를 위해 모든 것을 제공한 것이다. 자연이 우리에게 고에너지 입자를 방출하는 불안정한 방사성 동위원소와 우주선을 제공했다. 베타붕괴에 대한 물리학은 우리가 약한상호작용을 발견하도록 했다. 그리고 이 모든 것은 비교적 '낮은 에너지' 실험에서 자연이 우리에게 제공한 '드문 과정'을 통해 이루어졌다. 물질의 자세한 부분을 참을성 있게 연구한 결과, 우리는 자연의 깊은 구조 안에 포함된 약한상호작용에 대해 알게 되었다. 약력의 세기를 설명한 페르미 이론은 길이로는 약 $1/10,000,000,000,000,000$cm에 해당하는 175GeV라는 고에너지 규모를 1935년과 같은 이른 시기에 어떻게 이끌어냈는지를 보여준다. 표준모델의 대칭성 맥락에서 글래쇼가 W^+, W^-, Z^0 보존을 제안하고, 와인버그가 힉스 입자가 이 대칭성을 어떻게 깨는지를 보여준 것은 25년 뒤의 일이었다. 약한상호작용의 실제 구조는 CERN에서 1985년의 W와 Z 보존 발견과 2012년의 힉스 입자 발견 후에야 직접적으로 밝혀졌다. 따라서 베크렐에서 CERN의 힉스 입자 발견까지 거의 120년 동안 약한상호작용은 물리학 연구의 핵심에 있었다.

우리가 알게 된 것은 20세기에 이루어진 많은 위대한 과학적 진보가 드물게 일어나는 반응을 자세히 연구함으로써 이루어졌다는 것이다. 입자가속기에는 가장 큰 에너지에서 가동하는 충돌가속기와 낮은 에너지에서 많은 충돌이 일어나는 작은 가속기가 있다. 두 종류의 가속기는 모두 새로운 발견에 크게 공헌했다. 예를 들면 우리는 현재 중성미자에는 세 가지 '플레이버Flavor', 즉 세 가지 종류가 있다는 것을 알고 있다(부록 참조). 리언 레더먼Leon Lederman, 멜빈 슈위츠Mel Schwartz, 잭 스타인버거Jack Steinberger는 1962년에 뉴욕 업턴에 있는 브룩헤이번 국립 연구소에서 2차 뮤온 빔을 제공하는 입자가속기를 이용하여 세 종류의 중성미자가 존재한다는 것을 보여주었다. 그들은 수많은 뮤온 붕괴 과정에서 '전자 중성미자'와 다른 입자인 '뮤온 중성미자'를 검출하여 중성미자에도 여러 종류가 있다는 것을 밝혀냈다. 이러한 실험을 성공적으로 이끈 것은 많은 수의 입자가 있었기 때문이다. 이 같은 실험에서는 에너지가 매우 높은 충돌가속기가 아니라 뮤온을 만들기에 충분한 에너지를 가진 강한 양성자 빔만 있으면 된다. 후에 타우 중성미자도 발견됨으로써 우리는 세 종류의 중성미자를 가지게 되었다.

드물고 약한 반응

이제 베타붕괴만을 따로 떼어내 자세히 살펴보기로 하자.

$$n^0 \rightarrow p^+ + e^- + \overline{\nu}$$

쿼크와 렙톤 수준에서 중성자의 베타붕괴를 아주 강력한 현미경으로 보면 '다운' 쿼크가 '업' 쿼크와 W^- 보존으로 붕괴하는 것을 볼 수 있다. 그러나 W^- 보존은 매우 무거워 하이젠베르크의 불확정성 원리에 의하면 이런 붕괴 과정은 아주 짧은 시간 안에 일어나야 하고 에너지 요동이 커야 한다. W^- 보존은 빠르게 전자와 중성미자로 전환된다(그림 9.34 참조). W^- 보존의 큰 질량 때문에 약한상호작용은 약해져서 시간과 에너지의 양자 요동에 의존하게 만든다. 한마디로 말해 위크 게이지 보존인 W 입자가 무겁기 때문에 약력이 약하다.

이것이 '드문 과정'의 결정적인 성질이다. 드문 과정은 아주 짧은 거리와 짧은 시간 동안 '양자 요동'에 의해 일어난다. 베크렐은 베타붕괴에서 W^- 보존을 직접 관측할 수 없었지만 후에 우리는 베타붕괴를 자세히 측정하여 W^-의 존재를 알아낼 수 있었다.

페르미의 이론을 통해 우리는 약한상호작용의 규모가 175GeV라는 것을 알아냈고, 결국에는 충돌가속기를 이용해 물리학자들이 구체적으로 무엇을 찾아야 하는지를 알려주는 표준모델이라고 부르는 좀 더 정교한 이론을 이끌어낼 수 있었다.

물리학은 가상 살인 사건의 범인, 흉기, 범행 장소 등을 알아내는 '클루도^{Cluedo}' 게임과 같다. 드문 과정에 대한 많은 간접 증거를 통해 우리는 "범인은 납으로 만든 파이프를 물고 도서관에 있는 머스터드 대령이다!"라고 말할 수 있었다.

표준모델에는 아주 많은 드문 과정이 있다. 표준모델을 넘어서는 이론들에 의해 제안된 많은 드문 과정은 대부분 관측이 매우 어려워 아직 실험에서 관측되지 않았다. 이 효과들은 특정한 드문 과정과 모순되는 비율로 나타나거나 표준모델에 의해 금지된 작은 효과로 나타날 것이다.

드문 과정은 우리에게 자연에 대해 어떤 또 다른 이야기를 해줄까?

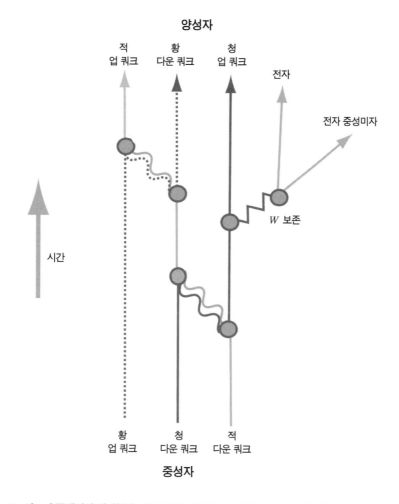

양성자

적
업 쿼크

황
다운 쿼크

청
업 쿼크

전자

전자 중성미자

시간

W 보존

황
업 쿼크

청
다운 쿼크

적
다운 쿼크

중성자

그림 9.34 쿼크 수준에서의 베타붕괴. 쿼크와 렙톤 수준에서는 중성자와 양성자 안에서 글루온이 쿼크를 결합시키고 있다. 우리가 관측하는 중성자 붕괴는 $n^0 \rightarrow p^+ + e^- + \bar{\nu}$, 쿼크가 W 보존을 주고받는 $d \rightarrow u + e^- + \bar{\nu}^0$ 의 반응과 관련이 있다. W 보존은 매우 무거워서 실제 입자로 만들어지지는 않고 하이젠베르크의 불확정성 원리에 의해 아주 짧은 시간 동안에 만들어지는 '가상 입자'이다. 잘 일어나지 않는 양자 요동이 약력을 '약하게' 만든다. 자유 중성자의 반감기는 11분이다.

또 다른 거울

앞에서 이야기한 바와 같이 1950년대 중반까지 물리학자들은 패리티^{parity}는 완전히 대칭적일 것으로 생각했다. 따라서 물리 반응을 통해 앨리스가 빠진 거울 세상과 우리가 살아가는 세상을 구별할 수 없을 것으로 생각했다.

약한상호작용에서 패리티(P)가 보존되지 않는다는 것은 젊은 이론물리학자 리정다오와 양전닝이 1956년 처음 제기했다. 패리티 대칭성은 자연에서 명백한 사실로 받아들여졌고, 수십 년 동안 원자물리학과 핵물리학에서 자료를 해석하는 데 사용되어왔다. 리정다오와 양전닝은, 반사 대칭은 중력이나 전자기력 그리고 원자핵을 결합시키는 강력이 관계된 대부분의 상호작용에서는 완전히 성립되지만 특정한 형태의 베타붕괴에서는 성립되지 않는다고 주장했다.

1957년에는 파이온과 뮤온의 약한상호작용에 의한 붕괴를 관찰하여 실제로 패리티가 깨진다는 것을 확인했다. 독립적으로 이 효과는 다른 기술을 이용하여 약한상호작용을 분석한 우젠슝에 의해서도 발견되었다. 이것은 놀라운 뉴스였다. 약한상호작용은 패리티 대칭에 불변이 아니었다.

후에 약한상호작용에서 패리티의 대칭성이 깨지는 것은 좌선성 입자만 약한상호작용에 참여하고 우선성 입자는 약한상호작용에 참여하지 않기 때문이라는 것이 알려졌다. 이로 인해 힉스 입자의 존재가 필요하게 되었다. 힉스 입자가 존재해야만 시공간에서 $L-R-L-R$ 행진을 하며 질량을 가질 수 있게 된다.

시간과 공간의 대칭성에 대해 좀 더 생각해보자. 영화를 통해 물리법칙을 본다고 생각해보자. 패리티 대칭성이 성립한다면 우리는 카메라가 직접 장면을 찍어 영화를 만들었는지 아니면 거울에 비친 상을 찍어 만들었는지 알 수 없을 것이다. 그러나 카메라가 거울에 반사된 것을 찍은 파이온이나 뮤온의 약한상호작용에 의한 붕괴는 알려진 물리법칙에 비추어보면 우리 세상에서 일어나는 것과 같은 것으로 보이지 않는다. L은 R로 바뀌어 있고, L 입자만 약한상호작용에 참여하는 우리 세상과 달리 거울 세상에서는 R 입자만 약한상호작용에 참여하는 것을 볼 수 있을 것이다.

그러나 이제 조금 다른 것을 시도해보자. 필름을 거꾸로 돌려서 보는 것이다. 이것은 DVD 플레이어에서 반대로 가기 버튼을 누르면 된다. 우리는 버트 아저씨 얼굴에서 파이가 거꾸로 날아가 제자리로 돌아가고, 무너졌던 벽돌 탑이 원래의 자리로 되돌아가는 장면을 본 적이 있을 것이다. 거울을 통해 보는 세상과 달리 거꾸로 돌아가는 영화를 보고 있다는 것을 알아차리는 것은 매우 쉽다. 우리는 새로운 앨리스 거울을 생각해볼 수 있다. 모든 것이 현재에서 미래가 아니라 과거로 진행되어 보이는 '시간 거울'이 그것이다.

앨리스는 시간 거울 속 세상이 우리가 사는 세상과 다르다는 것을 이내 알아차릴 것이다. 우리는 이런 시간 거울을 'T'라고 부른다. 그러나 두 개의 당구공이 당구대 위에서 충돌하는 것처럼 단순하고 기본적인 사건을 시간 거울 속에서 관찰한다면 영화에서 어느 방향으로 시간이 흐르고 있는지 알아내기는 어려울 것이다. 우리가 시간 거울 안에서 보는 앞으로 진행되는 사건과 뒤로 진행되는 사건은, 다시 말해 당구공이 당구대 위에서 다가와 부딪친 후 다른 방향으로 튕겨나가는 사건은 크게 달라 보이지 않는다. 따라서 우리가 시간 거울 T를 통해 보고 있는지 아니면 직접 보고 있는지 알 수 없다.

시간 거울의 우리 쪽 세상에서 시간이 앞으로 진행하는 충돌은 시간 거울 안에서 일어나는 시간이 뒤로 진행하는 충돌과 같은 물리법칙의 지배를 받고 있는 것처럼 보인다. 간단한 시스템의 물리법칙은 시간이 앞으로 흐르든 뒤로 흐르든 똑같다. 이를 '시간 반전 대칭'이라고 부른다. 그러나 약한상호작용을 만나기 전까지 패리티가 대칭적으로 보였던 것처럼 '시간 반전이 자연의 기본 성질이어서 기본 입자에도 적용되는가?' 하는 질문을 던질 수 있다. 시간 거울 속 세상은 우리 세상과 같은 물리법칙을 가지고 있을까? 아니면 패리티처럼 대칭성이 깨질까?

그 대답은 패리티 대칭이 깨진 약한상호작용이 훨씬 더 약한 수준에서 시간 반전 불변도 성립시키지 않는다는 것이다. 이를 보기 위해 우리는 또 다른 반입자 거울이 필요하다.

CPT

우리는 이미 'P'로 나타내는 거울 대칭이 약한상호작용에선 성립하지 않는다는 것을 알아보았다. 그리고 'T'라고 부르는, 시간의 흐름을 바꾸는 또 다른 불연속 대칭 변환이 있다는 것에 대해 이야기했다. 이 대칭 변환에서는 모든 물리 방정식에서 t를 $-t$로 바꾸고, 초기 조건을 최종 조건으로 바꾸어 같은 결과를 얻는 것이다.

하지만 반물질의 존재 때문에 또 다른 종류의 대칭 변환을 생각해볼 수 있다. 그것은 모든 반응에서 물질을 반물질로 바꾸는 것이다. 이를 C 또는 '전하 반전'이라고 부른다. 이 대칭성은 앨리스의 거울 대신 반물질 거울을 생각하는 것이다. 앨리스가 옷장 거울 P로 떨어졌을 때 그녀는 좌측이 우측이 되고 우측이 좌측이 된, 모든 패리티가 바뀐 세상으로 들어갔다. 만약 앨리스가 반물질 거울 C로 떨어진다면 그녀는 물질을 구성하는 모든 입자가 반입자로 바뀐 세상에 들어가게 될 것이다. 우리는 옷장 거울 안의 세상에서는 물리법칙이 조금 다르다는 것, 즉 대칭성이 붕괴된다는 것을 보았다. 그렇다면 반물질 거울 안의 물리법칙은 같을까? 예를 들어 반양성자와 양전자로 이루어진 반수소 원자는 보통의 수소 원자와 화학적 성질, 에너지 준위, 전자 궤도의 크기, 붕괴 속도, 스펙트럼이 같을까?

만약 C의 대칭성이 성립된다면 반입자는 입자와 모든 면에서 같아야 한다. 따라서 우리는 모든 입자를 반입자로 바꿀 수 있을 것이다. 그러나 이런 변환에서는 P 변환과 관련 있던 스핀이 관여하지 않는다. 파이온 붕괴($\pi^- \rightarrow \mu^- + \nu^0$)에서 생성되는 뮤온은 항상 플러스 나선성을 가진다. 다시 말해 약한상호작용에서는 항상 L 입자(마이너스 나선성)만 생성되지만 질량이 그것을 R(플러스 나선성) 입자로 바꾸어놓는다. 따라서 이 반응이 일어날 수 있고, 각운동량을 보존시킬 수 있다.

이 과정에서 C 변환을 하면 우리는 모든 입자가 반입자로 바뀌었지만 스핀은 그대로인 반입자 붕괴($p^+ \rightarrow \mu^+ + \nu^0$)를 볼 수 있을 것이다. 우리가 P 거울 세계가 아닌 C 거울 세계로 들어왔다는 것을 잊지 말기 바란다. 따라서 반입자 붕괴 과정에서 반뮤온의 회전성은 같아 아직 플러스, 즉 R이다. 다시 말해 스핀은 운동 방향으로 배열되어 있다.

P의 대칭성이 무너지고 얼마 되지 않은 1957년에 실험을 통해 C 변환의 대칭성을 직접 확인했다. 실험 결과, 파이온이 붕괴되어 생성된 반뮤온의 회전성은 R이 아니라 L로 밝혀졌다. 따라서 파이온이나 뮤온의 붕괴와 같은 약한상호작용에서는 P 변환의 대칭성과 함께 C 변환의 대칭성도 성립하지 않는다는 것을 알게 되었다.

디랙의 바다를 기억하고 있다면 이를 이해하는 것은 어렵지 않다. 뮤온의 L 부분은 약한상호작용을 하지만 R은 하지 않는다고 했던 것을 기억할 것이다. 그러나 반입자는 디랙의 바다에서 마이너스 에너지를 가진 입자가 빠져나간 구멍이다. 따라서 우리는 L이 −1의 약전하를 가지면 구멍은 +1의 약전하를 가져야 한다. 하지만 구멍은 L이 빠져나간 자리이므로 R이어야 하므로 반입자의 경우에는 R 반뮤온이 W 보존과 상호작용하고 L 반뮤온은 상호작용하지 않으리라는 것을 쉽게 예측할 수 있다. L 반뮤온은 R이 빠져나간 구멍이므로 약전하는 0이어야 한다. 이것이 조금 혼동스럽다 해도 걱정할 것은 없다. 여기에 익숙해지기 위해서는 약간의 훈련이 필요하다. 어쩌면 두통약이 필요할지도 모르겠다.

그런데 이렇게 되지 않을 수 없다는 것이 밝혀졌다. 입자를 반입자로 바꾸면 자연스럽게 패리티도 반대가 된다. 따라서 우리가 옷장의 거울(P)로 들어가고 동시에 반입자의 거울 세계로 들어간다면, 즉 입자를 반입자로 바꾼다면 결합된 대칭성은 정확하게 성립할 것이라고 추정할 수 있다. 이와 같이 결합된 대칭 변환을

'CP' 대칭 변환이라 부른다. 마이너스 전하를 띠고 좌선성인 뮤온을 CP 변환하면 플러스 전하를 띠고 우선성인 반뮤온을 얻을 수 있다. 파이온 붕괴($\pi^+ \rightarrow \mu^+ + \nu^0$)에서는 우선성 반뮤온이 만들어진다. 따라서 파이온의 붕괴에서는 CP 대칭성이 성립한다는 것이 밝혀졌다. 우리는 이제 입자와 반입자를 바꾸면서 좌측과 우측을 바꾸는 더 깊은 수준의 대칭성을 가지게 된 것처럼 보인다.

지금까지의 이야기를 요약하면 CP 대칭성은 패리티를 반대로 바꾸는 옷장 속의 거울(P)로 들어간 뒤 다시 반입자 거울(C) 안으로 들어가면 우리 세상과 똑같은 세상에 도달할 것이라는 것을 말한다. 어느 거울로 먼저 뛰어드느냐는 문제가 되지 않는다. 다시 말해 PC 변환과 CP 변화의 결과는 같다.

그러나 세상은 사람들이 생각하는 것보다 훨씬 더 많은 수수께끼를 가지고 있다. 1964년에 케이온^{kaon}(K중간자)이라는 흥미 있는 입자를 이용하여 잘 설계된 실험이 이루어졌다. 이 경우에도 높은 에너지보다는 많은 케이온을 만들어낼 수 있는 '세기'가 중요한 가속기 실험이었다. 여기서는 CP 대칭성이 성립하지 않는다는 것이 밝혀졌다. 다시 말해 CP 변환은 대칭 변환이 아니었다. 약한상호작용과 관련된 물리학은 C와 P가 결합된 변환에서 불변이 아니었다. 옷장 속의 거울로 뛰어든 다음 다시 반입자 거울로 뛰어들어도 집으로 돌아오는 것이 아니라 우리 세상과는 다른 성질을 가진 세상에 도달하게 된다.

CP 대칭성이 깨지는 원인에 대한 연구가 지난 50년 동안 물리학의 최전선을 형성했다. 하지만 아직 해답을 얻지 못한 문제들이 많다. 그중에는 '여러 종류의 중성미자들도 CP 대칭성을 깨는가?' 하는 문제도 포함된다(다음 장 참조). 우리는 아직 이것의 결과가 어떻게 될지 모르지만 CP 대칭성이 자연의 절대적인 법칙이라면 우주는 우리, 태양계, 별, 은하가 존재하는 우주와 전혀 다르리라는 것은 알고 있다. 다시 말해 CP 대칭성이 절대적이라면 우리 우주가 존재할 수 없고, 이 책을 읽는 독자들도 존재하지 않을 것이다. 따라서 CP 대칭성이 깨지는 것은 우리에겐 좋은 일이다.

CP 대칭성의 붕괴는 입자와 반입자가 약간 다르게 행동한다는 것을 말해준다. 실제로 CP 대칭성의 붕괴는 또 다른 수수께끼를 풀어내기 위한 전제 조건이다. '왜 우주는 반입자가 없고 입자로만 구성되어 있는가?'

우주 이론에 의하면, 빅뱅이 일어나던 순간에는 우주에 물질과 반물질이 같은 양으로 존재했다. 그러나 CP 대칭성의 붕괴로 일부 무거운 입자가 이 입자의 쌍인 반입자와 약간 다르게 붕괴했다. 이 작은 비대칭성으로 인해 붕괴가 끝난 다음에는 반물질보다 물질이 조금 더 많아졌다. 이후 우주가 식으면서 모든 반입자는 입자와 쌍소멸하여 사라지고 여분의 물질만 남게 되었다. 이 여분의 물질이 우리를 포함하여 우주의 모든 것을 구성하게 되었다.

우주가 물질만 포함하고 반물질은 포함하고 있지 않은 것을 설명하기 위해 CP 대칭성 붕괴가 필요한 반면 우리는 아직 이 효과를 나타내는 CP 대칭성이 깨지는 특정한 상호작용을 발견하지 못했다. 케이온에서 처음 관측된 CP 대칭성 붕괴는 현재 다른 입자의 붕괴에서도 관측되어 앞으로 발견될 것에 대해 많은 힌트를 주고 있지만 이것으로 물질과 반물질의 비대칭성을 설명할 수는 없다. 이 문제에 대해서는 세계 곳곳에서 많은 연구가 이루어지고 있다. 그리고 중성미자가 CP 비대칭성을 보여준다면 그 해답은 중성미자로부터 나올 가능성이 있다. 우리는 이제 전선에 다다랐지만 아직 이 질문의 답을 모르고 있다.

거울을 조합하면 집으로 돌아갈 수 있을까?

앨리스는 지금까지 세 개의 거울로 뛰어들었다. 첫 번째는 옷장 속의 거울(P)에 뛰어들어 패리티를 바꿨다. 두 번째는 시간의 거울(T)로 뛰어들어 시간의 흐름을 거꾸로 돌려놓았다. 그리고 마지막으로 반입자의 거울(C)로 뛰어들어 물질을 반물질로 바꾸어놓았다. 이 거울을 조합하면 우리가 살던 세상으로 돌아가는 방법이 있을까? 양자물리학은 사건의 결과를 확률적으로 예측한다. 동전을 던지면 앞이 나올 확률과 뒤가 나올 확률은 같다. 모든 가능한 결과가 나올 확률의 합은 항상 1이어야 한다. 그렇지 않다면 확률에 대해 의미 있는 토론을 할 수 없고, 양자물리학도 존재할 수 없을 것이다. 동전 앞이 나올 확률이 $\frac{2}{3}$ 이고 뒤가 나올 확률이 $\frac{2}{3}$ 라면 이는 무엇을 뜻하는 것일까? 어떻게 확률의 합이 $\frac{4}{3}$ 가 될 수 있을까?

양자물리학에서 어떤 과정의 모든 결과가 나올 확률이 1이 되기 위해서는 CPT 변환의 대칭성이 성립되어야 한다는 것이 이론적으로 증명되었다. 적어도 현재의 실험 정밀도에서 C, P, T 변환을 결합한 CPT 변환이 대칭이라는 것을 확인할 수 있다. CPT 변환의 대칭성이 붕괴된다는 어떤 증거도 없다. 따라서 많은 사람들이 그런 일은 없을 것이라고 생각한다. 만약 앨리스가 C 거울, P 거울, T 거울을 차례로 뛰어든다면 앨리스는 집으로 돌아올 것이다. 물론 이 경우에도 거울의 순서는 상관없다.

하지만 만약 CPT 대칭성이 붕괴된다면 시간이 흐름에 따라 확률은 보존되지 않을 것이다. 그것은 양자물리학의 확률 개념을 무너뜨릴 것이다. 따라서 우리는 양자물리학을 심각하게 손질해야 할 것이다. 다시 말해 특정한 조건 아래 어떤 일이 일어날 확률이 1보다 많거나 작을 것이다! 그럼에도 불구하고 우리는 CPT 대칭성 붕괴가 아주 작다면 그것을 알아차릴 수 있을까 하는 질문을 해볼 수 있다. 이것은 결국 실험이 답해야 할 문제이다.

한발 물러나 이 상황을 다시 생각해보자. 우리가 답을 구하지 못한 많은 문제들이 남아 있다. 악마는 항상 세세한 내용 속에 숨어 있다. 물리학은 실험과학이다. 그리고 역사를 통해 배운 교훈이 하나 있다. 그건 LHC보다 100배 큰 에너지에서나 감지할 수 있는 드문 반응이 우리를 새로운 물리학으로 이끌 수 있다는 교훈이다. 어쩌면 자연에 대한 우리의 생각을 완전히 바꾸어놓을 새로운 발견이 우리 손이 닿는 곳 바로 바깥쪽에 있을지도 모른다.

제10장

중성미자

현대 과학판 '창세기'에 의하면, 우주는 물질의 기본 구성물인 쿼크, 렙톤, 게이지 보존 그리고 아직 발견되지 않은 입자들이 휘어지고 뒤틀린 시공간 안에서 격렬하게 운동하던 플라스마에서 태어났다. 아인슈타인의 일반상대성이론의 방정식이 나타내는 것처럼 우주를 구성하는 새로운 에너지에 의해 공간이 폭발적으로 팽창했다. 우주와 우주를 구성하고 있던 플라스마가 팽창하면서 온도가 내려갔고, 수소와 헬륨, 포톤, 중성미자 그리고 '암흑물질'이라고 부르는 알 수 없는 물질이 형성되었다.

우주 초기의 높은 밀도 아래 원시 양자 요동으로 밀도가 좀 더 높은 곳이 만들어져 중력으로 물질을 끌어들여 거대한 수소 기체 구름을 만들었다. 이 구름이 응축하여 초기 은하와 '원시별'을 만들었다. 이 거대한 초기 별들이 핵융합 반응을 통해 우리와 태양계를 만드는 모든 무거운 원소를 만들어냈다. 탄소, 산소, 질소, 황, 규소, 철 등과 같은 헬륨보다 무거운 원소들은 거대한 초기 원시별 안에서 합성되었다. 엄청난 중력의 작용을 받는 이 거대한 별의 내부에서 만들어진 무거운 원소들은 현재 우주를 구성하는 물질이 되었다. 이 원소들이 없었다면 우주의 구조는 만들어지지 못했을 것이다.

원시별에서 만들어진 무거운 원소들에 의해 태양이 형성되었고, 지구의 특수한 조건이 인간을 포함한 생명체의 탄생을 가능하게 했다. 현재 우리가 살아가고 있는 태양계와 지구, 그리고 우리가 존재하는 것을 설명하기 위해서는 많은 신비한 일들이 포함된 과학 이야기를 해야 한다. 이런 이야기가 가능하려면 우선 거대한 별 내부에서 형성된 무거운 원소들이 우주로 흩어져야 한다. 핵융합 반응이 진행됨에 따라 별의 내부에 있는 원자로는 무거운 원소들로 채워지게 된다. 가장 안정한 상태의 원자핵인 철 원자핵으로 채워지면 더 이상의 핵융합 반응이 일어나지 않는다. 그렇게 되면 원시별은 다시 중력 붕괴를 시작하여 물질이 점점 안쪽으로 몰려든다. 별 내부 핵융합 엔진에서 방출하는 강력한 복사선이 더 이상 나오지 않아 중력에 의한 수축을 막지 못할 때 별의 깊은 곳에서는 갑작스러운 변화가 일어난다. 중력에 의한 붕괴를 버티고 있던 철 원자가 침몰하는 잠수함처럼 가라앉으면서 붕괴한다. 엄청난 압력과 밀도에 의해 철 원자핵이 우주에는 없었던 새로운 물질 상태인 중성자 고체로 변한다.

우리는 데모크리토스 이후 오랜 길을 걸어왔다. 그리고 원자가 원자의 중심에 자리 잡고 있는 원자핵과 원자핵 주변을 돌고 있는 전자로 이루어져 있다는 것을 알아냈다. 원자핵은 양성자와 중성자로 이루어져 있다. 원시별이 붕괴 마지막 단계에 이르면 전자와 양성자가 붕괴하여 중성자로 변한다. 우리 주위 세상에서는 무대 뒤 그림자 속에 숨어 있던 새로운 물리적 반응이 갑자기 무대 중앙으로 뛰어든다. 이것이 1890년대에 앙리 베크렐 이전에는 관측된 적이 없던 방사성 붕괴인 약한상호작용이다. 약한상호작용은 양성자와 전자를 빠르게 중성자로 전환시킨다. 이 반응은 부산물로 생성된 중성미자를 바깥쪽을 향해 폭발적으로 밀어낸다.

거대한 원시별을 파괴한 약한상호작용의 주된 반응은 다음과 같다.

$$p^+ + e^- \rightarrow n^0 + \nu_e$$

다시 말해 "양성자와 전자가 중성자와 중성미자로 전환된다". 이것은 베타붕괴를 조금 다르게 배열한 것이다.

원시별의 핵이 붕괴하는 순간에 약한상호작용이 우주 불꽃 쇼의 주인공 자리를 차지해버렸다. 별의 가장 깊은 곳에 있는 핵은 순수한 중성자의 공^{ball}으로 압축된다. 이 중성자 공은 밀도가 태양보다 1조 배나 높아 태양과 같은 질량을 가지고 있는 경우에도 지름은 16km 정도밖에 안 된다. 그러나 중성미자는 핵에서 바깥쪽으로 빠르게 방출되면서 원시별의 바깥층을 폭발적으로 밀어낸다. 이것이 초신성이다. 초신성은 빅뱅 이후 우주에서 일어나는 가장 거대한 폭발이다.

초신성 폭발에 모든 입자 중에서 가장 눈에 띄지 않고 다른 물질과 가장 잘 반응하지 않는 중성미자가 관련되어 있다는 사실은 놀라우면서도 역설적이다. 별의 바깥층 물질과 별의 내부에서 합성된 모든 원자들을 우주 공간으로 날려 보내는 중성미자의 폭발적인 방출은 은하 전체의 별들이 내는 빛을 모두 합한 것보다 더 밝은 빛을 낸다. 수소에서 철 원자까지 모든 원소를 포함한 별의 바깥층은 공간으로 날아가 미래에 2세대 별과 태양계가 형성되는 거대한 '성간운'을 만든다. 그리고 핵에는 회전하는 중성자별이나 블랙홀이 남는다. 중성자별은 초신성 폭발 때 압축된 순수하게 중성자로 이루어진 별로, 지름은 몇 km 정도이고 한 바퀴 도는 데 1초도 안 걸릴 만큼 빠르게 회전하고 있지만 질량은 태양의 질량보다 크다.

시간이 지나면 원시별이 죽으면서 남긴 무거운 원소를 포함한 기체와 먼지 그리고 부스러기로 이루어진 성간운이 만들어져 은하를 둘러싸게 된다. 이로 인해 은하는 바깥쪽으로 뻗어나와 은하를 둘러싸는 나선 팔을 가진 새롭고 장엄한 모습이 된다. 은하 나선 팔의 바깥쪽에서 원시별의 자손들인 태양과 같은 작고 노란색의 2세대 별들과 함께 혜성, 소행성, 위성, 행성 등이 태어난다. 이들은 원시별이 남긴 기체, 암석, 금속으로 이루어져 있다.

일상에서 접하는 물질의 존재, 우리가 살아가고 있는 행성의 존재, 생명체의 존재 그리고 우리 자신의 존재는 모두 수십억 년 전에 초신성 폭발과 함께 죽어간 무명의 원시별 때문에 가능하다. '일상생활'에서 접하는 모든 물질은 이 엄청난 불꽃으로 요리되었다. 무거운 원소가 만들어지는 이 과정은 오늘날에도 우주 곳곳에서 진행되고 있다. 오늘날 존재하는 많은 별들은 순수한 수소 원자핵이 헬륨 원자핵으로 변하는 핵융합 과정에서 나오는 빛으로 빛나고 있으며, 주로 은하 안쪽에 자리 잡고 있는 수많은 푸른 거성들은 지금도 때때로 폭발하고 있다. 이 때문에 수백만 광년 떨어져 있어 희미하게 보이던 은하가 초신성 폭발로 한순간 밝아지면서 멀리 있는 밤하늘의 반딧불처럼 보인다. 불안정해서 죽어가고 있는 에타 카리나$^{Eta\ Carinae}$와 같이 지구에서 그리 멀지 않은 곳에 있는 우리 은하 안의 일부 별들도 언젠가 장렬한 최후를 맞으면서 우리 밤하늘을 밝게 만들 것이다.

가장 작은 질량을 가지고 있는 입자들

중성미자는 물질과 아주 약하게 상호작용하기 때문에 낮은 에너지에서는 특히 검출이 어렵고 약한상호작용을 통해서만 검출할 수 있다. 1초에도 수백조 개 이상의 중성미자가 우리 몸을 통과한다. 이들은 주로 태양에서 오는 중성미자이다. 태양은 원자핵이 합성하면서 빛을 내는 핵융합 과정에서 중성미자를 방출한다. 중성미자는 지구를 자유롭게 통과한다. 따라서 우리는 밤낮 가리지 않고 몸에 아무런 해도 주지 않는 중성미자 목욕을 하고 있다. 태양이 머리 위에 있든 지구 뒤에 있든 문제가 되지 않는다.

중성미자는 '전자 중성미자', '뮤온 중성미자', '타우 중성미자' 세 가지가 있다. 때로는 이것을 1, 2, 3 중성미자라고 부르기도 한다. 중성미자의 이름은 약한상호작용에서 가장 가까운 친척인 전자, 뮤온, 타우 렙톤의 이름을 따서 붙였다. 전하를 띤 렙톤과 해당 중성미자가 쌍을 이루는 것은 표준모델의 대칭성의 일부이다(부록 참조).

여러 해 동안 중성미자는 질량을 가지고 있지 않은 입자이고, 좌선성만 존재하기 때문에 반중성미자는 우선성만 있는 것으로 생각했다. 그리고 중성미자는 힉스 입자와 상호작용하지 않는 것으로 생각했다. 입자가 질량을 가지고 있지 않으면 시공간 안에서의 $L-R-L-R$ 행진이 없다. 질량이 없는 입자는 L이거나 R이며 항상 빛의 속도로 달린다. 그러나 지난 수십 년 사이에 중성미자도 아주 작은 질량을 가진다는 것을 알게 되었다. 하지만 중성미자의 질량은 측정하기 어려울 정도로 작아서 힉스 입자와 아주 약하게 상호작용한다. 현재 중성미자의 질량을 검출하기는 했지만 정확한 측정은 하지 못한 상태이다. 그러나 중성미자는 질량과 관계된 극적인 현상을 보여준다. 중성미자는 공간을 통해 날아가는 동안 전자, 뮤온, 타우 중성미자 사이에서 '진동'한다.

다른 렙톤이나 쿼크의 질량과 마찬가지로 중성미자의 질량도 공간을 가득 채우고 있는 힉스장과 관련 있다. 앞에서 이야기했듯이, 이것은 $L-R-L-R$ 행진을 통해 질량을 부여받는다. 여기서 L과 R은 중성미자의 두 카이럴리티, 즉 '좌(L)'와 우(R)를 나타낸다. 중성미자가 이 행진에서 발걸음을 뗄 때마다 종류가 조금씩 바뀐다. 한 사이클의 $L-R-L$ 행진을 마치면 L 뮤온 중성미자는 대개 L 뮤온 중성미자가 된다. 그러나 아주 소수의 뮤온 중성미자는 전자 중성미자나 타우 중성미자로 바뀐다. 따라서 많은 행진이 진행된 다음에는 원래의 중성미자가 다른 중성미자로 바뀌어 전자 중성미자나 타우 중성미자가 될 확률이 상당히 커진다. 마찬가지로 전자 중성미자나 타우 중성미자로 시작한 경우에도 종류가 바뀐다.

이것은 집에서 기르는 햄스터가 쳇바퀴를 돌 때마다 생쥐로 바뀔 아주 작은 확률을 가지고 있는 것과 같다. 햄스터가 쳇바퀴를 많이 돈 다음에는 햄스터가 생쥐로 바뀐 것을 발견할 수 있을 것이다. 어쩌면 쳇바퀴를 더 많이 돈 다음에는 커다란 쥐로 변해 있을지도 모른다. 물리학자들이 중성미자를 흥미롭게 생각하는 것만큼 독자들이 이 현상에 호기심을 가지는 것은 당연한 일이다.

그리고 이것은 많은 의문을 불러온다. 생쥐는 다시 햄스터가 될 수 있을까? 생쥐, 쥐 그리고 햄스터로의 변신 외에 다른 모습으로 변하는 것은 가능하지 않을까? 시간이 앞으로 흘러가는 것과 반대로 사건이 뒤로 진행될 수는 없는 것일까? 왼손잡이 햄스터는 오른손잡이 햄스터와 똑같이 행동할까? 우리는 중성미자와 관련된 많은 질문을 쉽게 떠올릴 수 있다.

약한상호작용을 연구하면서 우리는 L 중성미자나 R 반중성미자를 많이 만났다. L 중성미자만이 W 보존을 느끼기 때문에 약한상호작용을 한다. 후에 매우 정밀한 장치를 이용하여 중성미자의 질량을 검출함으로써 힉스 입자와의 상호작용을 통해 L에서 R로 바뀌는 행진을 하고 있다는 것이 밝혀졌다. 그러나 오랫동안 중성미자가 질량을 가지고 있지 않은 것으로 생각했기 때문에 R 중성미자에 대해서는 걱정하지 않았다. 하지만 이제는 중성미자가 질량을 가지고 있다는 것을 알게 되었다. 따라서 L 중성미자가 약한상호작용을 한다면 질량 행진에서 L 중성미자가 바뀌어야 하는 R 중성미자는 어떻게 된 것일까?

이 때문에 중성미자에는 전자, 뮤온, 쿼크에는 없는 신비가 숨어 있다. 이 문제는 약간의 요령이 있어야 풀 수 있지만 그리 어려운 문제는 아니다. 우리는 질량 현상이 항상 L 전자가 R 전자로 변환하고, R 전자가 다시 L 전자로 전환하는 것과 같은 $L-R-L-R$ 행진을 필요로 한다는 것을 알았다. L 전자와 R 전자는 질량 효과를 제거하면 서로 독립적인 두 개의 다른 입자이다. 빛에 가까운 속도로 달리는 입자를 정지해 있는 입자가 볼 때 두 입자는 전혀 다른 입자로 보인다. 그리고 전하는 보존되기 때문에 L과 R 전자는 모두 똑같이 −1의 전하를 가져야 한다.

전하의 보존이라는 기본적인 제한 조건 때문에 우리는 R 전자를 R 양전자가 위장한 반L 전자라고 가정할 수 없다. 실제로 반L 전자, 즉 R 양전자는 우선성 카이럴리티를 가진다. 빛의 속도에서 이런 전자의 스핀은 속도와 반대 방향으로 배열된다. R 양전자는 진공에서 L 전자가 빠져나간 것이므로 R이다. 그러나 R 양전자는 +1의 전하를 가지고 있으므로 $L-R-L-R$ …… 행진에 참여할 수 없다. 그렇게 되면 전하가 (−1)……(+1)……(−1)……(+1)……로 진동하게 되어 전하 보존법칙에 어긋난다. 따라서 이것은 있을 수 없는 일이다. L과 R 전자 그리고 L 과 R 양전자는 서로 다른 입자이다. 전자는 네 가지 다른 입자 또는 네 가지 다른 요소를 가지고 있다고 할 수 있으며 이는 다른 전하를 가지고 있는 렙톤인 뮤온이나 타우 입자 그리고 쿼크의 경우에도 마찬가지이다. 스핀이 $\frac{1}{2}$인 입자의 이 4요 소 체계를 '디랙 입자'라고 부른다.

그러나 중성미자는 쿼크나 렙톤과 다르다. 중성미자는 전하를 가지고 있지 않기 때문에 전기적으로 중성이다. 따라서 중성미자의 경우에는 L 중성미자가 자신의 반입자인 R 카이럴리티를 가지고 있는 반L 중성미자로 바뀐다고 생각할 수 있다. 한마디로 말해 중성미자는 전하를 가지고 있지 않기 때문에 이론적으로는 $L-R$ 전환, 즉 입자에서 반입자로의 전환이 가능하다는 것이다. 이것은 햄스터가 쳇바퀴 속에서 발을 옮길 때마다 햄스터에서 반햄스터로 바뀌었다가 다시 햄스터로 바뀔 수 있음을 뜻한다. 따라서 햄스터가 종류를 바꾸어 반생쥐나 반쥐로 바뀔 극히 적은 가능성도 있다. $L-R$ 스텝에서 반입자로 전환되는 입자는 '마요라나 Majorana 입자'라고 부른다. 이들은 $L-$반L 스텝을 밟는다.

이것은 중성미자가 가지고 있는 신비이다. 우리는 중성미자의 질량이 네 가지 서로 다른 요소인 L, R, 반L, 반R을 필요로 하는 '디랙 형식'인지 $L-$반L 행진 만을 필요로 하는 '마요라나 형식'인지 모른다. 독립적인 R 중성미자와 반R 중성미자도 많이 있을 수 있다. $L-R-L-R$ 행진은 L 중성미자의 전환과 관련되어 있다. 우리는 약한상호작용에서 이 행진을 통해 부여되는 질량으로 인해서만 그 존재를 알 수 있는 R 중성미자를 만들어낼 수 있다. 이 경우 중성미자의 질량은 다른 전하를 띤 입자들의 질량과 마찬가지로 디랙 형식이다. 그러나 이론적인 측면에서 볼 때 L 중성미자가 자신의 반입자인 반L 전자 중성미자로 바뀌는 것이 가능하다. 그렇게 되면 중성미자의 질량은 마요라나 형식이다.

중성미자가 디랙 질량을 가지는지 아니면 마요라나 질량을 가지는지 어떻게 알 수 있을까? 이것은 다음 세대 과학자들이 밝혀내야 할 문제이다. 아직까지 관측된 적이 없는 '중성미자가 없는 이중 베타붕괴'라고 부르는 아주 드문 핵변환 과정을 관측하면 답을 얻을 수 있을 것이다. 여기서는 자세한 설명을 생략하고, 더 많은 정보를 원하는 독자는 이 현상을 다룬 다른 글을 읽을 것을 권한다.

대부분의 이론물리학자들은 관측된 중성미자 질량이 마요라나 형식으로 판명 날 것으로 믿고 있다. 왜냐하면 대통일 이론에서의 중성미자 질량에 관한 관측 때문이다. 한마디로 말해 이 아이디어는 대통일 이론이 적용되는 LHC보다 1조 배는 더 큰 10^{15}GeV의 아주 높은 에너지에서는 중성미자가 네 개 요소로 구성된 디랙 질량으로 출발한다고 가정한다. 모든 종류의 중성미자가 독립적인 R 중성미자를 갖는다는 것이다. R 중성미자는 힉스 상호작용과 (그림 6.22에서 설명하는 것과 같은) 중력에 의한 상호작용만 한다. 그러나 R 중성미자는 다른 L 중성미자는 경험하지 못하는 아주 높은 에너지와 아주 이상한 반응을 경험하게 된다. 이는 보통의 L 입자와 상호작용하는 W 보존이 다양한 방법으로 이들의 행동을 제한하기 때문이다.

예를 들면 '초소형 블랙홀'이 양자 요동을 하고 있어 LHC를 이용하여 측정할 수 있는 거리보다 수조 배 짧은 거리에서 순간적으로 존재한다고 가정해보자. 블랙홀은 큰 바다에 사는 물고기와 같다. 이 물고기는 잠시 물 위로 올라와 작은 물고기를 잡아먹고는 바닷속 깊이 사라져버린다. 초소형 블랙홀은 R 중성미자를 모두 삼켜버린다. R 중성미자는 사라졌고, 물고기도 사라져버렸다. 그러나 초소형 블랙홀은 L 중성미자를 삼키고 그냥 사라져버릴 수는 없다. L 중성미자는 약전하를 갖고 있어 W 보존과 상호작용하기 때문이다. W 보존은 L 중성미자에 연결된 낚싯줄과 같다. 물고기가 L 중성미자를 삼키면 이 낚싯줄 때문에 달아날 수가 없다. 물고기의 뱃속에는 아직도 약전하가 들어 있어 사라지는 것을 방지한다. 따라서 물고기는 즉시 L 중성자를 다시 뱉어버린다. 그러고는 "에취, 나는 이 낚싯줄에 걸리는 게 싫단 말이야"라고 투덜대면서 사라져버린다.

이 효과는 초소형 블랙홀이 중성미자의 질량을 부여하는 힉스 입자의 메커니즘을 방해할 것이다. 모든 R 중성미자와 반R 중성미자는 양자 요동을 하는 초소형 블랙홀에 먹힐 수 있다. 따라서 초소형 블랙홀은 효과적으로 많은 양의 마요라나 질량을 가지게 될 것이다. 그러나 힉스 입자는 큰 양자 요동으로 아직도 L 중성미자를 R 중성미자로 전환시킬 수 있다. 이것은 L 중성미자가 아주 적은 양의 마요라나 질량을 얻게 할 것이다. 이것이 W 보존이라는 낚싯줄에 붙어 있는 L 중성미자와 반L 중성미자로 약전하를 가지고 있는 중성미자이다. 따라서 대칭성이 깨진 세상에서 우리가 보는 것은 베타붕괴에서 생성된 마요라나 질량을 가지고 있는 보통의 L 중성미자이다. 실제로 측정된 중성미자의 질량 규모는 1970년대에 이미 예측되어 있었다. 따라서 중성미자 질량은 깊은 비밀을 가지고 있었다. 중성미자는 LHC보다 1조 배는 더 큰 에너지 규모를 가지고 있는 것처럼 보인다. 중성미자 질량은 대통일 이론이 적용되는 10^{18}GeV의 에너지나 중력의 양자 효과가 나타나는 에너지 규모에 대한 최고의 간접적 증거일지도 모른다.

중성미자 CP 대칭성 붕괴

중성미자의 '종류 사이의 진동'은 새로운 형태의 CP 대칭성 붕괴를 포함하고 있는 것처럼 보인다. 이것은 입자에서 반입자로 전환하면서 마요라나 질량을 얻는 L에서 R로의 행진 스텝이 반입자에서 입자로 전환되는 R에서 L로의 행진 스텝과 약간 다르다는 것을 의미한다. 햄스터의 변신을 예로 들어보면 $L-R-L$ 진동 주기 동안 햄스터가 생쥐나 쥐로 변할 확률이 $R-L-R$ 진동 주기 동안 반햄스터가 반생쥐나 반쥐로 변할 확률과 조금 다르다는 것을 뜻한다. 반중성미자는 중성미자와 조금 다르게 진동한다. 중성미자의 CP 대칭성 붕괴는 매우 흥미 있는 일이다. 어쩌면 이것이 우주에서 발견되는 물질과 반물질의 비대칭성이 만들어지는 메커니즘을 제공해줄지도 모른다.

긴 출발선

'중성미자 진동' 현상은 아주 작은 효과여서 관측할 수 있을 만큼 중성미자 종류의 변화가 일어나기 위해서는 꽤 먼 거리가 필요하다. 한 주기의 $L-R-L$에서는 다른 종류의 중성미자로 전환될 아주 작은 확률을 가지고 있을 뿐이어서 대부분의 중성미자가 원래의 중성미자로 남아 있다. 따라서 햄스터가 생쥐로 변하기 위해서는 쳇바퀴 속에서 수많은 발걸음을 내디뎌야 한다. 중성미자 진동의 아이디어는 1957년 물리학자 브루노 폰테코르보$^{\text{Bruno Pontecorvo}}$가 처음 제안했다.

중성미자 진동의 첫 번째 실험적 증거는 1960년대 말에 사우스다코타에 있는 홈스테이크 광산에서 레이 데이비스$^{\text{Ray Davis}}$가 처음 찾아냈다. 그는 우주선이 침투할 수 없는 지하 광산에 거대한 중성미자 검출 장치를 설치하고 태양에서 오는 중성미자의 수가 이론적으로 예측된 수보다 훨씬 적다는 것을 확인했다. 그의 검출 장치는 태양 내부의 핵융합 반응에서 만들어지는 전자 중성미자만 검출할 수 있었다. 그런 이유로 데이비스는 적은 수의 중성미자만 측정할 수 있었다. 이 중성미자의 부족은 태양에서 출발한 전자 중성미자가 지구까지 오는 동안 데이비스의 검출 장치에서 검출하지 못하는 뮤온 중성미자나 타우 중성미자로 변환되었기 때문이라고 설명되었다.

이런 설명의 문제점은 태양에서 생성되는 중성미자의 수에 대한 이론적 계산을 받아들여야 한다는 것이다. 그러나 만약 태양이 '표준적인 별'이 아니라면 어떻게 될까?

2001년 태양 중성미자의 부족이 중성미자의 진동 때문이라는 것이 결정적으로 밝혀졌다. 그리고 세계 곳곳에 설치된 지하 검출 장치들이 대기 상층부에서 우주선과 공기 분자의 충돌로 만들어진 뮤온의 붕괴 과정에서 생성된 뮤온 중성미자 수가 이론적 예상치보다 적다는 것을 확인했다. 우주선은 입자물리학에 여러모로 유용하게 사용된다! 일본에 설치된 슈퍼가미오칸데 검출 장치는 1988년에 지구

지름을 기준선으로 사용하여 최초로 중성미자 진동을 측정했다. 이 측정으로 일본은 중성미자 물리학에서 가장 앞서나가게 되었다.

이 실험은 전자 중성미자가 도착하는 방향을 정밀하게 결정함으로써 태양에서 오는 중성미자를 관측할 수 있었다. 태양이 지구 반대편을 비추고 있을 때는 태양에서 출발한 중성미자가 지구를 통과한 뒤 아래에서 위로 검출 장치를 통과했고, 태양이 머리 위에 있는 낮에는 중성미자가 위에서 아래로 검출 장치를 통과했다. 슈퍼가미오칸데는 밤과 낮에 약간 다른 수의 태양 중성미자를 검출했다.

전자 중성미자는 아무 방해도 받지 않고 지구를 통과하므로 이는 전자 중성미자가 관측되지 않은 다른 중성미자로 바뀌는 중성미자 진동 때문이라고 설명할 수밖에 없다. 이 실험은 예상된 전자 중성미자보다 적은 수의 중성미자를 검출하기 때문에 '실종' 실험이라고 부른다. 이 실험을 주도한 고시바 마사토시小柴昌俊는 2002년에 노벨 물리학상을 받았다.

슈퍼가미오칸데 프로젝트에서는 거대한 입자 검출 장치가 가장 어려운 문제였다. 이것은 순수한 물이 담긴 인간이 만든 가장 큰 통으로, 주변에는 중성미자가 순수한 물과 반응하여 만들어내는 빛을 감지하기 위한 수천 개의 대형 유리 광전관이 설치되어 있었다. 우리는 이런 종류의 시설 역시 LHC와 같은 거대한 입자가속기를 가동하는 것만큼 위험할 수 있다는 것을 지적해두고 싶다. 여기서도 LHC의 자석 폭발과 같은 사고가 날 가능성이 있다.

2001년 11월 12일에 개당 약 3000달러나 하는 6600개의 슈퍼가미오칸데 광증폭관이 폭발하는 사고가 일어났는데, 충격파로 인해 연쇄 폭발을 일으켰을 것이다. 폭발하지 않은 광증폭관을 새로 배치하고 또 다른 연쇄 폭발을 방지하기 위해 광증폭관 사이에 아크릴 보호막을 설치했다(슈퍼가미오칸데 2).

중성미자를 현미경 아래 놓기

지금까지 우리가 설명한 모든 실험은 감지할 수 있는 중성미자 신호를 만드는 데 태양이나 우주선을 이용했다. 그러나 확실한 결과를 얻으려면 실험실에서 목표물과 함께 빔을 통제하는 것이 바람직하다. 따라서 중성미자 실험을 가속기 실험실로 이동하거나 원자로를 사용하지 않을 수 없다. 그런데 중성미자의 종류가 바뀌는 중성미자 진동을 관측하려면 엄청난 거리가 필요하다. 때문에 일리노이의 페르미 연구소에서 만든 중성미자를 미네소타 북부의 지하 광산 깊은 곳에서 검출하는 것과 같은 '장거리 중성미자 실험'을 계획하게 되었다.

현재의 장거리 실험은 중성미자 질량 진동과 중성미자 CP 대칭성 붕괴와 관련되어 이루어진다. 이런 형태의 정밀한 실험이 현재 페르미 연구소에서 진행 중이다. 가속기에서 생성된 파이온의 붕괴로 만들어진 뮤온 중성미자를 지하를 통해 800km를 달리게 한 다음 미네소타 북부에 있는 실험실에서 얼마나 많은 뮤온 중성미자가 전자 중성미자로 전환되었는지를 검출하는 것이다. '노바$^{NO\nu A}$'라고 부르는 이 실험에선 실제로 CP 대칭성 붕괴를 발견하는 전 단계인 중성미자 질량에 대한 핵심 정보를 얻게 될 것이다. 노바 웹사이트(www-nova.fnal.gov)와 관련 웹사이트(http://en.wikipedia.org/wiki/Neutrino_oscillation)에서 이에 대한 자세한 정보를 구할 수 있다.

CERN을 포함하여 세계의 많은 연구소들이 중성미자 물리학에서 가속기를 기반으로 한 장거리 실험을 계획하고 있다. 페르미 연구소도 마찬가지이다. 우리는 이런 실험을 대규모로 행하기를 원한다.

페르미 연구소는 현재 장거리 중성미자 실험(LBNE)이라고 부르는 차세대 중성미자 실험을 개발하고 있다. LBNE의 목적은 중성미자 CP 대칭성 붕괴를 확인하고, 중성미자의 성질을 정밀하게 측정하는 것이다. LBNE는 페르미 연구소의 가속기 시설에서 만든 강한 중성미자 빔을 이용하여 실험할 것이다. 페르미 연구소에서 만들어진 강한 중성자 빔은 지하를 통해 사우스다코타의 홈스테이크 광산에 위치한 검출 장치(레이 데이비스가 중성미자 진동의 효과를 처음 관측한 곳인데, SURF 실험실로 이름을 바꿨다)로 보낼 것이다. LBNE는 중성미자 CP 대칭성 붕괴가 존재하는지에 대한 정보를 제공할 것이다.

'빔의 세기'는 중성미자 게임에서 매우 중요하다. 뮤온과 중성미자로 붕괴하는 많은 수의 파이온을 만들기 위해서는 '강한 양성자 빔이 목표물에' 충돌해야 한다. 이렇게 만들어진 중성미자가 실험에 이용된다. 여기에 이용되는 양성자 한 개의 에너지는 비교적 작아 3GeV에서 8GeV 사이이다. 그러나 많은 수의 양성자를 가속시키므로 빔 파워는 '메가와트(MW)' 단위이다.

이렇게 강력한 빔은 2차 입자에 관심을 가지는 많은 다른 과학적 연구에서도 필요하다. 이 빔들은 양성자가 목표물에 충돌하여 만들어낸 파이온이 붕괴하면서 생성된 뮤온과 중성미자로 이루어질 수도 있다. 또는 케이온이라 부르는 입자나 라듐, 프랑슘, 라돈과 같은 아주 무겁고 희귀한 동위원소를 대량으로 연구하는 데 사용될 수도 있다. 강한 입자 빔의 미래 응용은 기본 입자물리학 연구에 초점이 맞추어질 것이다.

현재 진행 중인 NOνA 프로젝트나 미래에 수행될 LBNE 프로젝트 그리고 미래에 건설될 중성미자 공장은 중성미자 물리학의 혁명적인 프로그램이 될 것이다. 또한 놀라운 결과를 보여줄 수도 있다.

중성미자의 영역에는 새로운 종류의 중성미자나 표준모델로는 발견할 수 없었던 상호작용과 같은 기대하지 않은 새로운 현상이 숨어 있을지도 모른다. 햄스터가 전에는 전혀 보지 못했던 새로운 종류로 변하는 것은 아닐까?

LBNE의 중요한 점은 다양하고 거대한 지하 검출 장치에 있다. 거대한 수조로 이루어진 슈퍼가미오칸데와 달리 이 검출 장치는 순수한 아르곤 액체로 채워질 것이다. 광학적으로 고도의 순수한 물질인 아르곤은 검출기 안에서 중성미자와 상호작용하여 발생하는 빛을 훨씬 정밀하게 기록하고, 배경에서 발생하는 '노이즈'를 최대한 억제할 것이다. 수만 톤의 액체 아르곤을 이용한 이 검출 장치는 액체 아르곤을 사용하는 세계 최대 시설이 될 것이다. 이런 장치는 먼 거리를 달려온 중성미자의 약한상호작용을 검출하기 위해 필수적이다.

액체 아르곤 검출기를 이렇게 큰 규모로 만들어본 적은 아직 없다. 그러나 향상된 검출기 관련 기술은 중성미자 연구 너머에 있는 물리학 연구 프로그램을 훨씬 풍요롭게 해줄 것이다.

여기에는 앞에서 언급한 중성미자 없는 이중 베타붕괴, 간접적인 방법으로 에너지 규모가 10^{16}GeV나 되는 양성자 붕괴와 같은, 대통일 이론이 예측한 반응에 대한 연구도 포함될 것이다. 뿐만 아니라 우리 은하 안이나 이웃 은하에서 일어나는 초신성 폭발로 생성된 중성미자를 검출하는 연구도 하게 될 것이다.

제11장

프로젝트 X

이웃들이 종종 묻는다. "페르미 연구소의 미래는 무엇입니까?"

페르미 연구소는 서반구에서 입자물리학 연구만 하는 유일한 과학 실험실이다. 그러나 페르미 연구소는 LHC가 가동되기 전까지 세계에서 가장 강력한 입자가속기였던 테바트론을 더 이상 가동하지 않고 있다. 테바트론은 톱 쿼크를 발견했고, 가동이 중단되기 전에는 테바트론만이 탐험할 수 있는 유일한 붕괴 모드와 생성 모드에서 힉스 입자를 찾아내기도 했다. 그러나 아쉽게도 예산 문제와 계획된 다른 프로젝트 때문에 2011년 9월 30일 가동이 정지되었다.

과학자들은 CDF와 D-제로 검출기를 정지시켰다. 계속해서 자료 수집 시스템을 정지시켰고, 다양한 부속 검출 장치의 전원 스위치를 내렸다. 그런 다음 테바트론을 정지시켰다. 1980년대에 테바트론 건설 시 과학자들을 이끌었던 헬렌 에드워즈Helen Edwards가 빔을 목표물로 보내는 자석을 활성화시키던 버튼을 눌러 테바트론의 가동을 종료시켰다. 마지막으로 에드워즈는 두 번째 버튼을 눌러 28년 동안 테바트론 링으로 빔을 보내던 자석의 전원을 껐다. 테바트론이 정지된 후 약 일

주일 동안 4.8K로 유지되던 초전도 자석의 온도를 올리는 작업이 이어졌다. 자석이 상온에 도달한 후에는 직원들이 테바트론의 냉각 액체와 기체의 제거 작업을 시작했다. CDF 검출 장치를 완전히 정지시키는 데는 한 달 정도 걸렸다. D-제로 검출기를 정지시키는 데는 더 오랜 기간이 필요했다. 검출기의 눈금을 다시 확인하기 위해 우주선을 이용하여 자료를 수집하는 연구가 진행되었기 때문이다. 그리고 D-제로 검출 장치는 약 3개월 후에 완전히 정지되었다.

테바트론 프로그램의 종료는 페르미 연구소가 1970년대에 메인 링 가속기를 처음 가동한 이후 '에너지 전선의 왕'으로 군림하던 시대가 끝났음을 뜻했다. 불행하게도 테바트론의 정지는 언론에 페르미 연구소가 더 이상 입자물리학 연구를 하지 않을 것이며, 미래가 불분명해졌다는 잘못된 인상을 심어주었다. 그러나 페르미 연구소는 많은 미래 계획을 가지고 있다. 연구소의 프로젝트 X 책임자가 기자에게 소리쳤다.

"우리는 여기에 열 대의 입자가속기를 가지고 있습니다. 그중 하나를 정지시켰을 뿐입니다." 페르미 연구소의 물리학자 스티브 홈스가 당황한 기색을 보이지 않고 말했다. 나와 이야기했던 과학자들과 마찬가지로 홈스는 고에너지 빔을 충돌시키는 것만이 가속기로 새로운 물리학을 발견하는 유일한 방법이 아니라는 것을 정확히 지적했다.

패르미 연구소의 프로젝트 X

페르미 연구소는 자연을 더 깊이 파고 들어갈 새로운 방법을 발견해야 하는 중요한 임무를 부여받았다. 그리고 우리는 새로운 접근 방법을 가지고 있다. 그것은

LHC와 같은 입자 충돌가속기를 이용하는 전통적인 '에너지 전선'에선 벗어나는 방법이지만, 짧은 거리에서 작용하는 새로운 힘들과 물질의 구조에 대한 연구를 시작했던 예전 방법을 되살리는 것이다. 또한 앙리 베크렐, 마리와 피에르 퀴리, 어니스트 러더퍼드 같은 위대한 세대의 영웅들과 현대 물리학의 개척자들 그리고 방사선 발견자들의 교훈을 따르는 방법이다. 그들은 새로운 물리학을 등장시킨 아주 드문 반응을 발견하고 연구하면서 물질의 내부 깊은 곳을 탐색했다.

그러한 접근은 표준모델의 갑옷에서 최초로 틈을 찾아낼지도 모른다. 간접적인 방법으로 감지할 수 있는 에너지 규모, 즉 짧은 거리는 충돌가속기를 이용한 직접적인 접근 방법보다 수백 배에서 수천 배 크거나 작을 수도 있다. 개척자 시대의 과학자들이 사용했던 방법과 최근의 가속기와 검출기 기술을 결합하면 놀라운 기회가 될 수도 있다. 그리고 이러한 신기술 개발로 사회에 가져다주는 이익, 즉 경제에 대한 '경제 외적인 투입'이 축적될 것이다.

페르미 연구소는 사우스다코타에 있는 홈스테이크 광산으로 중성미자 빔을 보내는 것을 목표로 장거리 중성미자 실험(LBNE)을 진행하면서 동시에 세계에서 가장 강한 빔을 발생시키는 입자가속기를 건설하는 프로젝트 'X'를 준비하고 있다. 프로젝트 X는 페르미 연구소와 미국 고에너지 물리학 프로그램의 중심이 될 전망이다.

프로젝트 X는 '양성자 드라이버'라고도 부르는 강한 양성자가속기이다. 이 프로젝트가 프로젝트 X라는 신비한 이름으로 불리게 된 이유는 무슨 비밀스러운 임무를 수행해서가 아니라 누구도 더 좋은 이름을 생각해내지 못했기 때문이다. 만약 프로젝트 X보다 더 좋은 이름이 생각나면 우리에게 알려주기 바란다.

간단한 것부터 시작하자. 세기와 에너지 사이에는 엄청난 차이가 있다. LHC에서는 빔 안의 양성자 수가 적지만 각각의 양성자는 우리가 가속시켰던 어떤 양성자보다 큰 에너지를 가지고 있다. 프로젝트 X에서 우리는 3GeV에서 8GeV 사이의 저에너지 빔에 훨씬 더 많은 양성자를 포함시켜 전체 에너지는 최대가 될 것이다. 현미경에 비유하자면 빔의 밝기를 더 올림으로써 다른 여러 가지 자료를 조사하고 새로운 것을 발견하는 것이다.

프로젝트 X는 공격적이고 야심 찬 기술적 목표이다. 이것은 양성자가 3GeV에서 8GeV 사이의 에너지를 가지는 약 5MW짜리 양성자가속기를 건설하는 것이다. 프로젝트 X는 뢴트겐의 기체 방전관이나 베크렐의 감광제나 형광처럼 페르미 연구소의 중장기 연구 목표가 될 것이다. 또한 미국에 기초 연구를 진보시키는 데 필요한 새로운 과학 기기를 제공할 것이다.

프로젝트 X로 할 수 있는 과학 프로그램은 다양하다. LBNE에서의 중성미자 연구는 프로젝트 X가 없다면 30년이 걸리겠지만 프로젝트 X를 이용하면 10년이면 해낼 수 있다. CP 변환의 대칭성 붕괴를 처음 알게 해준 케이온의 드문 붕괴에 대한 연구도 가능해질 것이고, 1000TeV에 접근하는 에너지 규모에서나 볼 수 있는 새로운 물리학을 보여줄 수도 있을 것이다.

프로젝트 X는 전자나 중성자 그리고 원자핵에 대한 정보를 제공하는 아주 무거운 방사성 동위원소 연구를 가능하게 하여 CP 변환의 대칭성 붕괴를 감지하는 전혀 새로운 감지 장치 시대를 열 것이다. 이것은 전자의 전기 쌍극자 모멘트를 깊이 있게 연구할 수 있도록 할 것이며, CP 대칭성 붕괴를 자세히 조사할 수 있고, 암흑 물질로 향하는 새로운 창을 제공할지도 모른다.

프로젝트 X는 전자와 뮤온 중성미자 소스를 제공할 '뮤온 저장 링 중성미자 공장' 건설을 가능하게 할 것이다. 전자 중성미자와 뮤온 중성미자 소스는 중성미자의 성질을 가장 정밀하게 측정할 수 있도록 하여 새로운 물리학 연구를 가능하게 할 것이다. 그리고 가장 흥미로운 고에너지 충돌가속기인 뮤온 충돌가속기의 기반을 제공할 것이다.

프로젝트 X 중성미자 실험

지금까지 우리가 이야기한 모든 중성미자는 파이온 붕괴의 생성물이었다. 프로젝트 X와 같은 매우 강한 가속기만 있으면 수많은 파이온을 쉽게 만들 수 있다. 파이온이 붕괴하면 뮤온 중성미자만 만들어진다. 이것이 우리가 할 수 있는 중성미자 진동 연구의 한계이다. 우리는 지하를 통해 전자 중성미자를 사우스다코타의 홈스테이크 광산으로 보내 전자 중성미자가 무엇으로 변하는지 보고 싶어 한다.

뮤온은 전자와 반전자 중성미자 그리고 뮤온 중성미자로 붕괴한다. 따라서 파이온 붕괴에서 뮤온을 잡아 저장 링에 넣고 대부분의 뮤온이 직선 구간에서 붕괴하도록 하면 강한 뮤온 중성미자 빔과 함께 반전자 중성미자 빔도 얻을 수 있을 것이고, 저장 링에 반뮤온을 넣으면 반뮤온 중성미자와 전자 중성미자를 얻을 수도 있을 것이다. 중성미자 공장은 처음으로 장거리 실험에서 전자 중성미자의 중성미자 진동을 연구할 수 있도록 해줄 것이다. 이것은 햄스터 대신 생쥐를 발사한 뒤 장거리 여행에서 무엇으로 변하는지를 보는 것과 같다.

잠깐만, 우리가 '뮤온을 잡아' 저장 링에 넣는다는 이야기를 하지 않았나? 뮤온의 수명은 200만분의 1초밖에 안 된다. 그렇다면 잡아넣는다는 얘기가 정말로 잡아넣는다는 것을 뜻하는가? 그렇다. 이런 일은 이미 해온 일이다. 그러나 중성미자 공장에 필요한 세기 규모에서는 아니었다. CERN에서는 1970년대부터 소규모 뮤온 저장 링을 가동해왔고, 브룩헤이븐 연구소에서도 가동해왔다. 브룩헤이븐 연구소의 뮤온 저장 링은 페르미 연구소로 옮겨와 뮤온의 자기적 성질을 측정하는 g-2 실험에 사용될 예정이다. 중성미자 공장의 목표는 저장 링의 크기를 늘리고 저장 링을 회전하는 뮤온의 세기를 증가시키는 것이다. 뮤온 저장 링은 중성미자 공장을 가능하게 하고, 이것은 뮤온 충돌가속기를 위한 좋은 훈련 기회를 제공할 것이다.

페르미 연구소는 중성미자 과학을 싹 틔운 경험을 가지고 있으며, 현재 많은 중요한 중성미자 실험을 수행하면서 이 연구들을 좀 더 향상시키기 위해 가속기 설비를 업그레이드하고 있다. 제10장에서 이야기했듯이 중성미자의 CP 대칭성 붕괴는 중요한 문제일지 모른다. 이것은 아마도 우주에서 발견되는 물질과 반물질의 비대칭성을 만들어내는 데 핵심적인 역할을 하고 있을지도 모르기 때문이다.

드문 케이온 과정과 CP 대칭성 붕괴

CP 대칭성 붕괴는 '케이온'을 이용한 실험에서 처음 발견되었다. 케이온은 가벼운 쿼크인 '업' 쿼크나 '다운' 쿼크와 반스트레인지 쿼크 또는 반업 쿼크나 반다운 쿼크와 스트레인지 쿼크로 이루어져 있다. 특히 관심 있는 것은 반다운 쿼크와 스트레인지 쿼크로 이루어진 케이온이나 반스트레인지 쿼크와 다운 쿼크로 이루어진 케이온이다. 이들은 중성 케이온이라고 부르며 K^0, $\overline{K^0}$로 나타낸다.

이 중성 케이온들은 공간을 통해 이동할 때 서로 진동하는 것으로 오래전부터 알려져 있었다. 이것은 중성미자 진동의 선구자이다. 케이온 진동 연구는 물리학에서의 CP 대칭성 붕괴 원인의 발견으로 이어질 것이다. 중성 케이온의 자세한 성질은 표준모델의 작은 틈을 발견하는 놀라운 일로 이어질 것이고 새로운 물리학의 존재를 보여줄 것이다. 업 쿼크와 반스트레인지 쿼크, 스트레인지 쿼크와 반업 쿼크로 이루어진 전하를 띤 케이온도 있다. 이런 케이온의 붕괴 역시 새로운 물리학으로 이끌 민감한 검출기가 될 가능성이 있다.

수조 개의 케이온을 이용해 이들의 붕괴를 연구하는 케이온 실험은 표준모델에서 가장 드문 반응을 아주 높은 정밀도로 관측하는 결과를 가져올 것이다. 이러한 드문 반응은 양자 요동으로 아주 짧은 시간 동안 두 개의 W 보존이 나타났다가 사라지는 것과 관련되어 있다. 동시에 톱 쿼크와 새로운 입자가 같은 요동에서 나타났다가 사라지면서 놀라운 신호를 보낼 가능성이 있다. 이 과정을 자세히 측정하면 우리는 표준모델 너머에 있는 알려지지 않은 새로운 물리학을 탐구하는 수준에 도달할 수 있을 것이다.

특히 흥미 있는 것은 케이온이 파이온과 중성미자로 붕괴하는 두 가지 아주 드문 반응으로, $K^+ \rightarrow \pi^+ \nu \bar{\nu}$ 와 $K^0 \rightarrow \pi^0 \nu \bar{\nu}$ 반응이다. 이 중에서 뒤의 반응은 표준모델을 이용하여 반응률이 계산되어 있다. 이 계산 결과와 실험 결과의 차이가 새로운 물리학으로 이끌 것이다. 이를 증명하기 위해서는 전하를 띤 케이온과 중성 케이온의 붕괴를 1000번 감지할 수 있는 실험이 필요하다.

케이온 실험을 바탕으로 한 미래의 프로젝트 X는 고에너지 입자 충돌가속기가 도달할 수 없는 10만 TeV 에너지 규모에서 이전에는 가능하지 않았던 정밀도로 새로운 물리학을 감지하는 일도 가능할 것이다. 프로젝트 X의 케이온 실험이 새로운 드문 반응을 보여준다면 그것은 100여 년 전 베크렐과 퀴리가 약한상호작용을 발견한 것과 같을 것이다. 그것은 입자물리학에서 다음 세기에 추구해야 할 확실한 목표를 제시할 것이다.

프로젝트 X의 강한 양성자 빔은 그런 실험을 가능하게 해준다. '연속적인 파동 선형가속기'라고 부르는 프로젝트 X 가속기 디자인의 특수 기술은 실험 장비를 단순하게 함으로써 이런 실험을 위한 이상적인 조건을 제공한다. 케이온의 매우 드문 붕괴율을 몇 %까지 정밀하게 측정할 수 있도록 하여 표준모델 예측의 불확정성과 비교할 수 있을 것이다. 따라서 이것은 표준모델의 예측과 다른 결과를 가져오게 하는 반응과 관련된 새로운 물리학을 가능하게 할 것이다. 두 실험은 또한 가상적인 새로운 입자가 관련된 다른 케이온의 드문 붕괴에 대한 다양한 정보도 제공해줄 것이다.

드문 뮤온 반응: 뮤온에서 전자로의 전환

$\mu \rightarrow e \, \gamma$와 같은 뮤온의 드문 붕괴를 관측하면 그것 역시 표준모델이 아닌 새로운 물리학의 조짐이다. 표준모델에서는 이런 붕괴가 관측할 정도로 일어날 수 없기 때문이다. 일부 이론은 이 반응이 실험 가능할 정도로 일어날 것이라 예측하고 있다. 원자의 산란에서 뮤온이 전자로 전환되는 것과 관련된 반응은 'μ-to-e 전환'으로 알려져 있다. 이 역시 수천 TeV 정도의 질량 규모에서나 관측할 수 있는 새로운 물리학이 될 수 있다.

페르미 연구소는 이전 실험보다 1만 배나 정밀한 수준으로 뮤온에서 전자로의 전환 과정을 연구하기 위해 예전의 테바트론 부스터로 사용했던 페르미 연구소의 8GeV 양성자 빔을 이용하게 될 'Mu2e'라고 불리는 실험을 계획하고 있다. 이 실험은 LHC가 도달할 수 있는 것보다 훨씬 더 높은 1만 TeV 질량 규모의 새로운 물리학을 가능하게 할 것이다. 프로젝트 X는 빔 파워를 열 배 이상 증가시켜 궁극적인 정밀도를 열 배 높일 계획이다. Mu2e 실험이 뮤온이 전자로 전환하는 과정을 밝혀낸다면 프로젝트 X 시대의 실험이 다른 목표물을 이용하여 뮤온에서 전자로의 전환 속도를 측정함으로써 그 안에 숨어 있는 새로운 물리학을 찾아낼 수 있을 것이다.

운 좋게 뮤온이 전자로 전환되는 새로운 과정이 밝혀진다면 1890년대 베크렐이 방사능을 발견한 것과 비슷한 발견이 될 것이다. 그것은 자연에 존재하는 새로운 힘에 대한 힌트가 될 것이므로 이를 밝혀내기 위한 많은 후속 연구가 필요할 것이다. 새로운 힘은 아마도 21세기 후반과 22세기에 건설될 미래 충돌가속기의 필수 요소가 될 새로운 'X' 보존과 관련 있을 것이다.

프로젝트 X; 드문 동위원소를 이용한 전기 쌍극자 측정

전자는 우리 눈이 볼 수 있고, 우리 뇌가 생각할 수 있는 세상인 화학과 생물학에서 핵심적인 역할을 한다. 전자는 기본적으로 '우리'이다. J. J. 톰슨은 1897년에 오늘날 형광등과 비슷한 기체 방전관에서 전류를 흐르게 하는 '음극선'이 실제로는 관을 통해 흐르는 입자의 흐름이라는 것을 발견했다. 톰슨은 원자에 비해 아주 작은 질량을 가지고 있는 이 입자가 자연을 구성하는 모든 원자의 일부분이라는 것을 밝혀냈다. 이 입자들은 전하량과 질량의 비 'e/m' 값이 일정했다. e/m 값은 자기장 안에서 음극선의 경로가 휘어지는 정도를 측정하여 쉽게 결정할 수 있다. 후에 러더퍼드는 베타붕괴에서 방출되는 입자가 톰슨의 전자와 같은 e/m 값을 가진다는 것을 확인하고 베타선이 전자라는 것을 밝혀냈다.

오늘날 우리는 전자에 대해, 그리고 전자와 포톤의 상호작용에 대해 다른 어떤 물리 체계보다도 많은 것을 알고 있다. 이 모든 것은 '양자전자기학'이라 불리는 이론 안에 포함되어 있다. 양자전자기학은 1965년 노벨 물리학상을 공동으로 수상한 줄리언 슈윙거^{Julian Schwinger}, 리처드 파인먼^{Richard Feynman}, 도모나가 신이치로^{朝永振一郎}에 의해 1949년에 전자-포톤 물리학의 모든 면을 모순 없이 설명하고 계산이 가능한 이론으로 발전했다.

우리는 전하와 스핀으로 인해 전자 하나하나가 작은 자석이라는 것을 알고 있다. 회전하는 전하를 띤 입자는 전류의 고리를 가지고 있는 것과 같고, 전류는 자기장을 만들어낸다. 이것은 N극과 S극의 두 극을 가지고 있는 막대자석과 같은 형태이므로 '자기 쌍극자'장이라고 부른다. 한편 전하는 바깥쪽으로 향하는 전기장을 만들어내기 때문에 '홀극장'이라고 부른다. 우리가 알고 있는 한, 전기와 자기의 방정식들은 자연에 자기 홀극이 존재하지 않음을 보여주고 있다. 그러나 이것은 전기 쌍극자를 가진 기본 입자가 있지 않을까 하는 의문을 남겨놓고 있다. 자기 쌍극자장을 만들어내는 회전하는 전자가 비슷한 전기 쌍극자장도 만들지 않을까?

잠시 앨리스의 옷장 거울로 돌아가 전하가 만들어내는 전기 홀극장과 전류 고리가 만들어내는 자기 쌍극자장에 대해 생각해보자. 이것을 거울에 비춰보면 전하와 자하가 거울에 어떻게 다르게 비치는지 알 수 있다. 전기장이 플러스 전하에서 바깥쪽 방향으로 형성되어 있다면 거울 속에서도 바깥쪽으로 나가는 것으로 보여 아무런 차이가 없다. 반면에 자기장이 전류 고리 위쪽으로 형성되어 있다면 거울 안에서는 자기장의 방향이 반대가 되어 아래쪽으로 형성되어 있을 것이다. 이는 전류의 거울상을 생각하면 쉽게 이해할 수 있다. 고리 면이 거울과 수직이라면 거울 안에서는 고리에 흐르는 전류의 방향이 반대로 보일 것이고, 따라서 자기장의 방향은 반대가 될 것이다.

이제 옷장 거울 대신 반물질 거울 C를 이용하여 전하의 부호, 다시 말해 전자를 양전자로 바꿔보자. 그렇게 하면 전기장과 자기장의 방향이 모두 반대로 된다는 것을 알 수 있다. 따라서 옷장 거울 변환 P와 입자를 반입자로 바꾸는 반입자 거울 C를 차례로 수행하면 알짜 CP 변환의 결과는 전기장이 항상 자기장에 반대로 행동하게 된다. 때문에 전자가 특정한 전기 쌍극자장을 만든다면 CP 변환의 대칭성이 붕괴되어야 한다. 전자가 전기 쌍극자와 자기 쌍극자장이 결합된 거울의 한쪽을 선호하기 때문이다. CP 대칭성 붕괴가 흥미 있는 것은 CPT 거울이 항상 원래의 상태로 되돌려놓으므로 CP 대칭성 붕괴는 물리학에서의 시간의 화살과 관련 있기 때문이다. 다시 말해 시간 거울 T를 통과하면 결합된 거울 CP를 통과한 것을 없던 것으로 만든다.

지금까지는 아무도 점과 같은 기본 입자의 전기 쌍극자를 발견하지 못했다. 물과 같은 특정한 분자는 휘어진 구조를 하고 있어 자발적으로 전기 쌍극자장을 형성하는 것으로 잘 알려져 있다. 그러나 이것은 물 분자의 복잡한 구조와 관련이 있다. 휘어진 분자는 순수한 양자 바닥상태와는 거리가 멀다. 스핀을 가지고 있는 순수한 양자 바닥상태에서는 물 분자마저도 전기 쌍극자장을 형성하지 않는다. 그러나 기본 입자는 '고유 스핀'을 가지고 있으며, 스핀의 순수한 바닥상태에 있다. 이런 입자들이 전기 쌍극자장을 형성하면 항상 CP 대칭성 붕괴로 이어진다.

전자와 같은 기본 입자의 0이 아닌 전기 쌍극자장, 좀 더 전문적인 용어인 '전기 쌍극자 모멘트(EDM)'를 발견하는 것은 역사적인 발견으로 새로운 CP 대칭성이 붕괴된 물리학을 의미하게 될 것이다. 이것을 발견한다면 틀림없이 노벨상을 수상할 것이다. 표준모델 안에서의 CP 대칭성 붕괴는 아주 약한 전기 쌍극자장을 만들 수 있지만 현재의 실험으로 이를 측정하기는 불가능하다. 이 전기 쌍극자 모멘트의 크기는 10^{-38} 정도이다. $e-cm$라는 단위는 전자의 전하량(e)에 거리(cm)를 곱한 값이다. 전기 쌍극자 모멘트는 새로운 물리학을 위한 놀라운 정밀도를 제공할 가능성이 있다.

실제로 알려진 표준모델 안에서 쿼크 사이의 CP 대칭성 붕괴는 물질이 반물질보다 더 많이 만들어진 것을 설명할 수 없다. 따라서 우주에는 또 다른 CP 대칭성 붕괴의 근원이 있어야 한다. 0이 아닌 전기 쌍극자 모멘트를 찾는 것은 이에 대한 힌트를 얻는 좋은 방법이 될 것이다. 알려지지 않은 다른 CP 대칭성 붕괴의 근원을 알아내는 것은 베크렐이나 퀴리의 연구와 일맥상통한다.

전기 쌍극자 문제를 다룬 많은 실험들이 있지만 여기서는 아주 큰 원자핵을 가지고 있는 원자가 전기 쌍극자 모멘트의 '증폭기'를 제공한다는 놀라운 사실에 바탕을 둔 한 가지 실험에 대해서만 이야기하겠다. 실제로 아주 무거운 원자핵들이 존재한다. 라돈, 라듐, 아메리슘, 프랑슘과 같이 무거운 원자들은 모두 방사성 원소들이다. 다시 말해 이런 원소들은 붕괴하기 때문에 수명이 길지 않다. 원자핵 안의 양성자 수는 Z로 나타낸다. Z가 큰 원자의 영향은 Z가 커질수록 전기 쌍극자 모멘트를 큰 비율로 증폭시킨다는 것이다.

프로젝트 X는 라돈, 라듐, 아메리슘, 프랑슘과 같은 무겁고 수명이 짧은 동위원소를 대량으로 만들어 전자의 전기 쌍극자 모멘트에 대한 정밀한 연구를 지원할 수 있다. 이런 실험은 현재의 실험 성공률을 100배에서 1000배까지 향상시킬 수 있을 것이다. 우리는 여기서 얻은 기술이 미래에 수십억 달러의 부가가치를 창출할 것으로 생각하고 있다.

플루토늄의 세계에 올라타 무한 청정에너지 제공하기: 가속기로 가동되는 저임계 원자로

입자물리학은 원자를 지구로 가정했을 때 농구공에 해당되는 작은 크기에서 작동할 수 있는 첨단 기술의 창조를 필요로 한다. 사회와 세계 경제는 강력한 입자 가속기와 검출 장치, 즉 인간이 만든 가장 강력한 '현미경'의 개발이 안겨준 큰 혜택을 누렸다. 의학 진단용 영상 기술이나 양성자를 이용한 암 치료, 대량 자료 처리와 계산, 인터넷망과 같이 입자물리 지식을 응용한 기술의 출현은 이 분야에 대한 투자의 수천 배에 해당하는 경제적 효과를 창출했으며 현대 문명을 건설하는 데 중요한 역할을 했다.

개발과 시험을 위해 프로젝트 X를 필요로 하는 새로운 아이디어는 청정하면서도 무한한 에너지원에 대한 전망을 밝게 하고, 핵폐기물을 소각할 수 있는 가능성을 제시한다. 가속기로 작동하는 토륨 반응을 통해 안전하고 깨끗하며 풍부한 전기에너지를 확보하고, 전통적인 핵발전소에서 나오는 방사성 폐기물을 소각할 수 있는 방법을 개발하는 것은 매우 중요한 연구 목표이다. 이런 것들은 프로젝트 X에서 '원리를 증명'하는 수준으로 연구될 것이고, 이런 기초적인 연구 결과는 다양한 분야에서 응용될 것이다.

전통적인 원자력 발전에서 발생하는 방사성 폐기물의 유독성과 긴 반감기는 전세계적인 문제가 되고 있다. 가속기로 가동하는 프로젝트 X에서 추진하는 방식의 핵발전소는 사용 후 핵연료를 재사용할 수 있고, 그 결과 방사성 폐기물의 유독성과 긴 반감기 문제를 크게 줄일 수 있다. 가속기는 토륨(Th)과 같이 원자량이 작은 원자의 핵분열을 유도하여 에너지를 생산할 수도 있다. 가속기를 이용한 핵분열

반응에는 핵분열 물질의 '임계질량'이 필요하지 않아 '가속기로 가동되는 저임계' 원자로라고 부른다. 이런 원자로에서는 후쿠시마나 체르노빌처럼 원자로가 녹아내리는 일이 절대 일어나지 않을 것이다.

가속기로 가동되는 저임계 원자로는 다양한 장점을 가지고 있다.

(1) 현재 핵발전소에서 사용하는 핵연료인 U^{235}의 매장량은 전 세계 에너지 수요를 충족하기 위해 계속 사용할 경우 앞으로 100년 안에 고갈될 것이다. 반면에 Th^{232}는 지구 상에 풍부해 앞으로 1만 년에서 10만 년 동안 공급할 수 있다.

(2) 토륨 연료를 사용하면 플루토늄이나 아메리슘과 같이 반감기가 긴 유독성 악티늄 원소를 만들어내지 않고, 반감기가 긴 다른 방사성 폐기물의 양을 크게 줄일 수 있다.

(3) 토륨을 사용하면 핵무기의 확산 가능성을 제한할 수 있다.

(4) 가속기로 가동하는 원자로는 '임계질량 이하'에서 작동하므로 가동이 비교적 안전하다. 즉 가속기만 끄면 원자로도 중단되기 때문에 원자로가 녹아내리는 사고를 염려하지 않아도 된다.

미국과 인도 정부는 프로젝트 X와 관련된 핵에너지 공동 연구를 고려 중이다. 프로젝트 X는 (1) 전통적인 핵발전소에서 나오는 핵폐기물을 파괴하는 기술의 개발, (2) 안전하고 풍부한 핵에너지를 생산하는 가속기로 가동하는 저임계 원자로 개발과 같은 분야의 연구를 지원할 수 있을 것이다.

우리는 페르미 연구소에서 가속기로 가동하는 저임계 원자로 건설에 필요한 모든 기술을 연구할 수 있으리라고는 생각하지 않지만 이런 원자로에 필요한 핵심 원리나 기술은 프로젝트 X를 통해 개발할 수 있을 것이다. 가속기로 가동하는 저임계 원자로를 개발하려는 결정은 어려운 일이 아니다. 이것은 이미 개발되었어야 했던 원자로이다. 이제는 이런 원자로의 개발을 더 이상 미룰 수가 없다.

프로젝트 X 너머: 차세대 충돌가속기

다음 10년 동안 LHC에서의 실험은 새로운 에너지 영역을 탐구하고 약한상호작용과 전자기적 상호작용을 구별하는 힉스 메커니즘의 자세한 내용을 계속 밝혀낼 것이다. 이 같은 연구 결과는 표준모델에서 예측하고 있는 힉스 입자가 될 것으로 보인다. 그러나 새로운 형태의 물리학, 자연에 존재하는 새로운 힘, 새로운 대칭성, 새로운 입자, 시간과 공간의 새로운 관계가 밝혀질 가능성도 있다. 프로젝트 X의 고도로 정밀한 실험은 중성미자 진동, 전기 쌍극자 모멘트, 다른 종류의 쿼크나 렙톤 사이에서 일어나는 아주 약한 전환과 같은 드문 반응을 연구할 수 있게 하고, LHC에서 직접 탐구하고 있는 에너지 영역보다 훨씬 높은 에너지 영역을 간접적으로 탐구할 수 있도록 할 것이다.

LHC나 프로젝트 X 실험을 통해 발견된 새로운 형태의 물리학을 활용하기 위한 준비의 일환으로 페르미 연구소 과학자들은 수 TeV짜리 뮤온 충돌가속기의 가능성을 알아보고 있다. 뮤온 충돌가속기는 LHC를 넘어서는 차세대 충돌가속기이다. 페르미 연구소는 뮤온 가속기의 에너지 및 밝기에 관련된 물리학 연구와 검출기 관련 연구를 주도하고 있다. 이런 연구는 뮤온 충돌가속기를 가능하도록 하기 위해 어떤 연구를 해야 할지에 대한 정보를 제공할 것이다. 뮤온 충돌가속기는 뮤온과 반뮤온을 '빔과 목표물'로 사용한다. 뮤온은 프로젝트 X의 강한 양성자 빔으로 만든다. 뮤온 충돌가속기는 우선 '힉스 공장' 역할을 맡아 다른 충돌가속기가 할 수 없는 방법으로 힉스 입자의 질량을 결정하고 힉스 입자를 직접 관측할 수 있도록 해줄 것이다. 뮤온 충돌가속기의 가장 큰 장점은 전자 선형 충돌가속기와는 달리 고에너지 충돌가속기의 건설이 가능해 LHC의 에너지보다 열 배 높은 에너지에 도달할 수 있다는 것이다. LHC에서 답을 얻지 못한 문제들이 고에너지 뮤온 충돌가속기에서는 해결될 것이다.

수 TeV 뮤온 충돌가속기는 전자 충돌가속기보다 많은 장점을 가지고 있다. 이런 장점의 대부분은 뮤온이 전자보다 무거워 뮤온 싱크로트론 방사선을 방출하지 않기 때문이다. 따라서 뮤온 충돌가속기는 소규모 싱크로트론의 이용이 가능하고, 같은 궤도를 여러 번 돌며 계속해서 가속할 수 있으며, 여러 번의 충돌을 일으킬 수 있다. 따라서 비용을 효과적으로 사용하면서 고에너지의 점 입자 렙톤 빔을 만들 수 있다. 또한 뮤온 충돌가속기는 아주 잘 정의된 좁은 범위의 빔 에너지가 가능하다. 이것은 양성자나 전자 충돌가속기엔 없는 장점이다. 1TeV가 넘는 고에너지의 선형 전자 충돌가속기는 원형가속기처럼 반복 가속이 가능하지 않아 많은 에너지를 소모한다. 뮤온 충돌가속기가 10TeV 이상의 에너지에 도달하는 데 원리적으론 아무런 문제가 없다. 양성자 충돌가속기에서 양성자를 구성하는 점 입자인 쿼크나 글루온을 이 에너지 규모로 충돌시키려면 100TeV의 에너지가 필요할 것이다.

페르미 연구소는 강한 뮤온 빔을 생산하고, 잡아내고, 가속시키고, 저장하는 것과 관련된 핵심 기술 개발을 목표로 한 국립 뮤온 가속기 프로그램(MAP)을 주도하고 있다. 잘 정제된 뮤온과 반뮤온 빔을 생산하는 데 필요한 '뮤온 냉각' 관련 기술, 뮤온 냉각에 필요한 고자기장에서의 고주파 중공관의 성능 연구, 아주 높은 자기장을 만들어내는 솔레노이드 관련 기술을 포함한 핵심 기술들이 개발 중에 있다. MAP는 또한 빔 역학, 뮤온의 생산, 포집, 냉각, 가속, 충돌 과정의 시뮬레이션과 같은 연구를 수행하고 있다. 이 새로운 기술들은 뮤온 저장 링을 이용하는 중성미자 공장 건설에 활용될 것이다.

페르미 연구소의 초전도 자석 전문가들은 뮤온 충돌가속기나 초대형 강입자 충돌가속기(VLHC)와 같은 미래 싱크로트론의 건설에서 핵심 역할을 할 것이다. 이런 싱크로트론은 모두 아주 강한 자기장을 필요로 하기 때문이다. 예를 들어 뮤온 충돌가속기의 한 설계에 의하면, 50T의 자기장이 필요하다. LHC 터널에 40TeV의 VLHC를 건설하려면 25T 내지 30T의 쌍극자장이 필요하다.

이런 자석은 고자기장에서 많은 전류가 흐르게 하는 고온 초전도체를 기반으로

할 것이다. 페르미 연구소는 미래 에너지 전선의 가속기에 사용될 고온 초전도체를 바탕으로 한 자석 개발 연구를 주도하고 있다.

문: 어떻게 스타십을 건설할 것인가?
답: 처음부터 시작해야 한다

베크렐의 방사성 발견으로 약한상호작용이 세상에 처음 모습을 드러냈다. 그가 사용한 방법은 오늘날의 충돌가속기 물리학과는 많이 달랐다. 베크렐이나 퀴리는 역청으로 시작했다. 역청에는 우라늄이 포함되어 있었고, 라듐 원자의 방사성 붕괴가 새로운 물리학을 간접적으로 보여주고 있었다. 많은 양의 역청을 분석하여 드문 반응을 관측하고 분류했다. 현상을 관측하고 이를 분류하는 것은 모든 과학이 시작하는 방법이다.

모든 드문 반응의 연구에서 핵심은 많은 양의 관측 자료이다. 이런 자료는 힉스 입자의 다양한 붕괴 과정과 표준모델 너머에 있을지도 모르는 입자들의 붕괴 과정을 연구하는 LHC에서 수집한 자료일 수도 있다. 하지만 힉스 공장은 힉스 입자에 대한 훨씬 방대하고 분명한 자료를 목표로 하고 있다. 그러나 상대적으로 저에너지 세상에서도 물리학의 기본 법칙을 연구할 수 있는 아주 드문 반응들이 일어나고 있다. 이런 반응들이 예전에는 예상하지 못했던 새로운 형식의 물리학을 보여줄지도 모른다. 다음 세대 충돌가속기의 건설에는 이런 점들이 감안되어야 할 것이다.

이것이 프로젝트 X의 채석장이다. 현재는 표준모델이 예측한 힉스 입자만 존재하는 세상이다. LHC에서는 '비표준모델적인' 것의 증거를 찾지 못했다. 우리는 프로젝트 X가 제공하는 다양한 프로그램으로 표준모델 너머에 있는 새로운 물리학에 대한 연구를 시작하고, 뮤온 충돌가속기를 가지고 에너지 전선으로 복귀하는 것이 어려운 일이 아니라고 생각한다.

제12장
힉스 입자 너머

우리는 힉스 입자 이야기를 했다. 지난 세기에 우리가 배운 질량의 성격을 기반으로 왜 힉스 입자가 존재해야 하는지에 대한 아이디어를 제공하려고 노력했다. 우리는 단순히 '물질의 양'으로만 알려져 있던 '질량'에 대한 이해가 20세기에 자연의 기본적 구성 요소인 기본 입자 수준에서 새로운 것으로 바뀌는 것을 보아왔다. 우리는 쿼크와 렙톤의 질량이 약전하를 가지고 있는 좌선형 입자와 약전하를 가지고 있지 않은 우선형 입자의 상호작용과 관련 있다는 것을 알게 되었다. 질량은 좌선형 입자와 우선형 입자 사이의 '진동'과 관련 있는 현상이다. 좌선형 입자와 우선형 입자가 상호작용하기 위해서는 전하 보존법칙으로 인해 좌선형 입자와 마찬가지로 약전하를 가지고 있는 새로운 입자를 필요로 한다. 이 새로운 입자가 힉스 입자이다. 힉스 입자는 기본적이고 변화할 수 없는 기초적인 자연의 대칭성 때문에 존재해야 하는 입자이다.

입자의 질량은 '진공'에 형성된 힉스장과 입자의 상호작용을 통해 부여된다. 힉스장의 값은 페르미 이론에 의해 약 175GeV로 추정된다. 강력한 자기장과 같이 힉스장은 시공간의 모든 방향으로 균일하게 형성된다. 힉스장은 진공을 가득 채우고 있는 약전하의 거대한 저장소이다.

　좌선형 입자는 이 저장소로 약전하는 버리고 약전하를 가지고 있지 않은 우선성 입자가 된다. 마찬가지로 우선형 입자는 진공에서 약전하를 얻어 좌선성 입자가 된다. 이로 인해 모든 쿼크와 렙톤이 시간의 흐름 속에서 ─L─R─L─R─ 행진을 하게 된다. 이것이 입자가 질량을 가지도록 하는 현상이다. 전기장이나 자기장이 빛 입자인 포톤으로 이루어진 것처럼 좌선성 입자와 우선성 입자를 묶어주는 힉스장은 힉스 입자로 이루어져 있다. 세계에서 가장 큰 입자가속기인 거대 강입자 충돌가속기(LHC)를 보유한 CERN에서는 2012년 7월 4일에 힉스 입자를 발견했다고 발표했다. 힉스 입자의 질량은 약 126GeV였다.

큰 과학에 대한 혼란

　많은 사람들이 거대 과학이 하려는 것에 대해 잘못 생각하는 경우가 많다. 그것은 아마 우리가 매스컴을 통해 사람들에게 하는 이야기 때문인지도 모른다. 예를 들면 많은 사람들이 충돌가속기를 건설하는 것은 '새로운 차원을 발견하기 위해'라거나 '끈 이론을 증명하기 위해서' 또는 '초대칭성을 발견하기 위해서'라고 이야기하는 경우가 많다. 이것은 모두 사실이 아니다! 충돌가속기는 작은 거리에서 일어나는 모든 현상을 조사하기 위해 건설하는 것이지 특정한 이론가 집단의 특정한 목적을 위해 건설하는 것이 아니다. 종종 우리는 '우주의 초기', 즉 빅뱅의 조건을 재현하기 위해 충돌가속기를 건설한다는 이야기도 듣는다. 이런 이야기는 약간 맞는 면이 있다. 그러나 충돌가속기는 초기 우주의 뜨겁고 밀도 높은 열적 플라스마를 재창조하지는 않는다. 만약 그렇게 한다면 충돌가속기 실험에서 쿼크 제트(부록 참조)나 CP 대칭성 붕괴와 같은 놀라운 현상을 관측할 수 없을 것이다.

　이처럼 혼란스럽고 뒤섞인 메시지가 초전도 초대형 충돌가속기(SSC)가 종료되던 때 일어났던 일을 가장 잘 설명한다. 장소는 정확히 기억할 수 없지만 오래전에 우리는 휴스턴에 있는 큰 병원에서 하루 일과를 마치고 매우 흥분해 있는 간호사와 인터뷰하는 라디오 방송을 들었다.

기자가 마이크를 갑자기 들이대고 그녀에게 물었다. "오늘 SSC를 취소하기로 한 것에 대해 어떻게 생각하는지 말해주세요." 잠시 망설이던 간호사가 대답했다. "우리는 이미 하나의 우주를 가지고 있습니다. 그런데 왜 우리가 또 다른 우주를 만들어야 하는지 모르겠습니다." 문제는 사람들이 깜짝 놀랄 만한 최신 우주 이론에 대한 설명을 듣고 나서 "그것이 우리가 살아가는 데 무슨 소용이 있습니까?", "왜 이런 일에 세금을 낭비해야 하지요?", 또는 "이것의 좋은 점은 무엇입니까?" 하고 묻는다는 것이다.

충돌가속기 이야기는 세계에서 가장 강력한 현미경에 대한 이야기이다. 여러 해 동안의 경험을 통해, 입자물리학은 사람이 지금까지 만든 가장 큰 현미경을 이용하여 세상에서 가장 작은 것들을 연구하는 학문이라는 간단한 사실을 이야기해주었을 때 대부분의 사람들은 직관적으로 받아들인다는 것을 알게 되었다. 그다음에는 사람들이 "쿼크의 크기는 얼마나 되나요?", "LHC는 테바트론에 비해 배율이 얼마나 큰가요?"와 같은 지적인 질문을 던진다. 사람들이 물리학자들처럼 생각하기 시작하는 것이다. 사람들은 현미경이 대량 파괴나 우주의 종말을 가져올 무기 연구에 사용되는 것이 아니라 작은 것을 연구하는 강력한 과학 장비로, 사람들에게 매우 유용하며, 따라서 중요하다는 고정관념을 가지고 있다. 현미경이 우리 친구들과 이웃들에게 매우 유용하다고 생각하는 것이다. 그러면 사람들은 절대로 "왜 내가 낸 세금을 여기에 써야 됩니까?"와 같은 질문을 하지 않는다. 우리는 대화나 세미나에서 이런 경험을 여러 번 했다.

이 책을 통해 우리는 이런 이야기를 확실히 하고 싶었다. 우리는 세계에서 가장 강력한 현미경인 가속기를 이용하여 자연이라는 양파의 껍질을 어떻게 벗겼는지에 초점을 맞추어 설명했고 가속기의 미래에 대해 생각해보았다. 어느 경우든 우리는 가능하면 '이론'에 대한 설명을 피하려고 노력했다. 오늘날에는 가속기와 실험은 많지 않고 매우 비싼 데 비해 이론은 너무 많고 싸기 때문이다. 궁극적으로 과학은 순수한 수학이나 거친 상상이 아니라 측정과 관측이다. 입자물리학은 어떤 의미에서 '재료'과학이다. 입자물리학에서는 짧은 거리 규모에서 모든 물질의 구조, 심지어는 모든 시공간을 채우고 있는 진공의 구조를 연구한다. 세계에서 가장 강력한 현미경이 하는 일은 자연의 가장 작은 구조를 밝혀내는 것이고, 가장 작은 구성 요소를 바다 깊은 곳에서 불러내 우리가 그것을 이해하고, 이들이 어떻게 작동하는지 볼 수 있도록 하는 것이다. 입자물리학의 핵심적인 질문은 '물질은 무엇이며, 어떻게 작동하는가?'이다. 이 질문은 2000년 전에 데모크리토스가 처음 과학적인 방법으로 했던 질문이다. 그리고 힉스 입자를 발견한 지금 우리는 아직 답을 얻지 못한 많은 질문들을 가지고 있다. 이런 질문들의 답을 얻기 위해서는 아직도 먼 길을 가야 한다.

다른 학문 분야와의 연관성

입자물리학은 다른 과학들과 여러 가지로 밀접한 관계를 맺고 있다. 입자물리학은 물질의 양자적 특성과 특정한 상황에서 물질이 행동하는 방법을 다루기 때문에 '응집물질물리학'과 직접 연관되어 있다. 우리는 납이나 니오븀 또는 니켈을 절대온도 0도 근처까지 냉각시켜 전기저항이 0이 되도록 한 '초전도체 상태'에서 진공과 진공의 들뜬상태가 지닌 가능성에 대해 많은 것을 배웠다. 진공의 '들뜬상태'가 입자이다. 초전도 상태는 실험실에서 만들어 다양하게 연구할 수 있는 '장난감' 우주이다. 초전도체에는 힉스 입자와 같은 들뜬상태가 있다. 초전도체물리학은 입자물리학보다 먼저 등장했다.

또한 입자물리학은 기본적인 면에서 우주론의 연구와 연결되어 있다. 실제로

1970년대 표준모델 혁명에서 정점을 이룬 입자물리학의 중요한 발견은 처음으로 빅뱅을 이해할 수 있도록 했다. 자연의 모든 힘에 적용되는 '게이지 원리'와 같은 위대한 발견은 '대통일 이론'을 생각할 수 있게 했고, '우주 인플레이션'이라는 아이디어를 이끌어냄으로써 우주론 분야를 체계화했다. 이로 인해 우주론이 갑자기 중요한 연구 분야로 떠올랐다. 주도적인 우주론 학자들은 모두 입자물리학자들이다. 우주론 학자들은 망원경을 이용하여 아주 멀리 있는 아주 큰 것을 보고, 입자물리학자들은 가장 강력한 현미경으로 우리 코앞에 있는 가장 작은 것을 연구하고 있으므로 우주론 학자와 입자물리학자가 동일인이라는 것은 역설처럼 들릴 수도 있다. 초기 우주는 우리가 만든 가장 강력한 가속기가 도달할 수 있는 에너지보다 더 큰 에너지를 가지고 있는 고에너지 입자들이 충돌하던 시기였다. 따라서 입자가속기는 초기 우주를 이해하는 데 꼭 필요한 정보를 제공한다. 그리고 입자물리학자들은 빅뱅이 남긴 흔적인 우주의 화석 기록으로부터 기본 입자에 대한 주요 정보를 얻을 수 있다는 것을 알고 있다.

특히 가장 흥미 있는 문제 중 하나가 신비하고 이해할 수 없는 '암흑물질'의 존재이다. 우주에 널리 분포해 있는 암흑물질은 빛으로는 볼 수 없지만 중력을 통해 그 존재를 알 수 있다. 암흑물질은 은하와 거대한 은하단을 둘러싸고 있다. 보이는 은하들의 운동을 조사해보면 은하단의 크기가 클수록 더 많은 암흑물질을 포함하고 있음을 알 수 있다. 암흑물질은 중력 작용으로 빛을 휘게 하여 거대한 우주 렌즈를 만들기 때문에 우리는 간접적으로 암흑물질을 볼 수 있다. 암흑물질에 대한 이론의 수가 시카고의 야생 고양이 수보다도 많지만 가속기 실험에서 암흑물질을 이루는 입자를 만들어내거나 검출하지는 못했다. 아직까지 현미경으로 암흑물질을 보지 못한 것이다. 때문에 암흑물질은 현재 밀접한 연관이 있는 우주론과 입자물리학에 신비한 새로운 것들이 묻혀 있는 채석장으로 남아 있다. 따라서 현미경을 다루는 입자물리학과 망원경을 다루는 우주론의 두 학문 분야는 현미경과 망원경이 나란히 발명되던 한스와 자카리아스 얀센과 갈릴레이 시대에 그랬던 것처럼 서로 중복되어 있다.

이 두 과학 분야는 직접 연결되어 공생관계를 이루고 있다. 암흑물질은 우리에게 아직 이해하지 못한 것이 있다는 것과 표준모델에 포함된 철학 너머에 존재하는 무엇인가가 있다는 것을 알려주고 있다. 표준모델과 힉스 입자 너머에 무엇인가가 있는 것은 확실하다. 그리고 표준모델 안에도 아직 답을 구하지 못한 문제들이 많이 남아 있는 것으로 미루어 그 너머에 더 깊은 조직 원리가 숨어 있는 것이 틀림없다.

우주론에서는 공룡의 화석을 연구하는 것과 비슷하게 한때 존재했던 것들로부터 정보를 알아내고, 그러한 정보들이 입자물리학의 전체적인 구조에 대해 무엇을 알려주는지를 연구한다. 우주론은 현대 물리학의 핵심 학문 분야이다. 우리가 '생명체'의 자세한 과정을 연구하기를 원하면 생물학 실험실로 가서 전자현미경을 사용해야 하는 것과 마찬가지로 물질의 기본 구성물이 무엇인지 알고 싶다면, 그리고 이들 사이의 상호작용을 이해하고 싶다면 LHC나 프로젝트 X와 같은 강력한 입자가속기를 건설해야 한다. 결국에는 뮤온 충돌가속기의 건설도 필요할 것이다.

건강하지 않은 부유한 상태

한 국가의 건강과 부는 추상적인 것처럼 보이는 강력한 입자가속기의 건설을 포함하여 기초과학 연구 활동에 크게 의존한다. 강력하고 능력 있는 정부라면 막대한 비용이 들더라도 기초연구를 적극 지원해야 한다. 현재 세계적인 충돌가속기를 건설하는 데는 수십억 달러가 소요된다. 하지만 정부의 예산 규모나 국가의 총생산에 비하면 아주 적은 액수이다. 그러나 미 의회는 건강한 과학을 지원하는 일에 별 관심이 없다. 반면에 유럽과 일본, 중국은 그 일을 하고 있다.

소모되는 예산 규모를 금액으로 비교해보자. 미 해군의 새로운 제럴드 포드 급

(CVN-21) 항공모함의 연구 개발과 제작에는 15억 달러가 소요된다. 니미츠 급 항공모함 열 척을 제작하는 데는 약 500억 달러가 든다. 이런 항공모함에 사용되는 원자로 제작과 가동에 드는 비용을 합하면 총비용은 더 올라간다. 그리고 미국은 200조 달러로 추산되는 석탄, 천연가스, 석유 매장량을 가지고 있다. 미국의 가정과 기업의 총자산은 200조 달러가 넘는다. 그리고 미국에서 가장 부유한 100명이 소유하고 있는 재산만도 1조 달러가 넘는다. 입자물리학은 우리에게 세계적으로 수십조 달러의 부가가치를 창출한 인터넷을 만들어냈다. 그러나 의회는 17조 달러에 달하는 국가 부채와 몇조 달러에 달하는 경상수지 적자에 대해 끝없는 논쟁을 벌이고 있다. 그러는 동안 미국의 경제와 생활수준은 흔들리고 있으며, 과학은 시들어가고 있다.

힉스 입자는 어떻게 질량을 가지게 될까?

표준모델의 힉스 입자는 쿼크, 전하를 가지고 있는 렙톤, 중성미자 그리고 W와 Z 보존의 질량을 설명해준다. 일부 과학자들은 힉스 입자가 이들 입자에 질량을 부여한다는 표현을 선호한다. 그러나 힉스 입자는 126GeV인 자신의 질량을 설명하지 못한다. 표준모델 안에서 페르미 규모를 결정하는 것은 힉스 입자의 질량이다. 그러나 우리는 아직 힉스 입자의 질량의 기원에 대해서는 알지 못하고 있다.

힉스 입자의 질량은 어디에서 오는 것일까? 이 질문은 현재 '힉스 입자 너머'에서 답을 얻지 못한 우리의 질문들 가운데 맨 앞자리를 차지하고 있다. 이것은 여러모로 실망스러운 상황이다. '양자전자기학(QCD)'으로 알려진 쿼크와 글루온 그리고 강한상호작용과 관련된 매우 성공적인 이론은 1974년에 있었던 일련의 발견을 바탕으로 등장했다. 일단 쿼크와 글루온이 이해되고 확인되자, 이 이론은 강한 질량이 어디에서 왔는지를 깔끔하게 설명했다(부록 참조). 이것이 1950년대와 1960

년대에 밝혀진 입자들의 질량이고, 양성자와 중성자 질량의 대부분을 차지한다.

이에 대해 미리 이야기하지 않은 것을 죄송하게 생각한다, 그러나 양성자와 중성자의 질량을 통한 강한 질량은 실제로 망원경을 통해 볼 수 있는 별, 행성, 성간운과 같이 우주에 있는 눈에 보이는 대부분의 질량을 형성하고 있다. 이들 질량의 아주 작은 부분만 기본적이고, 상대적으로 작은 업 쿼크와 다운 쿼크 그리고 전자의 질량으로부터 온다. 강한 질량은 힉스 입자가 아니라 QCD 안에서 발견되는 고유한 질량 규모로부터 온다! 그러나 QCD는 강한 질량을 놀라운 방법으로 설명한다. 그것은 양자역학 자체에 기인한 것이다. QCD는 고에너지 상태인 아주 짧은 거리에서는 고유한 질량을 가지지 않는 규모 불변의 이론으로 시작한다. 이 거리에서는 글루온과 쿼크의 상호작용이 아주 약하다. 그러나 거리가 멀어지면, 즉 에너지가 낮아지면 양자 효과로 인해 글루온과 쿼크의 상호작용이 점점 더 강해진다. 에너지가 100MeV, 즉 거리가 10^{-13}cm에 이르면 쿼크와 글루온의 상호작용의 세기는 무한대에 이른다. 이로 인해 쿼크와 글루온이 복합 입자 상태인 양성자, 중성자, 파이온 그리고 다른 모든 강한상호작용을 하는 입자들을 형성하게 된다. 따라서 글루온과 쿼크는 이런 입자들 안에 '갇히게' 되고, 실험실에서는 복합 입자 밖에서 글루온과 쿼크를 관측하는 것이 불가능해진다. 이 질량 규모 100MeV는 양자 상호작용에 의해 결정된다. 자연은 자체의 역학을 통해 강한 질량을 만들어 낸다. 물리학 양파^{onion}의 다른 크기 규모와는 아무 관계가 없다.

이것은 자연의 모든 질량이 양자 효과로 만들어진다는 질량에 대한 가정을 이끌어낸다. 다시 말해 우리가 어떤 방법으로든 양자 이론을 제거하고, 플랑크 상수를 0으로 만든다면 우리는 앞 장에서 설명한, 입자의 유토피아인 질량이 없는 세상에 살게 될 것이다. 이것이 QCD에서 강한상호작용을 설명하는 방법이고, 강한상호작용이 작동하는 방법이다. 이런 가정을 확장하여 약한상호작용도 같은 방법으로 작동할 것이라고 생각하는 것은 무척 자연스러운 일이다.

불행히 표준모델에서 예측했던 힉스 입자의 발견은 이 가정과 분명한 관계를 가지지 못하는 듯싶다. 우리는 현재 QCD가 강한 질량을 만들어내는 것과 같은 방법으로 힉스 입자의 수수께끼를 해결할 방법의 실마리를 찾지 못하고 있다. 자연은 모든 쿼크와 렙톤 그리고 W와 Z 보존의 질량을 힉스 입자 안에 통합시켰지만 힉스 입자의 질량은 블랙박스로 남아 있다. 그리고 힉스 입자는 약한 질량 규모, 즉 자기 질량의 기원에 대한 깊은 이야기를 해주지 않고 있다.

맺는말

우리의 과학을 위해 가장 중요한 다음 단계는 2015년 1월 1일로 예정되어 있는 LHC를 재가동하여 2017년쯤 중요하고 극적인 새로운 물리학적 결과를 얻는 것이다. LHC가 다시 가동되면 새로운 입자와 새로운 현상 그리고 양파의 다음 층이 벗겨질 것으로 기대하고 있다.

그 같은 결과를 얻지 못한다면 미래 충돌가속기의 목표를 설정할 수도 없는데 정부에 수십억 달러나 드는 고에너지 입자 충돌가속기를 요구할 수 있겠는가? 그런 일은 가능하지 않을 것이다. 그러한 가속기를 이용하여 추구해야 할 새로운 물리학에 대한 아무런 징후 없이 가속기를 요구하는 것은 비이성적이고 무책임한 행동이다. 그것은 어둠 속에서 비싼 총알을 아무 곳에나 쏘는 것과 같다. 우리는 2017년까지 기다려보아야 한다. 그리고 앞으로 하게 될 가속기와 검출 장치의 업그레이드에 적극 참여하면서 LHC의 결과를 지켜보아야 한다. LHC로부터 배울 것이 아직 많이 남아 있다.

그리고 미국은 베크렐. 퀴리, 러더퍼드가 우리 과학의 초기에 시도했던 방법을 따라 비용 면에서 효율적인 방법으로 고에너지의 안개를 깊숙이 뚫고 들어갈 황금 같은 기회를 가지고 있다. 우리는 이제 소매를 걷어붙이고 프로젝트 X라 불리는 수십억 달러짜리 프로젝트를 수행해야 한다. 앞에서 살펴본 것처럼 프로젝트

X로 우리는 에너지 전선에서 힘을 쏟는 LHC의 노력에 적극 협조하면서 LHC 에너지 규모의 100배에서 1000배나 되는 고에너지에 대한 간접적인 정보를 수집할 수 있다. 프로젝트 X는 깨끗한 핵에너지의 공급, 풍부한 과학적 발견과 같은 전 세계적인 문제를 해결하는 데 도움을 줄 것이다. 프로젝트 X는 우리를 다음 세대 입자가속기로 이끌어줄 것이다. 처음에는 프로젝트 X의 강한 빔이 만들어내는 뮤온 소스를 이용하여 상대적으로 작은 뮤온 충돌가속기 힉스 공장을 만들 수 있을 것이다. 그리고 이것을 가장 높은 에너지에서 관심을 가지는 새로운 목표물에 점 입자 빔을 충돌시키는 수 TeV의 에너지를 가진 뮤온 충돌가속기로 업그레이드할 수 있을 것이다. 이것은 단계적이고, 경제적이며, 납득할 수 있는 접근 방법이다. 프로젝트 X는 우리 경제가 가장 필요로 하는 '경제 외적인 투입'을 제공하는 데 첨단 기술을 가장 효과적으로 사용할 수 있는 혁명적인 프로그램이다. 우리는 이 것이 힉스 입자 너머로 가는 가장 빠른 지름길이라 믿고 있다.

우리가 하고 있는 과학에서 실험은 항상 최종 중재자이다. 지금까지 힉스 입자와 관련하여 새로운 물리학에 대한 힌트는 발견하지 못했다. 그러나 우리는 입자물리학에 중요한 혁명이 다가오고 있음을 기대하고 있었다. LHC에서의 발견이 단지 표준모델의 힉스 입자를 발견하는 것이 전부라고 기대한 사람은 거의 없었다. 그러나 지금까지 중요한 혁명은 일어나지 않았다.

따라서 이것은 미래에 어떤 의미를 띨까? 우리가 이해할 수 있는 것들 중에 아직 이해하지 못하고 남아 있는 것은 무엇일까? 우리 철학에서 상상하지 못하고 있는 것은 무엇일까? 무엇이 힉스 입자의 질량을 부여할까? LHC가 무엇인가를 간과하고 있는 것은 아닐까? 분명 어딘가에 단서가 있을 것이다. 어쩌면 우리가 충분히 현명하지 않은 것은 아닐까? 그래서 자연이 우리에게 들려주는 이야기를 잘못 이해하고 있는 것은 아닐까?

우리는 이런 문제들을 연구하고 있다. 2017년의 LHC의 결과를 지켜봐주기 바란다. 자, 이제 소매를 걷어붙이고 프로젝트 X를 시작하자!

부록

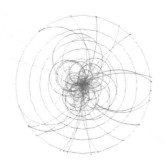

강한상호작용

1960년대 중반에 많은 가속기 연구소에서 행한 실험을 통해 강한상호작용을 하는 입자들이 발견되면서 새로운 입자의 수가 원소의 수보다 많아졌다. 이 새로운 입자들은 대부분 원자핵을 구성하고 있는 양성자, 중성자 그리고 파이온의 사촌들이었다. 이 입자들은 불안정해서 일부 입자는 비교적 '긴' 10^{-8}~10^{-16}초의 수명을 가지기도 하고, 어떤 입자들은 수명이 아주 짧아 빛이 이 입자의 지름을 지나가는 시간보다 그리 길지 않은 10^{-23}초밖에 되지 않는다. 강하게 상호작용하는 입자들이 많아지면서 대칭성만이 이들의 행동을 설명할 수 있는 유일한 수단이 되었다.

너무 많은 기본 입자들

동물학, 식물학, 전염병학과 같은 과학 분야에서 가장 먼저 하는 일이 분류이다. 분류는 관측한 모든 것의 목록을 작성하고 관련 있는 것들끼리 모으는 것이다. 예를 들면 우리는 동물의 척추가 있느냐 없느냐에 따라 척추동물과 무척추동물로 나누고 비늘, 깃털, 털 등의 유무에 따라 더 작은 단위로 분류한다. 그런 다음 목록에서 일정한 규칙성을 찾아낸다. 이러한 작업을 통해 연관성을 발견해내고 이들의 기원에 대한 이론을 만들어 수많은 규칙성을 설명하려고 한다.

1950년대 말에 '기본 입자'들은 세 개의 커다란 그룹으로 나눌 수 있었다. 첫 번째는 강한상호작용을 하지 않는 몇 안 되는 입자들이 있었다. 강한상호작용을 하지 않는 입자들은 유카와 히데키의 파이온이나 이들의 친척 입자들과 상호작용하지 않는 입자들이다. 이 입자들은 양성자나 중성자에 비해 비교적 가벼웠다. 이 입자들은 '가벼운 입자'라는 의미의 그리스어를 따라 렙톤이라고 불렀다.

렙톤에는 전자와 뮤온 그리고 관측이 어려웠던 전자 중성미자(ν), 뮤온 중성미자(ν_μ)가 포함되어 있었다. 한참 뒤인 1970년대 중반에 또 '타우 입자'와 타우 중성미자(ν_τ) 쌍이 렙톤에 포함되었다. 타우 입자는 무거웠지만 전자와 뮤온처럼 강한상호작용을 하지 않아 렙톤 가족의 일원이 되기에 적당했다. 1970년대에 이루어진 가속기 실험을 통해 렙톤은 내부 구조를 가지고 있지 않은 점 입자여서 도달할 수 있는 가장 짧은 거리인 10^{-17}cm 이하의 크기를 가진다는 것을 확인했다.

렙톤 외에 힘을 매개하는 특별한 그룹에 속하는 입자들이 두 개 있었다. 우리는 이 입자들을 '게이지 보존'이라 부른다. 여기에는 빛 입자로 잘 알려진 포톤과 중력을 매개하는 가상의 입자인 '그래비톤'이 속해 있다.

강한상호작용을 하는 입자 목록에 속한 나머지 많은 입자들은 '하드론(강입자)'이라고 불렀다. 강한상호작용을 하는 모든 입자들은 대략 2×10^{-14}cm 정도의 크기를 가지고 있어서 크기가 0에 가까운 점 입자가 아니라는 것을 알게 되었다. 이 입자들에서는 다양한 규칙성이 발견되기 시작했다. 이런 규칙성을 통해 강입자들은 당시의 가속기로는 구별해낼 수 없는 더 작고 더 기본적인 다른 층에 속하는 입자들로 구성되어 있다는 암시를 얻을 수 있었다.

오랫동안 강입자가 더 작은 구조를 포함하고 있다는 아이디어는 상당한 저항에 직면했다. 아무리 큰 에너지를 가진 입자를 양성자에 충돌시켜도 양성자를 구성하는 더 작은 입자로 분해하는 것이 가능하지 않았기 때문이다. 양성자에 다른 고에너지 입자를 충돌시켰을 때 만들어지는 것은 수명이 짧은 불안정한 강입자들이거나 원래의 양성자뿐이었다.

이러한 강입자의 성질이 발견되면서 데모크리토스의 만물의 기본이 되는 더 이상 쪼갤 수 없는 '원자' 개념이 무너지기 시작했다. 강입자들은 어느 것도 기본 입자가 아니지만 동시에 모두 기본 입자가 되어 서로가 서로를 구성하고 있다는 매우 불교적인 새 아이디어가 등장했다. 강입자의 세계는 계속 올라가지만 결국은 제자리로 돌아오는 네덜란드의 판화가 에스허르의 〈계단〉과 같은 것이라고 생각했다.

이런 아이디어와 연관된 것이 강입자는 크기가 0에 가깝고 단단한 점 입자가 아니라 변형 가능하며 잡아 늘일 수 있는 입자라는 생각이었다. 강입자들 사이에서 발견되는 가장 흥미 있는 규칙성 중 하나는 이런 입자를 빠르게 회전시키면 '끈'처럼 보인다는 것이다. 이 '끈'의 다양한 양자 상태가 연구되었다. 모든 강입자의 성질은 끈을 이용하여 설명할 수 있는 것처럼 보였다. 그리고 다른 많은 성질이 끈을 이용하여 예측되었다. 이렇게 강입자를 설명하려는 시도를 통해 새로운 형태의 양자 이론인 끈 이론이 탄생했다.

쿼크와 렙톤층

너무 많은 '강한상호작용을 하는 입자들'의 목록은 캘리포니아 공과대학의 머리 겔만^{Murray Gell-Mann}과 조지 츠바이크^{George Zweig} 같은 과학자들로 하여금 강입자는 기본 입자가 아니라는 주장을 하도록 했다.

강입자에 속하는 많은 입자들이 주기율표에 원자들이 규칙적으로 배열하는 것처럼 주기성을 나타내고 있어 물리학 양파의 또 다른 층이 있음을 암시했다. 그러나 자연의 또 다른 층이 있을 것이라는 아이디어에는 심각한 문제점이 있었다. 강한상호작용을 하는 입자들의 구성 요소들은 어떤 실험에서도 분리해낼 수 없었다. 가장 요란한 충돌을 만들어내는 가장 강력한 입자가속기로도 강입자의 구성 요소들을 분리해내지 못하고, 점점 더 불안정한 다른 강입자만 만들어냈다.

그럼에도 불구하고 실제로 존재하거나 아니면 순수한 수학적 모델이거나 관계없이 겔만은 강입자를 구성하고 있는 다음 층으로 '쿼크'를 도입했다. 1970년대 초에 제임스 비요르켄^{James Bjorken}이 탁월한 이론적인 통찰력을 통해 스탠퍼드의 선형가속기에서 '깊은 비탄성 산란'이라 불리는 아주 큰 에너지를 가지는 전자를 양성자에 산란시키는 실험을 통해 처음으로 양성자의 내부 세계 '사진'을 찍는 데 성공했다. 최초로 강입자를 구성하고 있는 쿼크를 본 것이다. 그리고 강입자의 구성 요소 중 반은 다른 종류의 입자라는 것도 관측했다. 강입자를 구성하고 있는, 전기적으로 중성인 입자들이 검출된 것이다. 이것이 쿼크를 묶고 있는 '풀^{glue}'이 아닐까?

처음에는 거의 농담으로 쿼크를 결합시키고 있는 힘을 매개하는 입자를 '글루온^{gluon}'이라고 불렀다. 그러나 곧 포톤에 의해 작용하는 전기력과의 비교를 통해 양자 색깔 이론(QCD)이라고 부르는 쿼크와 글루온의 이론이 제안되었다. 양자 색깔 이론은 양-밀스의 게이지 이론이다. 글루온이 기본 입자에 속하게 되었고 포톤, 그래비톤과 함께 보존 목록에 포함되었다. 실제로 글루온은 강한상호작용을 하는 입자 안에서 쿼크를 결합한다.

쿼크						렙톤		
q		질량	적	청	황		질량	q
제1세대								
$+2/3$	업	2.3MeV	u	u	u	전자 중성미자	<2eV	0
$-1/3$	다운	4.8MeV	d	d	d	전자	0.511MeV	-1
제2세대								
$+2/3$	참	1.27MeV	c	c	c	뮤온 중성미자		0
$-1/3$	스트레인지	95MeV	s	s	s	뮤온	0.105GeV	-1
제3세대								
$+2/3$	참	178MeV	t	t	t	타우 중성미자		0
$-1/3$	바텀	4.18MeV	b	b	b	타우	1.78 GeV	-1

그림 A.35 쿼크와 렙톤 표. 이 표는 물질 입자들의 '세대 구조'를 보여주고 있다. '업' 형태와 '다운' 형태의 색깔을 가진 쿼크 쌍은 '전자'와 '전지 중성미자' 쌍과 함께 1세대를 형성한다. 그리고 특수상대성이론에 의해 존재하는 반입자들이 있다. 반입자들은 반대 부호의 전하와 반대 색깔을 가지고 있다. 따라서 푸른 쿼크의 반입자는 붉은색과 노란색이 결합된 것처럼 행동하는 '반푸른' 색깔이다. 중성미자는 아주 작은 질량을 가지고 있어 그 크기가 2eV 이하일 것으로 보인다.

오늘날에는 많은 가속기들이 건설되어 있다. 그중 일부는 매우 강력해서 하드론 깊은 곳에 숨어 있는 쿼크나 글루온을 원자 내에 있는 원자핵이나 세포 속에 들어 있는 DNA처럼 확실하게 볼 수 있다. 그러나 글루온의 힘은 우리가 이전에 경험한 여느 힘들과는 다르다. 우리에게 익숙한 전자기력과 달리 글루온에 의한 힘은 거리 제곱에 반비례해서 약해지는 것이 아니라 거리가 멀어질수록 더 큰 힘이 작용한다. 이런 행동은 단독 쿼크를 분리해내는 것을 불가능하게 한다. 쿼크는 영원히 하드론 내부에 갇혀 있다. 하드론을 빠르게 회전하면 글루온은 끈처럼 된다.

오늘날: 쿼크, 렙톤 그리고 보존의 주기성

하드론의 기본 구성 요소는 쿼크와 글루온이다. 쿼크와 글루온은 실제로 존재하는 실재이다. 이들의 성질은 측정되었지만 하드론에서 분리해낼 수는 없다. 쿼크와 글루온으로 강입자에 대한 데모크리토스적인 설명이 가능하다. 이것이 강입자에 대한 우리의 견해이다.

쿼크는 이들의 자매인 렙톤과 마찬가지로 점 입자여서 내부 구조를 가지고 있지 않은 기본 입자이다. 우리는 종종 쿼크와 렙톤을 '물질 입자'라고 부른다. 이 입자들은 양자역학의 규칙에 의해 스핀이 $\frac{1}{2}$인 작은 자이로스코프이다. 우리가 일상생활을 하는 동안 접하는 모든 물질은 기본적으로 업 쿼크와 다운 쿼크의 두 가지 쿼크(그리고 글루온)와 하나의 렙톤인 전자로 이루어져 있다. 쿼크들은 전하와 질량에 의해 다른 쿼크와 구분된다.

우리는 전자를 -1의 전하를 가지고 있는 입자로 정의한다. 이 단위를 사용하면 업(u) 쿼크는 $+\frac{2}{3}$의 전하, 다운(d) 쿼크는 $-\frac{1}{3}$의 전하를 가지고 있다. 따라서 양성자는 기본 입자가 아니라 세 개의 쿼크로 이루어진 복합 입자이다. 양성자는 u 쿼크 두 개, d 쿼크 하나, 즉 $u+u+d$(uud)로 이루어져 있다. 구성 쿼크의 전하를 합하면 양성자의 전하가 $+\frac{2}{3}+\frac{2}{3}-\frac{1}{3}=1$이 되는 것을 알 수 있다. 마찬가지로 $u+u+d$로 이루어진 중성자의 전하는 $+\frac{2}{3}-\frac{1}{3}-\frac{1}{3}=0$이다.

자연의 모든 입자들은 그에 대응되는 반입자를 가지고 있다. 이는 양자론과 특수상대성이론을 결합하여 디랙이 발견해낸 것이다. 반전자인 양전자의 질량과 스핀은 전자의 질량과 스핀이 같지만 전하는 전자의 전하와 반대 부호인 +1이다. 마찬가지로 반쿼크도 쿼크와 반대 부호의 전하를 가지고 있다. $\bar{u}$로 나타내는 반업 쿼크는 $-\frac{2}{3}$의 전하를 가지고 있으며, $\bar{d}$로 나타내는 반다운 쿼크는 $+\frac{1}{3}$의 전하를 가지고 있다.

파이온은 쿼크와 반쿼크로 이루어져 있다. 우리는 $u, d, \bar{u}, \bar{d}$ 쿼크와 관련된 네 가지 쿼크-반쿼크 조합($\bar{u}d(-1), \bar{u}u(0), \bar{d}u(+1), \bar{d}d(0)$)을 생각할 수 있다. 양자물리학에서 중성입자 상태는 종종 전하가 0인 두 상태를 특별한 방법으로 결합하여 만든 '혼합된' 상태로 나타낸다. 따라서 u쿼크와 d쿼크로 이루어진 복합 입자들은 다음과 같다.

$$\pi^+ \leftrightarrow \bar{d}u \qquad \pi^0 \leftrightarrow \bar{u}u - \bar{d}d \qquad \pi^- \leftrightarrow \bar{u}d \qquad \eta^- \leftrightarrow \bar{u}u + \bar{d}d$$

앞의 세 입자는 파이온이고, 마지막 입자는 '에타 중간자'라고 부른다. 이 네 입자는 모두 실험을 통해 확인되었으며, 이들의 쿼크 조성은 규칙성을 만족시킨다. 실제로 파이온과 다른 중간자들의 질량에서 우리는 쿼크의 질량을 추론해낼 수 있다.

쿼크들의 특정한 조합으로 이루어진 입자들만 실험을 통해 확인할 수 있다. 자연에는 세 개의 쿼크로 이루어진 중립자baryon와 세 개의 반쿼크로 이루어진 반중립자anti-baryon 그리고 하나의 쿼크와 하나의 반쿼크로 이루어진 중간자meson만 존재한다. 따라서 '하드론 내부에서 쿼크를 결합시키고 있는 강력의 성격은 무엇인가?' 하는 의문이 생긴다.

우리는 모든 쿼크가 '3중' 상태라는 것을 발견했다. 다시 말해 세 가지 업 쿼크, 세 가지 다운 쿼크, 세 가지 스트레인지 쿼크가 존재한다는 것이다. 이들은 '색깔'로 구분한다. 따라서 우리는 빨간 업 쿼크, 파란 업 쿼크, 노란 업 쿼크 등으로 이야기한다. 쿼크의 색깔은 무지개처럼 눈에 보이는 색깔과는 아무 관계가 없고, 쿼크의 대칭성에 대한 명목상의 기술일 뿐이다.

쿼크의 색깔은 감지하기 어렵다. 쿼크를 포함하고 있는 양성자, 중성자, 중간자와 같은 관측 가능한 모든 강입자들은 항상 알짜 색깔이 0이기 때문이다. 예를 들어 어떤 순간에 양성자가 uud를 포함하고 있다면 한 쿼크의 색깔은 빨간색이고, 다른 하나는 파란색이며, 나머지는 노란색이어서 전체적으로 색깔 중성적인 상태가 된다.

반쿼크는 보색을 가지고 있는 것으로 생각하면 된다. 따라서 반파란 업 쿼크는 주황색 입자로 생각할 수 있다. 따라서 쿼크와 반쿼크 쌍을 결합하여 색깔이 균형을 이룬 중간자를 만들 수 있다. 이 단순한 규칙은 우리가 보고 있는 입자들의 형식을 설명해준다. 그리고 강한상호작용의 기본 이론에 대한 실마리를 제공한다.

게이지 보존들

q	질량			질량
	전자기력		강력(글루온)	
0	포톤	0 GeV	(적, 반-청)	0 GeV
+1	W^+	80.4 GeV	(적, 반-황)	0 GeV
-1	W^-	80.4 GeV	(청, 반-적)	0 GeV
0	Z^0	90.1 GeV	(청, 반-황)	0 GeV
	중력		(황, 반-적)	0 GeV
0	그래비톤	0 GeV	(황, 반-청)	0 GeV
			(적, 반-적)-(청, 반-청)	0 GeV
			(적, 반-적)+(청, 반-청) -2(황, 반-황)	0 GeV

그림 A. 36 게이지 보존들의 표. 이 입자들은 '힘을 매개하는 입자'로 알려져 있으며, 모두 '게이지' 대칭성에 의해 정의된다.

우리가 볼 수 없다면 쿼크가 색깔을 가지고 있는지 어떻게 알 수 있을까? 실제로 쿼크의 색깔은 파울리의 배타 원리 때문에 쿼크 이론 초기에 제안되었다. 1963년에 겔만은 아직 발견되지 않은 강한상호작용을 하는 복합 입자의 성질을 매우 자세히 예측했다. 그리고 곧 겔만이 예측한 입자를 브룩헤이븐 국립 연구소의 실험물리학자들이 발견했다. 이것이 '오메가 마이너스' Ω^- 입자이다. 이 입자는 세 개의 스트레인지 쿼크, sss로 이루어져 있다. Ω^-를 구성하는 쿼크들은 하나의 같은 양자 상태에 있다는 것이 알려졌다. 그러나 쿼크가 색깔을 가지고 있지 않다면 이것은 파울리의 배타 원리에 의해 가능하지 않은 일이었다. 그러나 Ω^- 입자는 존재한다. 이 수수께끼를 해결하는 단 한 가지 방법은 쿼크가 색깔을 가지는 것이었다. 하나의 쿼크가 빨간색이면 두 번째 쿼크는 파란색이고, 마지막 쿼크는 노란색이면 파울리의 배타 원리에 어긋나지 않는다. 실험에서 쿼크 색깔의 수를 '세는' 여러 가지 방법이 있다. 하지만 그 결과는 항상 3이다. 우리는 쿼크가 '3차원 색깔 공간'에 살고 있는 것처럼 생각할 수 있다. 이 공간의 세 좌표축이 세 가지 색깔로 표시되어 있는 것이다. 이 공간에서 쿼크는 모든 색깔 방향을 가리키는 화살표(벡터)라고 생각할 수 있다. 만약 쿼크의 색깔이 빨간색이라면 화살표는 빨간색 축을 향하고, 파란색이면 파란색 축을 향하고 있다. 그러나 양자 이론에서 화살표는 회전할 수 있고 어떤 방향도 가리킬 수 있다. 색깔 대칭성은 그러한 쿼크 화살표가 할 수 있는 회전과 관련된 대칭성이다. 이것은 '대칭성 그룹 SU(3)'라고 알려져 있다.

이제 전자역학을 지배하는 '게이지 대칭성'을 일반화해보자. 전자의 경우 대칭성은 포톤의 도입을 필요로 한다. 전자는 포톤과 양자 섞임 상태를 이룬다. 게이지 대칭성은 전자를 흔들면, 즉 전자를 가속하면 포톤이라 부르는 게이지 입자 또는 게이지 보존을 방출할 수 있다는 것을 나타낸다. 이것은 물질의 모든 전자기적인 성질을 만들어낸다.

그러나 쿼크의 경우에는 이 개념을 좀 더 발전시켜야 한다. 우리는 색깔 공간에서 쿼크를 회전할 수 있다. 예를 들면 빨간색 다운 쿼크를 파란색 다운 쿼크로 회전할 수 있다. 우리는 '게이지 대칭성'을 원하고, 그것은 우리가 빨간 쿼크에 한 것을 상쇄시켜 전체적인 결과를 불변으로 만드는 다른 입자를 필요로 한다. 색깔 게이지 대칭성을 가지려면 글루온이라 부르는 여덟 개의 새로운 게이지 입자가 필요하다.

글루온은 전자가 포톤을 방출하는 것처럼 쿼크가 가속될 때 쿼크에서 방출된다. 하지만 글루온도 색깔을 가지고 있으므로 글루온을 방출한 쿼크는 예전의 색깔을 잃고 새로운 색깔을 가지게 된다. 글루온은 (색깔＋반색깔)을 갖는다. 따라서 빨간색 쿼크가 파란색 쿼크로 전환될 때는 (빨간색＋반파란색) 글루온을 방출한다. 그 결과 전체적인 색깔은 (빨간색＋반파란색)＋(파란색)＋(파란색)＝(빨간색)이 된다. 따라서 최초 쿼크의 색깔이 얻어진다.

글루온이 쿼크와 충돌하면 글루온은 흡수되고 쿼크는 가속된다. 대칭성이라는 간단한 아이디어가 포톤의 방출을 설명하고, 이러한 대칭성을 쿼크의 색깔에 적용하면 양자전자기학과 같은 강한상호작용의 올바른 이론을 만들어낼 수 있다. 이는 현대 과학의 가장 놀라운 면일 것이다. 이 이론을 양자 색깔 역학이라고 부른다. 이 이론은 놀랍도록 성공적이었다.

따라서 쿼크는 글루온을 교환하며 상호작용한다. 우리는 적절한 파인먼 다이어그램을 통해 그것을 계산하는 방법을 배울 수 있다. 이 힘이 강한 것은 전하와 비슷한 '색깔 전하'의 커플링 강도 g가 크기 때문이다.

양자 색깔 역학에 대한 가장 놀라운 발견은 g로 나타내는 쿼크와 글루온의 커플링 강도가 쿼크 사이의 거리가 가까울수록 약해진다는 것이다. 이것은 '점근적 자유성'이라고 알려져 있다. 반대로 먼 거리에서는 쿼크와 글루온의 커플링이 아주 강해진다. 따라서 거리가 멀어질수록 쿼크 사이에 작용하는 힘이 더 강해지므로 실험실에서 쿼크를 분리해내는 것이 가능하지 않다. 이런 강한 커플링 때문에 쿼크로 이루어진 양자 결합 상태는 모든 순간에 세 가지 쿼크 색깔이 균형을 이루

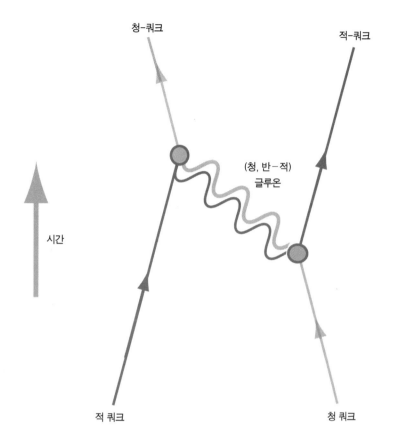

청-쿼크

적-쿼크

(청, 반-적)
글루온

시간

적 쿼크

청 쿼크

그림 A. 37 글루온을 교환하는 쿼크. 빨간색 쿼크가 파란색 쿼크에 의해 산란된다. 쿼크는 (빨간색 + 반파란색) 글루온을 통해 색깔을 교환한다. 글루온은 두 쿼크 사이를 건너뛰면서 쿼크를 결합시키는 강력을 작용한다. 높은 에너지에서는 힘이 약해질 것이라는 이론의 예측은 실험을 통해 확인되었다. 양성자는 쿼크 사이에 글루온을 교환하면서 결합되어 있다. 양성자 안에서 글루온은 10^{-24}마다 한 번씩 쿼크 사이를 건너뛰고 있다.

는, 정확하게 색깔 중성적인 상태만 가능하다. 이것은 중립자의 경우에는 (rby), 반중립자인 경우에는 $(\overline{r}\,\overline{b}\,\overline{y})$, 입자와 반입자로 이루어진, $\pi^+ \leftrightarrow \overline{d}\,u$와 같은 중간자의 경우에는 $(\overline{q}\,q)$ 조합만 가능하다는 것을 의미한다. 여기서 q와 $\overline{q}$는 색깔과 그 색깔의 반색깔을 나타낸다. 따라서 색깔 게이지 이론인 양자 색깔 역학은 자연에서 발견되는 강한상호작용을 하는 입자들의 규칙성을 설명한다.

g가 아주 클 때는 이 이론의 성질을 계산하는 것이 어렵지만 짧은 거리에서는 g가 작아지기 때문에 파인먼 다이어그램을 이용하여 아주 높은 에너지에서 개별 쿼크의 충돌과 산란을 나타내는 자세한 계산이 가능하다. 그것은 또한 LHC에서 일어나는 충돌과 같은 아주 높은 에너지에서의 충돌에서는 개별 쿼크와 글루온이 충돌하면서 흔적을 남긴다는 것을 의미한다. 이것은 쿼크 제트로 알려진 이상한 현상을 만들어낸다. 동시에 글루온 제트도 만들어진다.

LHC에서는 7TeV의 에너지를 가진 양성자가 같은 에너지를 가진 다른 양성자와 정면충돌한다. 가장 큰 에너지에서, 즉 가장 짧은 시간 동안에는 개별 쿼크로 분리되어 거의 자유입자처럼 행동한다. 따라서 쿼크 쌍 사이의 충돌이 일어난다. 예를 들면 d 쿼크와 u 쿼크가 정면충돌할 수 있다. 이때 쿼크와 반쿼크가 커다란 각도로 산란하며 양성자와 반양성자에서 튕겨나간다. 그러는 동안 원래 양성자와 반양성자에 남아 있던 쿼크와 글루온은 원래의 운동 방향 그대로 진행한다. 잠시 동안 쿼크는 자유입자가 되어 아주 큰 에너지를 가지고 운동한다. 이런 쿼크는 평상시 갇혀 있던 크기의 100배 정도 되는 거리를 날아가 산란된 양성자와 반양성자의 부스러기들로부터 멀어진다. 이런 쿼크는 아주 짧은 시간 동안 갇혀 있던 감방을 탈출할 수 있다.

그러나 상호작용이 강해지면 충돌 주변에서 진공 자체가 분리된다. 쿼크와 반쿼크 쌍과 글루온이 진공에서 나와 충돌 지점에서 물질의 플라스마를 만든다. 해방된 쿼크는 새로운 물질과 반물질의 돌풍 속에 다시 족쇄를 차게 된다. 곧 모든 쿼크와 글루온이 다시 잡혀 새로운 파이온과 양성자 또는 중성자에 할당된다. 이로써 쿼크의 해방은 끝난다.

그럼에도 불구하고 탈출을 감행했던 쿼크의 족적은 남게 된다. 제트라고 부르는 잘 알려진 입자의 흐름은 주로 원래 u 쿼크와 d 쿼크가 운동하던 방향으로 흘러나가는 파이온으로 구성되어 있다. 이 입자의 제트는 원래 쿼크의 경로를 나타내며 일시적으로 해방된 쿼크가 가지고 있던 에너지를 지니고 있다. 이 제트는 고에너지 쿼크, 글루온, 충돌의 뚜렷한 자취를 보여준다.

LHC에서는 글루온 쌍을 충돌시켜 힉스 입자를 만들어낼 수 있다. 힉스 입자의 붕괴 흔적은 검출기 안에서 재구성된다. 힉스 입자는 많은 붕괴 모드를 가지고 있지만 LHC에서 가장 먼저 확인한 것은 두 개의 고에너지 포톤인 감마선 쌍으로의 붕괴였다. $g + g \rightarrow$ 힉스 입자 $\rightarrow \gamma + \gamma$. 이런 방법으로 자연의 가장 신비한 입자인 힉스 입자가 진공을 채우면서 모든 입자에 질량을 부여하고 있는 힉스장에서 나와 그 모습을 드러냈다.

스핀

팽이, CD 플레이어, 지구, 세탁기, 별, 블랙홀, 은하와 같이 회전하는 모든 물체는 스핀을 가지고 있다. 따라서 분자, 원자, 원자핵, 양성자, 중성자, 빛 입자인 포톤, 전자, 양성자와 중성자를 구성하고 있는 쿼크와 글루온 같은 양자 입자들도 모두 스핀을 가지고 있다. 그러나 커다란 고전적인 물체가 모든 값의 스핀을 가질 수 있고 회전을 멈출 수 있는 것과 달리 양자 입자들은 '고유 스핀'을 가지고 있어 항상 같은 고유 스핀값으로 회전하고 있다.

기본 입자의 스핀은 기본 입자를 정의하는 성질이다. 우리는 절대로 전자의 스핀을 정지시킬 수 없다. 스핀을 가지고 있지 않으면 더 이상 전자가 아니다. 그러나 우리는 입자를 공간에서 회전시킬 수 있고, 스핀의 특정한 성분값은 고전적으로 회전하는 팽이의 경우처럼 변화시킬 수 있다. 양자물리학의 다른 점은, 우리가 특정한 축의 성분값만 측정할 수 있다는 것이다. 양자물리학에서는 측정할 수 없는 것에 대해 이야기하는 것은 의미가 없다.

고전적인 물체의 회전운동에 대해 생각해보자. 선형 운동은 운동량이라는 물리량을 이용하여 측정한다. 뉴턴 물리학에서 운동량은 질량과 속도를 곱한 양이다.

운동량은 물질(질량)과 운동(속도)을 결합한 양이므로 '물리적 운동'을 나타내는 양이다. 속도는 공간에서 방향과 크기를 가지고 있는 벡터이므로 운동량도 벡터이다. 일반적으로 벡터는 공간에서 크기와 방향을 화살표로 나타낼 수 있다.

마찬가지로 회전운동은 '각운동량'이라는 물리량을 이용하여 측정할 수 있다. 고전적으로 각운동량은 물체 안의 질량 분포에 의해 결정되는 '관성모멘트'에 따라 달라진다. 물체가 큰 경우 큰 반지름으로 회전할 때가 작은 반지름으로 회전할 때보다 더 많은 물질이 더 빠른 속도로 회전하게 된다. 따라서 관성모멘트 I 는 물체의 크기가 커지면 증가한다. 실제로 관성모멘트는 질량에 회전반지름의 제곱을 곱한 양이다. 질량이 M 이고 회전반지름이 R 인 경우 관성모멘트는 $I=MR^2$ 이다. 다양한 모양을 한 물체의 관성모멘트는 적분을 이용하여 계산할 수 있다.

스핀도 물체가 얼마나 빨리 회전하는지를 나타내는 '각속도'와 관련이 있다. 보통 ω (오메가)로 나타내는 각속도는 '1초에 몇 라디안씩 회전했는지'를 보여준다. $360°$ 는 2π 라디안이다. 따라서 $90°$ 는 $\frac{\pi}{2}$ 라디안에 해당된다. 반지름이 1인 원의 둘레는 2π 이므로 라디안이 도보다 각도를 나타내는, 수학적으로 더 자연스러운 방법이다. 스핀은 관성모멘트와 각속도의 곱이므로 $S=I\omega$ 라고 나타낼 수 있다.

질량에 속도를 곱한 운동량은 직선상의 운동을 나타내고, 관성모멘트에 각운동량을 곱한 스핀은 회전운동을 나타낸다. 스핀 역시 벡터로 스핀의 방향은 회전축 방향이다. 스핀의 방향을 정할 때는 '오른손 법칙'을 사용한다. 오른손의 손가락을 회전하는 방향으로 말아 쥐면 엄지손가락이 스핀 벡터의 방향이 된다.

스핀은 에너지나 운동량처럼 보존되는 양이다. 외부 작용이 없는 고립계의 각운동량은 영원히 변하지 않는다. 때문에 피겨 스케이팅 선수가 팔을 안으로 오므리면 회전속도가 증가한다. 팔을 오므리는 동안 각운동량 $S=I\omega=MR^2\omega$ 은 일정하게 유지되어야 한다. 팔을 오므려 반지름 R 이 줄어들면 질량 M 이 변하지 않으므로 관성모멘트가 줄어든다. 따라서 각운동량을 일정하게 유지하기 위해서는 각속도가 빨라져야 한다. 실제로 팔의 회전반지름을 반으로 줄이면 관성모멘트는

4분의 1로 감소한다. 따라서 각속도는 네 배 빨라져야 한다. 피겨 스케이팅 선수가 빠르게 회전할 수 있는 것은 이 때문이다.

　뉴턴역학에서는 연속적으로 변하는 각운동량이 양자역학에서는 양자화되어 극적으로 다른 성질을 가지게 된다. 양자물리학에서는 각운동량이 항상 양자화되어 있다. 스핀 축을 따라 측정한 모든 관측된 각운동량은 $\frac{\hbar}{2}$ 의 배수로 나타낸다. 여기서 $\hbar$는 플랑크 상수이다.

　자연에서 발견한 모든 입자의 스핀과 궤도 운동은 다음과 같은 각운동량만 가질 수 있다.

$$0, \; \frac{\hbar}{2}, \; \hbar, \; \frac{3\hbar}{2}, \; 2\hbar, \; \frac{5\hbar}{2}, \; 3\hbar \cdots\cdots$$

　각운동량은 항상 $\frac{\hbar}{2}$ 의 짝수 배이거나 홀수 배의 값을 가진다. 커다란 고전적인 물체는 $\hbar$ 보다 훨씬 큰 각운동량을 가지고 있으므로 우리가 일상생활에서 접하는 큰 물체에서는 이런 양자 효과를 경험할 수 없다. 원자나 기본 입자처럼 아주 작은 체계에서만 양자화된 각운동량을 관측할 수 있다.

　따라서 각운동량은 원자나 기본 입자의 고유한 성질이다. 모든 기본 입자는 스핀 각운동량을 가진다. 우리는 절대로 전자의 스핀을 느리게 하거나 정지시킬 수 없다. 전자는 항상 일정한 값의 스핀 각운동량을 가지고 있다. 전자의 스핀 각운동량은 정확히 $\frac{\hbar}{2}$ 인 것으로 밝혀졌다. 우리는 전자를 뒤집어 스핀 각운동량이 반대 방향을 가리키도록 함으로써 $-\frac{\hbar}{2}$ 의 스핀을 가지게 할 수 있다. 이것이 전자의 스핀을 공간의 특정한 방향을 기준으로 측정할 때 전자가 가질 수 있는 두 가지 스핀값이다. 전자는 스핀이 $\frac{\hbar}{2}$ 라는 특정의 값만 가지기 때문에 우리는 "전자는 스핀 $\frac{\hbar}{2}$ 입자이다"라고 말한다. 스핀이 $\frac{\hbar}{2}$ 의 홀수 배인 입자들을 파울리, 디랙과 함께 이런 개념을 처음 개척한 엔리코 페르미의 이름을 따서 페르미온이라고 부른다.

$$\frac{\hbar}{2}, \quad \frac{3\hbar}{2}, \quad \frac{5\hbar}{2} \cdots\cdots$$

우리 이야기에 자주 등장한 페르미온은 전자, 양성자, 중성자, 양성자와 중성자를 구성하고 있는 쿼크 등으로 이들은 모두 $\frac{\hbar}{2}$의 각운동량을 가진다. 이런 입자들을 '스핀 $\frac{\hbar}{2}$ 페르미온'이라고 부른다.

한편 $\hbar$, $2\hbar$, $3\hbar$, $4\hbar$ ……와 같이 $\hbar$의 배수 스핀을 가지는 입자는 아인슈타인의 친구로 이 개념을 발전시키는 데 공헌한 유명한 인도의 물리학자 사티엔드라 보즈의 이름을 따서 보존이라고 부른다. 보존과 페르미온 사이에는 커다란 차이가 있다. 여기에서 다루는 보존은 포톤과 같이 '스핀이 1'인 입자들이다. 아직 실험실에서 발견하지 못한 중력 양자인 그래비톤은 '스핀 2'인 입자이다. 그리고 쿼크와 반쿼크로 이루어진 중간자는 '스핀 0'인 입자이다. 양자 이론에서는 모든 궤도운동도 $\hbar$의 배수 각운동량을 가진다.

교환 대칭성

기본 입자들은 서로 구별할 수 없다. 예를 들면 두 전자는 원리적으로 서로 구별할 수 있는 방법이 없다. 우주에서 두 전자는 아무런 차이가 없다. 양성자, 뮤온, 쿼크 등도 마찬가지이다. 이런 대칭성의 양자 효과는 스핀에 크게 의존한다. 일상생활에서 접하는 개와 같은 큰 물체의 경우에는 어떤 두 마리의 개도 똑같지 않다. 이와는 달리 전자는 모든 면에서 다른 전자와 동일하다.

전자는 제한적인 정보만 가지고 있다. 전자와 같은 입자들은 다른 입자들과 동일하기 때문에 한 입자를 다른 입자로 바꾸어도 모든 물리 체계가 불변이어야 한다. 어떤 면에서 자연은 전자를 매우 공평하게 다루고 있다. 자연은 우주에 존재하는 모든 전자를 차별하지 않고 똑같이 취급한다.

'교환 대칭성'은 같은 두 입자를 교환해도 모든 물리법칙이 똑같이 성립한다는 것을 의미한다. 양자 수준에서 이것은 교환된 입자가 원래의 입자와 똑같은 관측 가능한 확률을 가진다는 것을 의미한다. 관측 확률은 파동의 제곱과 관련이 있다. 좀 더 정확히 말하면 '파동함수의 제곱'과 관련이 있다. 이 조건은 파동함수가 두 가지 다른 입자 교환의 효과를 보여주는 해를 가지도록 한다. 다시 말해 입자를 교환한 파동함수의 해에는 원래 파동함수에 1을 곱한 파동함수로 나타내는 대칭적인 해와 원래 파동함수에 −1을 곱한 파동함수로 나타내는 비대칭적인 해가 있다. 우리는 확률, 즉 파동함수의 제곱만을 측정할 수 있기 때문에 원리적으로 두 해 모두 가능하다. 양자역학은 두 가능성을 모두 허용한다. 따라서 자연은 두 가지 가능성을 제공하는 방법을 찾는다. 그리고 그 결과는 놀라운 것이다.

보존

보존의 경우, 두 입자를 교환한 파동함수는 원래의 파동함수에 +1을 곱한 함수이다. 때문에 두 개의 같은 보존은 같은 양자역학적 상태에 있을 수 있다. 공간의 같은 지점에 많은 보존이 집중되어 있는 것을 하나의 커다란 파동함수로 나타낼 수 있다. 우리는 어떤 시스템의 모든 보존이 같은 양자역학적 상태에 쌓여 있는 상태가 가장 확률이 높은 상태라는 것을 증명할 수 있다.

따라서 많은 수의 동일한 보존이 공간의 좁은 지역, 즉 점과 같이 부피가 거의 없는 지역을 공유할 수 있다. 또는 같은 동일한 보존이 정확하게 같은 운동량을 가지는 하나의 양자역학적 상태에 있을 수 있다. 우리는 보존의 이런 상태를 보존이 응축되어 있다거나 '결맞음' 상태에 있다고 말한다. 이를 보즈-아인슈타인 응축이라고 부른다.

다양한 종류의 보즈-아인슈타인 응축이 있지만 이들의 공통점은 많은 보존이 같은 양자역학적 상태에 있다는 것이다. 레이저는 동시에 같은 상태에 있는, 즉 결맞음 상태에 있는 많은 포톤들로 이루어져 있다. 초전도체는 결정의 진동에 의해 전자가 스핀 0인 상태인 '쿠퍼 쌍'을 만드는 것과 관련이 있다. 초전도체에 흐르는 전류는 같은 양자역학적 상태에 있는 전자쌍들의 결맞음 운동과 관련이 있다.

초유체는 액체 상태의 헬륨(^{4}He)과 같이 아주 낮은 온도에 있는 보존의 양자역학적 상태이다. 이런 상태에서는 모든 액체가 같은 상태로 응축하게 되어 마찰이 없어진다. 초유체가 되기 위해서는 양성자 두 개와 중성자 두 개를 포함하고 있는 ^{4}He 동위원소여야 한다. ^{4}He 동위원소는 보존이지만 두 개의 양성자와 한개의 중성자를 가지고 있는 ^{3}He는 페르미온이다. 보즈-아인슈타인 응축은 많은 보존 입자들이 큰 밀도로 압축될 때 일어난다.

페르미온

페르미온의 경우, 두 입자를 교환한 파동함수는 원래의 파동함수에 −1을 곱한 파동함수이다. 이것은 스핀이 $\frac{\hbar}{2}$인 전자와 같이 $\frac{\hbar}{2}$의 홀수 배 스핀을 가지는 입자에서 성립한다. 이로부터 우리는 같은 두 페르미온도 동시에 같은 양자역학적 상태에 있을 수 없다는 것을 증명할 수 있다. 이것은 스위스에서 활동한 오스트리아 이론물리학자 볼프강 파울리의 이름을 따라 파울리의 배타 원리라고 부른다. 파울리는 스핀 $\frac{\hbar}{2}$인 입자에 적용되는 배타 원리가 물리법칙의 회전 대칭성에서 유래한다는 것을 증명했다. 이것은 스핀 $\frac{\hbar}{2}$인 입자를 회전시켰을 때의 수학적 표현과 관련이 있다. 양자 상태에서 두 개의 동일한 입자를 교환하는 것은 시스템을 180도 회전시켰을 때 스핀 $\frac{\hbar}{2}$인 피동함수가 원래의 함수에 −1을 곱한 것과 같아지는 특정한 구조에서의 회전 변환과 동일하다.

페르미온의 배타적 성질은 물질의 안정성에서 중요한 역할을 한다. 스핀 $\frac{\hbar}{2}$ 인 입자가 가질 수 있는 스핀 상태에는 '업'과 '다운' 두 가지 상태가 있다. 업과 다운은 공간에서의 임의의 방향을 기준으로 한 것이다. 따라서 헬륨 원자의 바닥상태에는 두 개의 전자가 들어갈 수 있다. 두 전자는 같은 바닥 에너지 상태에 있을 수 있다. 두 전자가 같은 궤도에 들어가기 위해서는 한 전자는 스핀이 '업' 상태여야 하고 다른 전자는 스핀이 '다운' 상태여야 한다. 그러나 세 번째 전자가 있다 해도 이 전자는 바닥상태에 들어갈 수 없다. 세 번째 전자의 스핀은 업이나 다운 중 하나여야 하고 그럴 경우 두 전자가 정확히 같은 양자역학적 상태에 있게 되기 때문이다. 그렇게 되면 교환 대칭성에 의해 파동함수가 0이 된다.

다시 말해 스핀이 같은 두 전자를 교환한 파동함수가 원래 파동함수에 −1을 곱한 파동함수가 되어야 하는데 대칭성에 의해 두 파동함수가 같아야 하므로 파동함수는 0이 된다! 따라서 세 개의 전자를 가지고 있는 헬륨 다음 원소인 리튬의 세 번째 전자는 다른 양자 상태인 새로운 궤도에 들어가야 한다. 때문에 리튬은 전자로 채워진 내부 궤도와 전자가 하나만 들어가 있는 바깥 궤도를 가지고 있다. 바깥 전자는 수소 원자와 전자와 비슷하게 행동한다.

그러므로 리튬과 수소는 비슷한 화학적 성질을 가지고 있다. 이렇게 해서 원소의 주기율표가 나타나는 것을 볼 수 있다. 전자가 페르미온이 아니었다면 원자 안의 모든 전자들이 바닥상태에 밀집하여 우리가 알고 있는 원자들은 존재할 수 없었을 것이다. 그렇게 되면 모든 원자들이 수소 기체처럼 행동할 것이다. 따라서 탄소를 포함하는 유기 분자들은 만들어질 수 없었을 것이다.

페르미온의 성질로 인한 또 다른 예는 중성자별이다. 중성자별은 초신성 폭발로 별의 바깥층이 공간으로 흩어질 때 별 내부의 핵에서 형성된다. 중성자별은 중력으로 결합된 중성자들로 이루어져 있다. 중성자는 스핀이 $\frac{\hbar}{2}$ 인 페르미온이므로 배타 원리가 적용된다. 중성자별에서는 두 중성자가 같은 양자역학적 상태에 있을 수 없다는 배타 원리에 의한 압력이 중력에 의한 붕괴를 막고 있다. 중성자가 같은 낮은 에너지 상태에 있을 수 없으므로 중성자별에 압력을 가하면 중성자의 에너지가 증가한다. 이 때문에 중력의 반대 방향으로 작용하는 압력이 발생한다. 중력에 의한 압력과 배타 원리에 의한 압력이 균형을 이루는 크기가 중성자별의 크기를 결정한다.

게이지 대칭성

수백 년 동안 모든 물리적 반응에서 전하가 보존된다는 것이 알려져 있었다. 이 보존법칙은 전기장과 자기장 그리고 전자기학의 기반이 되었다. 우리는 중성자의 붕괴 반응($n^0 \rightarrow p^+ + e^- + \overline{\nu^0}$)에서 전하 보존법칙이 적용되는 예를 찾아볼 수 있다. 중성자는 전기적으로 중성이어서 전하가 0이다. 중성자가 붕괴하면 플러스 전하를 가진 양성자와 마이너스 전하를 가진 전자 그리고 전기적으로 중성인 반중성미자가 생성된다. 양성자의 플러스 전하는 전자의 마이너스 전하와 크기가 같고 중성미자는 전하를 가지고 있지 않으므로 중성자의 붕괴 생성물의 전체 전하량은 0이다.

전하의 보존은 모든 물리 과정에 적용되는 보존법칙이다. 우리는 어떤 물리 과정에서도 전하가 생성되거나 사라지는 것을 볼 수 없다. 이 보존법칙의 존재는 자연에 대칭성이 숨어 있다는 것을 암시한다.

전자기학 또는 '전자기역학'은 전기장과 자기장 그리고 전하와 전류에 대한 물리학적 설명이다. 전자기학은 19세기에 고전적인 체계 안에서 조직화되었다. 전자기학의 최대 성과는 1861년에 제임스 맥스웰[James Maxwell]이 완성한 방정식이다. 맥스웰 방정식은 전자기역학의 모든 면을 요약한, 간단하고 완전한 방정식으로 시공간 어디에서든 전하나 전류의 분포가 주어지면 전기장과 자기장을 계산할 수 있게 한다.

맥스웰의 고전 전자기역학 이론은 전하 보존법칙이 없으면 아무 의미를 갖지 못한다. 그러나 전하 보존을 이끌어내는 연속적인 대칭성은 분명하게 드러나 있지 않다. 뉴턴의 중력 이론에서 질량이 중력장의 근원이듯 전하는 전기장의 근원이다. 전기장은 공간의 모든 점에서 전하에 힘을 작용한다. 전하가 이동하면 전류가 되어 자기장을 만든다. 반면에 공간에서 자기장은 전류, 즉 움직이는 전자에 힘을 가한다. 전자가 전기장을 통과해 이동하면 전기장과 자기장이 결합한다.

맥스웰 방정식은 전하가 사라지는 싱크sink나 전하가 생기는 소스를 나타내는 해를 허용하지 않는다. 전하가 블랙홀로 떨어지는 경우에도 블랙홀 자체가 삼킨 전하량과 같은 전하를 띠게 된다.

맥스웰 방정식의 구조를 좀 더 심도 있게 살펴보면 우리는 전기장이나 자기장보다 좀 더 근본적인 게이지장이 있다는 것을 알 수 있다. 게이지장은 특이한 방법으로 전기장이나 자기장과 연관되어 있다. 시공간의 어떤 지역에서 게이지장이 주어지면 우리는 항상 그 지역에서의 전기장과 자기장의 값을 계산할 수 있다. 그러나 반대의 계산을 할 수는 없다. 다시 말해 시공간의 같은 지역에서 전기장과 자기장이 주어졌다 해도 우리는 어떤 게이지장이 전기장과 자기장을 만들었는지 알수 없다. 실제로 우리는 관측된 같은 전기장과 자기장을 만들어내는 무한히 많은 수의 게이지장을 발견할 수 있다.

더구나 전기장과 자기장은 실험실에서 쉽게 측정할 수 있지만 게이지장은 이론이나 실험을 통해 측정할 수 없다. 심지어는 전기장과 자기장의 값이 0인 진공 중에서도 게이지장의 값을 결정할 수 없다. 전기장과 자기장의 값을 0으로 만드는 게이지장이 무한대 존재하기 때문이다. 따라서 게이지장은 숨겨놓은 장이어서 측정을 통해 정확한 형식을 결정할 수 없다.

게이지장의 개념은 1800년대 초와 중반에 많은 과학자들이 전기력과 자기력을 편리하게 나타내기 위한 도구로 처음 제안했다. 많은 사람들이 다른 형태의 게이지장을 주장했고, 이런 다양한 게이지장이 같은 현상을 나타내고 있는지는 확실하지 않았다. 1870년에 전자기학 이론 발전에 큰 공헌을 한 헤르만 폰 헬름홀츠 Hermann von Helmholtz가 다른 형태의 게이지장이 모두 같은 물리적 결과, 즉 같은 전기장과 자기장을 이끌어낸다는 것을 보여주었다. 한 게이지장을 다른 게이지장으로 연속적으로 변환한 경우에도 물리학은 같았다. 이것은 전기역학에서의 새로운 대칭 변환인 '게이지 변환'의 예이다. 그러나 당시엔 이것이 자연의 기본적인 대칭성을 의미한다는 것은 알려져 있지 않았다.

실제로 이것을 바꾸어 생각하면 대칭성의 원리로서의 게이지장은 항상 숨겨놓은 장이어야 하며, 명확하게 결정할 수 없어야 한다. 그렇게 되면 우리는 전하가 보존되어야 하는 것은 이 게이지 대칭성 때문이라는 놀라운 사실을 알 수 있다. 우리는 우리가 선택한 게이지장을 전기장과 자기장의 값을 변화시키지 않고 연속적으로 다른 게이지장으로 변환할 수 있다. 이것이 전하 보존법칙을 이끌어내는 대칭성이다. 이 숨은 대칭성을 '국소 게이지 불변'이라고 부른다.

양자역학의 등장과 전자와 전자기학을 모순 없는 완전한 이론에 포함시키려는 노력으로 게이지 대칭성이 주요 주제로 떠오른 것은 20세기 들어서였다. 실제로 이것은 20세기 물리학의 가장 중요한 주제 중 하나였다. 모든 힘은 '게이지 이론' 이라고도 부르는 '게이지 대칭성'의 지배를 받는다는 것이 알려졌다.

양자역학에서는 모든 입자를 파동함수를 이용해 파동으로 기술한다. $\Psi(x, t)$ 로 나타내는 파동함수는 시공간에서 복소수의 값을 가지는 함수이다. 위치 x와 시간 t에서 입자를 발견할 확률은 파동함수의 $|\Psi(x, t)|^2$에 의해 결정된다. 입자의 운동량에 관한 정보는 파동의 파장에 의해 결정되고, 진동수에 의해 결정된다. 다시 말해 입자의 에너지는 플랑크 상수에 진동수를 곱한 값이고, 운동량은 플랑크 상수를 파장으로 나눈 값 $\left(p = \dfrac{h}{\lambda}\right)$이다.

에너지와 운동량에 관한 정보가 파동함수에 포함되어 있어 파동함수를 t나 x 로 미분하면 파동함수에서 끄집어낼 수 있지만 우리는 파동함수를 직접 측정할 수 없다. 파동함수가 복소수를 포함하고 있어 물리적 관측이 무의미하기 때문이다.

실제로 확률을 나타내는 파동함수의 제곱값만 측정할 수 있다.

"시공간의 특정한 점에서 파동함수의 관측 확률을 변화시키지 않고 파동함수의 위상만 변화시킬 경우 어떤 일이 일어나는가?"하고 질문할 수 있다. 이런 변화에서는 시공간의 특정한 점에서 전자를 발견할 확률이 같게 유지된다. 우리는 이를 '게이지 변환'이라 부른다. 그러나 이런 변환을 통해 모든 것이 변하게 된다. 이것은 x와 t에 대한 미분값을 변화시켜 에너지와 운동량에 영향을 줄 것이다. 이것은 원래의 양자 상태와 대칭인 상태가 아니라 다른 운동량과 에너지를 가지는 새로운 양자 상태처럼 보인다.

이제 x와 t에 대한 미분값을 수정하는 다른 양자 입자의 파동이 있다고 가정하자. 그리고 우리가 전자의 파장이나 진동수를 변화시킬 때 동시에 x와 t에 대한 미분값이 같아지도록 새로운 장을 수정하도록 한다고 가정해보자. 그렇게 되면 변환의 알짜 효과는 확률을 그대로 유지하면서 에너지와 운동량도 불변이 된다.

게이지 입자를 이용하면 우리는 관측할 수 없는 전자 파동함수의 위상을 뒤섞어 놓더라도 전체 에너지와 운동량은 그대로 유지할 수 있다. 따라서 '게이지'라는 말은 전자의 물리적인 운동량을 실제로 결정하기 위해서는 규모를 정하는 '게이지' 장이 필요하다는 것을 뜻한다. '게이지'장과 함께 있는 전자의 파동함수만 전자를 물리적으로 의미 있게 기술할 수 있다. 미분에서 새로운 게이지장의 존재는 포톤과 전자의 상호작용을 일으킨다.

게이지 이론에 의하면 전자를 물리적으로 밀 때, 즉 전자를 가속할 때 게이지장이 흔들려 자신의 물리적 운동량을 가지는 독립적인 입자 파동을 방출하고, 전자는 반발하면서 에너지와 운동량을 보존한다. 게이지장은 실제로 물리적인 실체가 되어 공간으로 방사선을 방출한다. 멀리 있는 관측자의 입장에서는 가속된 전자가 새로운 입자인 포톤을 방출하는 것으로 보인다.

가속된 전하는 빛을 방출한다. 이것은 전자가 원자핵이나 다른 전자에 의해 산란되는 것과 같은 많은 물리 과정에서 일어나는데, 실험실에서 쉽게 관측할 수 있다. 아주 낮은 에너지에서는 캠프파이어에서 전자가 포톤을 방출하는 것과 같은 방법으로 일어난다. 전자 오븐에서는 가속된 전자가 마이크로파를 방출하여 커피를 데운다. 저녁 뉴스를 우리 거실까지 날라다 주고 태양을 빛나게 하는 것도 모두 가속된 전하가 포톤을 방출하기 때문에 가능하다.

우리는 양자 계산을 나타내는 파인먼 다이어그램을 이용하여 물리 과정을 나타낼 수 있다. 이 다이어그램은 상호작용의 세기를 알고 있고 상호작용이 너무 강하지 않은 경우에 양자적 결과, 즉 주어진 과정의 확률을 어떻게 계산하는지를 알려준다. 우리는 종종 결과를 계산할 수 없는 경우에도 파인먼 다이어그램을 이용하여 과정을 시각화할 수 있다. 파인먼이 이 기법을 개발했던 코넬 대학에서 대학원생이 보내온 편지에는 다음과 같은 내용이 들어 있었다. "코넬에서는 청소부도 파인먼 다이어그램을 이용합니다." 파인먼 다이어그램을 제대로 이용하면 우리는 두 전자 빔의 산란 비율을 얼마든지 자세히 계산할 수 있다. 기초적인 결과에 자세한 양자 보정을 나타내는 많은 다이어그램을 포함시킬 수도 있다. 실험물리학자들은 계산 결과를 실험실에서 측정한 값과 비교해볼 수 있다. 그리고 이론적인 계산값과 실험적으로 측정한 값이 일치한다는 것이 밝혀졌다.

양-밀스 게이지 이론

현대의 게이지 이론은 1954년에 양전닝楊振寧과 로버트 밀스Robert Mills가 발표한 논문에서 시작되었다. 이들은 단도직입적인 질문을 던졌다. '전자의 게이지 대칭성을 더 큰 대칭성으로 확장하면 무슨 일이 일어날까?' 우리가 살펴본 바와 같이 전자기역학의 대칭성은 전자 파동함수의 위상과 관련이 있다. 이것을 'SU(1) 대칭성'이라고 부른다.

양과 밀스는 좀 더 복잡한 다음 대칭성인 'SU(2)'로 관심을 돌렸다. SU(2) 대칭성은 3차원에서의 구의 회전과 관련된 대칭성이다. 또는 (u, d) 쿼크나 (ν_e, e^-) 와 같은 두 입자의 회전과 관련된 대칭성이다. 이 대칭성은 '양-밀스 이론'이라고 부르는 좀 더 일반적인 형태의 양자 게이지 이론을 이끌어낸다는 것이 밝혀졌다. SU(2)는 세 개의 게이지장을 가지고 있으므로 세 개의 포톤과 같은 입자가 존재해야 한다. 그리고 전하를 가지고 있지 않은 포톤이 있는 전자기역학의 경우와 달리 이 게이지장은 전하를 가지고 있어야 한다. 더구나 양-밀스의 구조는 모든 대칭성에 적용되었다. 따라서 대칭성은 힘에 대한 양자 이론의 구조에서 기본적인 성질이 되었다.

표준모델의 전약 이론에서의 대칭성은 양-밀스 이론으로 정확하게 기술된 네 개의 게이지장과 W^+, W^-, Z^0, γ 를 가진 SU(1)×SU(2) 그룹으로 나타낸다. 앞에서 살펴본 것처럼 힉스 입자는 W^+, W^-, Z^0을 무겁게 만들고, 포톤인 γ 를 질량이 가지지 않도록 한다. 쿼크는 세 가지 '색깔'을 가지고 있으므로 이들의 대칭성을 다루는 SU(3) 게이지 이론은 글루온으로 알려진 여덟 개의 게이지 보존을 가지고 있어야 한다.

실제로 모든 알려진 힘들은 게이지 이론에 기반을 두고 있다. 그러나 네 가지 완전히 다른 구조 또는 형태의 게이지 불변이 존재한다.

아인슈타인의 중력 이론은 좌표축 불변을 포함하고 있다. 다시 말해 어떤 좌표계를 사용하거나, 시공간에서 관성운동이나 비관성운동과 같은 어떤 운동을 선택하더라도 자연을 기술하는 데는 문제가 되지 않는다는 것이다. 이것은 중력이 에너지와 물질의 존재에 의해 기하학의 휘어짐으로 나타나게 한다. 입자들은 게이지장 또는 중력장의 '양자'인 그래비톤을 방출하거나 흡수해야 한다.

뉴턴의 중력 이론은 낮은 에너지 상태, 즉 느리고 너무 많은 질량을 가지지 않은 체계에서 근삿값만으로 나타낸다. 자연에 존재하는 남아 있는 다른 힘들은 표준모델에 의해 정리된 것과 같이 SU(3)×SU(2)×SU(1)의 양-밀스 이론에 바탕을 두고 있다.

약력과 게이지 이론

이제 게이지 대칭성에 의해 전자기력과 통합하는 약한상호작용이 어떻게 기술되는지 좀 더 자세히 살펴보자. 쿼크, 렙톤 그리고 아인슈타인의 일반상대성이론을 포함하는 게이지 대칭성이 현재 실험실에서 관측된 모든 물리학을 완전하게 설명하고 '표준모델'이라 부르는 이론 체계를 정의한다.

베크렐 등의 뒤를 이어 65년 전에 엔리코 페르미가 '약한상호작용'에 대한 양자이론을 처음 기술했다고 이야기했던 것을 기억하고 있을 것이다. 페르미는 약한상호작용의 세기를 나타내기 위해 G_F라고 부르는 새로운 기본적인 상수를 물리학에 도입했다. 이것은 질량의 기본적인 단위를 나타내는 것으로 약력의 세기를 결정하며 그 값은 약 175GeV이다.

1960년대에 셸던 글래쇼와 압두스 살람 그리고 스티븐 와인버그에 의해 약력은 SU(2)×SU(1)에 바탕을 둔 게이지 대칭성과 관련 있다는 것이 밝혀졌다. 이 이론은 헤라드뤼스 엇호프트와 마르티뉘스 펠트만에 의해 양자이론으로 완성되었다. 이제 약한상호작용의 게이지 대칭성을 기술해보자.

우리는 각 세대에서 쿼크와 렙톤은 쌍을 이루고 있다는 것을 알고 있다. 다시 말해 붉은색 업 쿼크는 붉은색 다운 쿼크와 쌍을 이루고, 전자 중성미자는 전자와 쌍을 이루고 있다. 참 쿼크는 스트레인지 쿼크와, 그리고 톱 쿼크는 보텀 쿼크와 쌍을 이루고 있다. 따라서 우리는 전자와 전자 중성미자는 한 축은 '전자'를 의미하고 다른 한 축은 '전자 중성미자'를 의미하는 2차원 공간에 살고 있는 하나의 존재로 가정한다. 양자 상태는 이 공간에서 모든 방향을 가리키는 화살표로 나타낸다. 화살표가 전자 축과 나란하면 전자를 가진 것이다. 화살표를 회전하면 우리는 중성미자를 가지게 된다. 화살표의 회전은 SU(2)라고 부르는 대칭 그룹을 형성한다.

따라서 우리는 주어진 운동량과 에너지를 가지고 있는 전자 중성미자 입자 파동을 가정한다. 그런 다음 마이너스 전하를 가지고 있고, 새로운 운동량과 에너지를 가지고 있는 전자로 바꾸는 회전 변환을 한다. 이 변환을 대칭으로 만들기 위해서는 게이지장에 총에너지와 운동량을 되돌려주고 양자 화살을 원래의 중성 '전자 중성미자'로 회전시켜줄 W^+ 보존이 필요하다. 어떤 면에서 게이지장은 좌표축을 회전시켜 화살표가 원래의 방향을 향하도록 함으로써 처음 출발했던 원래의 중성 미자로 돌아가게 한다. 이것은 쿼크에서 한 색깔에서 다른 색깔로의 게이지 회전을 글루온장이 원래의 상태로 되돌려놓는 것과 똑같다. 여기에는 세 개의 새로운 게이지장 W^+, W^-, Z^0과 포톤 γ가 필요하다. 이제 전자역학과 약한상호작용은 '약전 상호작용'이라 불리는 하나의 통합된 존재가 되었다.

그러나 포톤과 이 세 가지 새로운 게이지장 사이에는 큰 차이점이 있다. 포톤은 질량이 없는 입자인 반면 W^+, W^-, Z^0는 매우 무거운 입자이다. 쿼크와 렙톤 사이에서 W 입자를 양자 교환하여 작용하는 힘들은 페르미가 65년 전에 설명한 약력을 만들어낸다. 앞에서 살펴본 바와 같이 진공 중에 만들어진 힉스장은 W^+, W^-, Z^0 보존이 질량을 가지도록 한다.

진공에서의 힉스장 세기는 페르미 이론에 의해 175GeV로 결정되어 있었다. 이 장은 힉스장의 양자인 새로운 입자, 즉 힉스 입자가 존재해야 한다는 것을 의미한다. 모든 물질 입자와 W^+, W^-, Z^0 보존은 진공을 채우고 있는 힉스장과 상호작용을 통해 질량을 가지게 된다. 그러나 포톤은 이 특정한 장과 상호작용하지 않아 질량이 없는 채로 남아 있다.

다양한 입자들은 '커플링 강도'를 통해 힉스장을 '느낀다'. 예를 들면 전자와 힉스장의 커플링 강도는 g_e이다. 따라서 전자의 질량은 $m_e = g_e \times 175\text{GeV}$의 식을 통해 결정할 수 있다. 그런데 전자의 질량은 $m_e = 0.0005\text{GeV}$이므로, 힉스장과의 커플링 강도는 $g_e = 0.0005/1175 = 0.0000029$이다. 이것은 아주 약한 강도이다. 따라서 전자는 아주 작은 질량을 가지고 있는 입자이다. 질량이 $m_{top} = 175\text{GeV}$인 톱 쿼크의 힉스장과의 커플링 강도는 1이다. 따라서 톱 쿼크는 힉스장의 역학에서 중요한 역할을 한다. 중성미자와 같은 또 다른 입자는 질량이 거의 0이므로 커플링 강도도 거의 0이다.

이 모든 것이 커다란 성공처럼 보인다. 그러나 여기에는 문제점이 있다. 현재로서는 전자의 커플링 강도, g_e와 같은 커플링 상수의 기원을 설명해줄 이론이 없다. 이것은 표준모델에 새로운 변수를 하나 더 포함시킨 데 지나지 않는 것처럼 보인다. 우리는 이미 알려진 값인 0.511MeV를 새로운 값 g_e＝0.0000029로 바꾸어 놓은 것 외에는 새로운 것을 알게 된 것이 없다. 게다가 우리는 힉스 입자 자체의 질량이 어떻게 생겨나는지에 대한 메커니즘을 가지고 있지 않다.

그러나 표준모델은 $W+$, $W-$, Z^0 입자와 힉스장의 커플링 강도를 성공적으로 예측했다. 이 커플링 강도는 이미 알려진 값인 전하와 중성미자 산란 실험에서 측정된 위크 혼합 각도라고 부르는 또 다른 양을 이용하여 결정했다. 따라서 이 이론을 이용하여 W와 Z 입자의 질량 M_W와 M_Z를 정확히 예측할 수 있다. W^+와 W^-는 각각 입자와 반입자이며, Z^0은 자신의 반입자이다. W^+와 W^-의 질량은 약 80GeV이고, Z^0의 질량은 약 90GeV이다. 이 질량은 CERN, SLAC 그리고 페르미 연구소에서 매우 정밀하게 측정되었다.

따라서 대칭성과 힉스 입자에 의한 자발적 대칭성 붕괴는 우주의 모든 입자들의 질량을 완전히 통제한다. 그리고 2012년 7월 4일, CERN의 ATLAS와 CMS에서 발견된 질량이 m_h＝126GeV인 입자는 힉스장의 양자인 힉스 입자였다. 그리고 '무엇이 힉스 입자의 질량을 만들까?'는 우리 시대의 가장 중요한 과학적 질문이 되었다.